ALBO CARLOS CAVALHEIRO

INTRODUÇÃO AO CÁLCULO DE FUNÇÕES DE UMA VARIÁVEL COMPLEXA

EDITORA CIÊNCIA MODERNA

Introdução ao Cálculo de Funções de uma Variável Complexa

Editor: Paulo André P. Marques
Produção Editorial: Dilene Sandes Pessanha
Capa: Daniel Jara
Copidesque: Equipe Ciência Moderna

FICHA CATALOGRÁFICA

CAVALHEIRO, Albo Carlos.

Introdução ao Cálculo de Funções de uma Variável Complexa

Rio de Janeiro: Editora Ciência Moderna Ltda., 2023.

1. Matemática 2. Funções de Variáveis Complexas
I — Título

ISBN: 978-65-5842-232-7 CDD 515.9

Editora Ciência Moderna Ltda.
R. Alice Figueiredo, 46 – Riachuelo
Rio de Janeiro, RJ – Brasil CEP: 20.950-150
Tel: (21) 2201-6662/ Fax: (21) 2201-6896
E-MAIL: LCM@LCM.COM.BR
WWW.LCM.COM.BR

01/23

Dedico este livro

ao meu pai e à minha mãe,
à Simone e, especialmente, à Larissa.

Sumário

Introdução

O número imaginário é a resposta para um enigma matemático: qual é a raiz quadrada de -1?

As equações do 2º grau apareceram há cerca de 1700 anos a.C., nas tabuletas de argila da Suméria e, em alguns casos, levaram a raízes quadradas de números negativos.

Esse enigma (raiz quadrada de número negativo) era conhecido por Héron de Alexandria em 50 d.C. ao tentar calcular o volume de parte de uma pirâmide. Os matemáticos gregos resolviam alguns tipos de equação do 2º grau com régua e compasso. A conquista da Grécia por Roma praticamente acabou com o domínio da Matemática grega. Com o fim do Império Romano e a ascensão do Cristianismo, a Europa entrou na Idade das Trevas, restringindo o desenvolvimento da Matemática aos árabes e hindus. Os hindus conseguiram importantes progressos em Álgebra, destacando-se o nome de *Baskara* (1114-1185), que está associado à solucão da equação do 2º grau. As raízes da equação do 2º grau $ax^2 + bx + c = 0$ são obtidas pela Fórmula de Baskara: $x = \dfrac{-b \pm \sqrt{b^2 - 4ac}}{2a}$. Eventualmente, o número $\Delta = b^2 - 4ac$ pode ser negativo, por exemplo $x^2 - x + 1 = 0$. Quando isto ocorria, os matemáticos da época, simplesmente, diziam que o problema não tinha solução.

A primeira pessoa a realmente usar a raiz quadrada de números negativos em sua matemática foi o italiano *Niccolò Fontana* (conhecido por "Tartalia", 1500-1557).

Girolano Cardano (1501 - 1576) escreve o livro *Ars Magna* (A Grande Arte) em 1545, no qual explicou como resolver equações cúbicas e encontrou um novo tipo de número, tão desconcertante que ele declarou "*tão sutil quanto inútil*" e desconsiderou a ideia. Para Cardano, uma solução para $x^3 + a\,x + b = 0$ é dada por

$$x = \sqrt[3]{-\frac{b}{2} + \sqrt{\frac{b^2}{4} + \frac{a^3}{27}}} + \sqrt[3]{-\frac{b}{2} - \sqrt{\frac{b^2}{4} + \frac{a^3}{27}}}. \tag{0.1}$$

Para $x^3 - 15x - 4 = 0$ ($a = -15$ e $b = -4$), a solução de Cardano é

$$x = \sqrt[3]{2 + \sqrt{-121}} + \sqrt[3]{2 - \sqrt{-121}}. \tag{0.2}$$

Em 1572 Raffaele Bombelli (1526 - 1572) escreve o livro *L'Algebra* e melhorou a explicação de Cardano. Embora esses desconcertantes números novos não fizessem sentido, podiam ser usados em cálculos algébricos, levando a resultados que eram corretos. Bombelli executou os cálculos de rotina com as raízes quadradas de números negativos. Por exemplo,

$$\begin{aligned}
(2 + \sqrt{-1})^3 &= (2 + \sqrt{-1})(2 + \sqrt{-1})(2 + \sqrt{-1}) \\
&= (4 + 4\sqrt{-1} - 1)(2 + \sqrt{-1}) \\
&= (3 + 4\sqrt{-1})(2 + \sqrt{-1}) \\
&= 6 + 3\sqrt{-1} + 8\sqrt{-1} - 4 \\
&= 2 + 11\sqrt{-1} \\
&= 2 + \sqrt{-121}.
\end{aligned}$$

Logo, $(2 + \sqrt{-1}) = \sqrt[3]{2 + \sqrt{-121}}$.
De forma análoga, $(2 - \sqrt{-1}) = \sqrt[3]{2 - \sqrt{-121}}$. Com isso, substituindo em (0.2), Bombelli obteve

$$\begin{aligned}
x &= \sqrt[3]{2 + \sqrt{-121}} + \sqrt[3]{2 - \sqrt{-121}} \\
&= (2 + \sqrt{-1}) + (2 - \sqrt{-1}) \\
&= 4.
\end{aligned}$$

Observe que $4^3 - 15.4 - 4 = 0$, ou seja, 4 é raiz de $x^3 - 15x - 4 = 0$.

Bombelli introduziu a notação $\sqrt{-1}$ que chamou de *piú di meno*. Ele fez o seguinte comentário: "*Inicialmente, isto me pareceu mais sofisma do que verdade, mas continuei minhas pesquisas até encontrar a prova*".

René Descartes (1596-1650) foi um filósofo cujo trabalho *La Geometrie*, sobre aplicações da Álgebra à Geometria, deu origem à Geometria Analítica. Descartes usou construções geométricas para resolver equações do tipo $x^2 - a^2x + b^2 = 0$ e escreveu a seguinte frase: "*Para qualquer equação é possível obter tantas raízes quanto o grau permitir, mas, em muitos casos, não existe número de raízes que corresponda áquilo que imaginamos*". Esta é uma das razões pelas quais o número $\sqrt{-1}$ é chamado imaginário (Descartes usava a palavra imaginário num sentido pejorativo).

Os números complexos foram por muito tempo usados habitualmente pelos matemáticos, a despeito da ausência de qualquer definição precisa. Admitia-se simplesmente que eles obedecessem às regras aritméticas usuais, e o seu emprego, com base nessa suposição, foi vantajoso.

Em 1673 John Wallis (1616 - 1703) foi o primeiro a conceber uma representação geométrica dos números complexos, mas foi ignorado e criticado.

Em 1777 Leonhard Euler (1707 - 1783) usa a notação "i"para representar $\sqrt{-1}$. Euler obteve muitos resultados nesta área inclusive a *Mona Lisa* da Matemática

$$\mathrm{e}^{i\,\pi} + 1 = 0.$$

Esta simples e pequena identidade matemática é como uma luz brilhando no coração da Matemática. Ela combina os números e, i, π, 1 e 0. Usa aritmética, cálculo, trigonometria, análise e números complexos. A equação de Euler nos proporciona um indício sutil sobre os números que estão entrelaçados no tecido da realidade, ou seja, eles são todos aspectos da mesma coisa.

Alguns anos após a notação de Euler, Caspar Wessel (1745-1818), Jean-Robert Argand (1768 - 1822) e Carl Friedrich Gauss (1777 - 1855) representam os números complexos no plano (de maneira bastante injusta a representação geométrica dos números complexos é chamada de plano de Argand-Gauss)... Mas faltava uma descrição lógica. A representação geométrica não explicava porque os números complexos formam um sistema logicamente coerente.

Em 1837 William Rowan Hamilton (1805 - 1865) conseguiu definir uma estrutura matemática para explicar os números complexos usando a representação geométrica proposta por Wessel, Argand e Gauss.

A Análise Complexa é reconhecida como sendo parte essencial na formação de matemáticos, físicos e engenheiros, bem como componente fundamenteal em outros ramos das ciências puras e aplicadas. Dentre algumas das consequências do estudo dos números complexos, podemos citar: métodos aperfeiçoados de calcular tabelas trigonométricas, generalização de quase toda Matemática para o domínio complexo, métodos mais poderosos de compreender ondas, calor, eletricidade e magnetismo, aerodinânica, a base Matemática da Mecânica Quântica entre outras.

Apresentamos agora uma breve explicação sobre a estrutura deste livro.

No Capítulo 1, introduzimos o conceito formal de número complexo e suas representações geométrica, algébrica e polar. Também neste capítulo são apresentadas as funções elementares de uma variável complexa.

No Capítulo 2, são abordados os conceitos de limite, continuidade e derivada de funções de uma variável complexa e o importante conceito de função analítica.

Já o Capítulo 3, é dedicado para a teoria de integração complexa, em especial, a Teoria Integral de Cauchy e a fórmula integral de Cauchy.

O Capítulo 4 é dedicado ao estudo de séries: séries de números complexos, séries de potências, séries de Taylor e séries de Laurent.

No Capítulo 5, o objetivo principal é o Teorema dos Resíduos, e para isso é necessário o estudo e classificação das singularidades de uma função de variável complexa.

Para finalizar, no Capítulo 6, é apresentada uma introdução da Transformada de Fourier, que possui muitas aplicações em Física, Química, Teoria dos Números, processamento de sinais, criptografia e outras áreas.

No Apêndice do livro é feito um resumo da teoria das integrais impróprias, que é muito importante para o Capítulo 5 (no cálculo de integrais reais utilizando o Teorema dos Resíduos) e para o capítulo 6.

Este livro foi escrito com o objetivo de ser utilizado em um primeiro curso de funções de uma variável complexa para estudantes de Matemática, Física, Engenharia, Computação e demais interessados no estudo da Matemática.

Os pré-requisitos necessários para a leitura do livro são as noções básicas do Cálculo Diferencial e Integral para funções de uma e de duas variáveis reais (limite, continuidade, derivada e derivadas parciais, integração e o Teorema de Green, sequências e séries de números reais entre outras).

Qualquer erro encontrado neste livro é de nossa inteira responsabilidade e, agradecemos, antecipadamente, toda e qualquer sugestão de correção.

A. C. Cavalheiro

Capítulo 1

Números Complexos

1.1 Números Complexos

Os números complexos, embora capazes de uma interpretação geométrica, não são exigidos pela Geometria da mesma forma imperativa que os irracionais. Um número complexo significa um número envolvendo a raiz quadrada de um número negativo, seja ele inteiro, fracionário ou real. Como o quadrado de um número negativo é positivo, um número cujo quadrado deva ser negativo tem de ser um novo gênero de número.

Vamos começar pela definição de número complexo introduzida pelo matemático W. R. Hamilton [1] em 1837.

Definição 1.1.1. *Um número complexo é um par ordenado (x,y) de números reais $x \in \mathbb{R}$ e $y \in \mathbb{R}$ e denotado por $z = (x, y)$, que é chamada a forma geométrica dos números complexos.*

Observação 1.1.1. *Dizermos que o par é ordenado significa que (x, y) e (y, x) são diferentes (a mesmo no caso em que $x = y$). Dois pares ordenados (x, y) e (a, b) são iguais ($(x, y) = (a, b)$) se, e somente se, $x = a$ e $y = b$.*

O conjunto $\mathbb{C} = \mathbb{R} \times \mathbb{R} = \{(x, y) : x \in \mathbb{R} \text{ e } y \in \mathbb{R}\}$ munido das operações

[1]Willian Rowan Hamilton, 1805-1865

(a) Adição: se $z_1 = (x_1, y_1)$ e $z_2 = (x_2, y_2)$ então

$$z_1 + z_2 = (x_1 + x_2, y_1 + y_2);$$

(b) Multiplicação: $z_1.z_2 = (x_1x_2 - y_1y_2, x_1y_2 + x_2y_1)$;

é chamado de *corpo dos números complexos.*

As operações de adição e multiplicação definidas anteriormente satisfazem as seguintes propriedades, que são de fácil demonstração. Sejam $z_1 = (x_1, y_1)$, $z_2 = (x_2, y_2)$ e $z_3 = (x_3, y_3)$ números complexos. Temos
(A1) *Associativa da adição*: $(z_1 + z_2) + z_3 = z_1 + (z_2 + z_3)$.
(A2) *Comutativa da adição*: $z_1 + z_2 = z_2 + z_1$.
(A3) *Elemento neutro da adição*: existe $0 = (0, 0) \in \mathbb{C}$ tal que $z_1 + 0 = z_1$.
(A4) *Elemento oposto da adição*: Para todo $z = (x, y) \in \mathbb{C}$ existe $-z = (-x, -y)$ (oposto de z) tal que $z + (-z) = 0$.
(M1) *Associativa da multiplicação*: $(z_1.z_2).z_3 = z_1.(z_2.z_3)$.
(M2) *Comutativa da multiplicação*: $z_1.z_2 = z_2.z_1$.
(M3) *Elemento neutro da multiplicação*: Existe $1_{\mathbb{C}} = (1, 0)$ tal que $z.1_{\mathbb{C}} = z$.
(M4) *Inverso multiplicativo*: Para todo $z \in \mathbb{C}$, $z \neq 0$, existe $z^{-1} \in \mathbb{C}$ tal que $z.z^{-1} = 1_{\mathbb{C}}$.
(D) *Distributiva*: $z_1.(z_2 + z_3) = z_1.z_2 + z_1.z_3$.

Se $z = (x, y) \in \mathbb{C}$, chamamos $x = \text{Re}(z)$ a parte real de z e $y = \text{Im}(z)$ a parte imaginária de z

Observação 1.1.2. *Com relação à propriedade (M4), dado um número complexo $z = (x, y) \neq (0, 0)$, vamos determinar um número complexo $w = (a, b)$ tal que $z.w = 1_{\mathbb{C}} = (1, 0)$. Temos*

$$\begin{aligned}(1, 0) = z.w &= (x, y).(a, b)\\ &= (xa - yb, xb + ya).\end{aligned}$$

Logo, pela Observação 1.1.1, devemos ter

$$\begin{aligned}xa - yb &= 1,\\ xb + ya &= 0.\end{aligned}$$

Resolvendo o sistema obtemos

$$a = \frac{x}{x^2 + y^2} \quad \text{e} \quad b = -\frac{y}{x^2 + y^2}.$$

Portanto, se $z = (x, y) \neq (0, 0)$ *então o seu único inverso multiplicativo é*

$$z^{-1} = \frac{1}{z} = \left(\frac{x}{x^2 + y^2}, -\frac{y}{x^2 + y^2}\right).$$

Exemplo 1.1.1. *Se* $z = (-5, 3)$, *então o seu inverso multiplicativo é* $z^{-1} = \left(-\frac{5}{34}, -\frac{3}{34}\right)$. ✓

Observação 1.1.3. *(a) Se* $z_2 \neq 0$, *definimos o quociente de dois números complexos* z_1 *e* z_2 *por*

$$\frac{z_1}{z_2} = z_1 . {z_2}^{-1}.$$

Por exemplo, se $z_1 = (1, 2)$ *e* $z_2 = (-5, 3)$ *então*

$$\begin{aligned} \frac{z_1}{z_2} &= z_1 . z_2^{-1} \\ &= (1, 2).(-5/34, -3/34) \\ &= (1/34, -13/34). \end{aligned}$$

(b) Temos que se $x, y \in \mathbb{R}$,

$$\begin{aligned} &* \ (x, 0) + (y, 0) = (x + y, 0), \\ &* \ (x, 0).(y, 0) = (x.y, 0), \end{aligned}$$

ou seja, o conjunto dos números complexos $\mathcal{R} = \{(x, 0) \in \mathbb{C} : \ x \in \mathbb{R}\}$ *é preservado pela adição e multiplicação definidos em* $\mathbb{C}$. *Com isso podemos identificar o conjunto* $\mathcal{R} \subset \mathbb{C}$ *com o conjunto dos números reais* $\mathbb{R}$, *ou seja, definindo*

$$\begin{aligned} &f : \mathcal{R} \to \mathbb{R} \\ &f(x, 0) = x, \end{aligned}$$

temos que f *é bijetora, e satisfaz*

$$\begin{aligned} f((x, 0) + (y, 0)) &= f(x + y, 0) = x + y = f(x, 0) + f(y, 0), \\ f((x, 0).(y, 0)) &= f(xy, 0) = xy = f(x, 0).f(y, 0), \end{aligned}$$

ou seja, f é um isomorfismo entre o corpo $\mathcal{R}$ e o corpo $\mathbb{R}$. Portanto, podemos identificar $\mathcal{R}$ com $\mathbb{R}$ e substituir um número complexo da forma $(x,0)\in\mathcal{R}$ pelo número real $x\in\mathbb{R}$.

(c) Se $z=(x,y)\in\mathbb{C}$ podemos escrever

$$\begin{aligned} z &= (x,y) = (x,0) + (0,y) \\ &= (x,0) + (0,1).(y,0). \end{aligned}$$

Denotando $i=(0,1)$, obtemos

$$\begin{aligned} i^2 &= i.i = (0,1).(0,1) \\ &= (-1,0). \end{aligned}$$

Usando o item (b) podemos escrever $i^2=-1$ e

$$\begin{aligned} z &= (x,y) = (x,0) + (0,1).(y,0) \\ &= x + i\,y. \end{aligned}$$

*Com isso, todo número complexo $z=(x,y)\in\mathbb{C}$ pode ser escrito da forma $z=x+i\,y$ que é chamada **forma algébrica** do número complexo.*

Definição 1.1.2. *Se $z_1=x_1+i\,y_1$ e $z_2=x_2+i\,y_2$ são dois números complexos $(x_1,x_2,y_1,y_2\in\mathbb{R})$ temos*
(a) Adição: $z_1+z_2=(x_1+x_2)+i\,(y_1+y_2)$;
(b) Multiplicação: $z_1.z_2=(x_1x_2-y_1y_2)+i\,(x_1y_2+x_2y_1)$.

Na forma algébrica de um número complexo $z=x+i\,y$, temos que $x=Re(z)$ é a parte real de z e $y=Im(z)$ é a parte imaginária de z (x e y são números reais). Temos
- O *oposto* de um número complexo $z=x+i\,y$ é $-z=-x-i\,y$.
- O *inverso* de $z=x+i\,y\neq 0$ é $z^{-1}=\dfrac{x}{x^2+y^2}-\dfrac{y}{x^2+y^2}\,i$.

Pela Observação 1.1.3, podemos identificar o número complexo da forma $z=x+i0$ com o número real x.

Definição 1.1.3. *Seja $z=x+i\,y$ um número complexo.*
(a) O módulo (ou valor absoluto) de z é $|z|=\sqrt{x^2+y^2}$.
(b) O conjugado de z (denotado por $\bar{z}$) é definido por $\bar{z}=x-i\,y$.

Observe que $z.\bar{z}=(x+i\,y).(x-i\,y)=x^2+y^2=|z|^2$. Logo, $|z|=\sqrt{z\bar{z}}$.

Teorema 1.1.1. *Se z_1 e z_2 são números complexos, então temos as seguintes propriedades:*

$$(a)\ \overline{z_1 + z_2} = \bar{z_1} + \bar{z_2},$$
$$(b)\ \overline{z_1 . z_2} = \bar{z_1} . \bar{z_2},$$
$$(c)\ z\,\overline{z} = |z|^2,$$
$$(d)\ z^{-1} = \frac{1}{z} = \frac{1}{z} . \frac{\bar{z}}{\bar{z}} = \frac{\bar{z}}{z . \bar{z}} = \frac{\bar{z}}{|z|^2}\ \ (z \neq 0).$$
$$(e)\ \text{se } z_1 \text{ e } z_2 \neq 0, \text{temos } \frac{z_1}{z_2} = \frac{z_1 . \overline{z_2}}{|z_2|^2}.$$
$$(f)\ (\bar{z})^{-1} = \overline{(z^{-1})}$$
$$(g)\ \overline{\left(\frac{z_1}{z_2}\right)} = \frac{\overline{z_1}}{\overline{z_2}}.$$
$$(h)\ \mathrm{Re}(z) = \frac{z + \overline{z}}{2} \ \text{ e } \ \mathrm{Im}(z) = \frac{z - \overline{z}}{2i}.$$

Demonstração. As demonstrações das propriedades são imediatas das definições. Por exemplo, a propriedade (c)

$$z.\overline{z} = (x + iy)(x - iy) = x^2 + y^2 = |z|^2,$$

e a propriedade (g)

$$\begin{aligned} \overline{\left(\frac{z_1}{z_2}\right)} &= \overline{(z_1 . z_2{}^{-1})} \\ &= \overline{z_1} . \overline{z_2^{-1}} \\ &= \overline{z_1}(\overline{z_2})^{-1} \\ &= \frac{\overline{z_1}}{\overline{z_2}}. \end{aligned}$$

□

Exemplo 1.1.2. *Se $z_1 = 1 + 2\,i$ e $z_2 = 3 + 4\,i$ então*

$$\begin{aligned} \frac{z_1}{z_2} &= \frac{z_1 . \overline{z_2}}{|z_2|^2} \\ &= \frac{(1 + 2\,i).(3 - 4\,i)}{(9 + 16)} \end{aligned}$$

$$= \frac{11 + 2i}{25}$$
$$= \frac{11}{25} + \frac{2}{25}\, i.$$

✓

Definição 1.1.4. *Sejam $z = x + iy$ e $w = a + ib$ dois números complexos. A distância entre z e w é definida por*

$$d(z, w) = |z - w| = \sqrt{(x - a)^2 + (y - b)^2}.$$

Exemplo 1.1.3. *Se $z = 1 + 2i$ e $w = 3 + 4i$, então a distância entre z e w é*

$$d(z, w) = \sqrt{(1 - 3)^2 + (2 - 4)^2} = \sqrt{8}.$$

✓

Também são válidas as seguintes propriedades que envolvem módulo de números complexos.

Teorema 1.1.2. *Sejam $z, w \in \mathbb{C}$.*

(*a*) $|z.w| = |z|\,|w|$.

(*b*) $\left|\dfrac{z}{w}\right| = \dfrac{|z|}{|w|}$ (com $w \neq 0$).

(*c*) $|\mathrm{Re}(z)| \leq |z|$ e $|\mathrm{Im}(z)| \leq |z|$.

(*d*) $|z + w| \leq |z| + |w|$ (desigualdade triangular).

(*e*) $\big||z| - |w|\big| \leq |z - w|$.

Demonstração. (a) Imediata da definição de módulo de números complexos e multiplicação entre dois números complexos.
(b) Usando (a), obtemos, para $w \neq 0$,

$$|w|\left|\frac{z}{w}\right| = \left|w\frac{z}{w}\right| = |z|.$$

Logo, $\left|\dfrac{z}{w}\right| = \dfrac{|z|}{|w|}$.
(c) Se $z = x + iy$, então

$$|\mathrm{Re}(z)| = |x| = \sqrt{x^2} \leq \sqrt{x^2 + y^2} = |z|,$$
$$|\mathrm{Im}(z)| = |y| = \sqrt{y^2} \leq \sqrt{x^2 + y^2} = |z|.$$

(d) Temos, usando o Teorema 1.1.1 (c),

$$\begin{aligned} |z + w|^2 &= (z + w).\overline{(z + w)} \\ &= (z + w)(\overline{z} + \overline{w}) \\ &= |z|^2 + z\overline{w} + \overline{z}w + |w|^2. \end{aligned}$$

Mas, usando a propriedade (c),

$$\begin{aligned} z\overline{w} + \overline{z}w &= \overline{z}w + \overline{\overline{z}w} \\ &= 2\,\mathrm{Re}(\overline{z}w) \\ &\leq 2|\mathrm{Re}(\overline{z}w)| \\ &\leq 2|\overline{z}w|. \end{aligned}$$

Portanto,

$$\begin{aligned} |z + w|^2 &= |z|^2 + z\overline{w} + \overline{z}w + |w|^2 \\ &\leq |z| + 2|\overline{z}w| + |w|^2 \\ &= |z|^2 + 2|z||w| + |w|^2 \\ &= (|z| + |w|)^2, \end{aligned}$$

ou seja, $|z + w| \leq |z| + |w|$.
(e) Temos, usando (d),

$$\begin{aligned} |z| &= |(z - w) + w| \\ &\leq |z - w| + |w|, \end{aligned}$$

e então $|z| - |w| \leq |z - w|$. Também temos

$$\begin{aligned} |w| &= |(w - z) + z| \\ &\leq |w - z| + |z| \\ &= |z - w| + |z|, \end{aligned}$$

ou seja, $|w| - |z| \leq |z - w|$, ou ainda, $|z| - |w| \geq -|z - w|$.
Portanto, obtemos $-|z - w| \leq |z| - |w| \leq |z - w|$, ou seja,

$$\big||z| - |w|\big| \leq |z - w|.$$

□

Exemplo 1.1.4. *Se* $z \in \mathbb{C}$, *então* $|z| \leq |\mathrm{Re}(z)| + |\mathrm{Im}(z)| \leq \sqrt{2}|z|$.

De fato, seja $z = x + iy$.

(a) Temos

$$\begin{aligned} |z| &= |x + iy| \\ &\leq |x| + |iy| \\ &= |x| + |y| \\ &= |\mathrm{Re}(z)| + |\mathrm{Im}(z)|. \end{aligned}$$

(b) Usando que $x^2 + y^2 - 2|x||y| = (|x| - |y|)^2 \geq 0$, *obtemos que* $2|x||y| \leq x^2 + y^2$. *Logo,*

$$\begin{aligned} (|x| + |y|)^2 &= x^2 + y^2 + 2|x||y| \\ &\leq x^2 + y^2 + x^2 + y^2 \\ &= 2(x^2 + y^2). \end{aligned}$$

Com isso, obtemos

$$\begin{aligned} |\mathrm{Re}(z)| + |\mathrm{Im}(z)| &= |x| + |y| \\ &\leq \sqrt{2(x^2 + y^2)} \\ &= \sqrt{2}|z|. \end{aligned}$$

Portanto, por (a) e (b), $|z| \leq |\mathrm{Re}(z)| + |\mathrm{Im}(z)| \leq \sqrt{2}|z|$ *para todo número complexo* z. ✓

Exemplo 1.1.5. *Considere o conjunto* $\Omega = \{z \in \mathbb{C} : |z - 1| = |z + i|\}$. *Se* $z = x + iy$, *então*

$$\begin{aligned} |z - 1| &= |z + i| \\ \sqrt{(x-1)^2 + y^2} &= \sqrt{x^2 + (y+1)^2} \\ x^2 - 2x + 1 + y^2 &= x^2 + y^2 + 2y + 1 \\ -x &= y. \end{aligned}$$

Portanto,

$\Omega = \{z \in \mathbb{C} : |z - 1| = |z + i|\} = \{z \in \mathbb{C} : z = x - ix,\ x \in \mathbb{R}\}$. ✓

Observação 1.1.4. *O corpo dos números reais* $\mathbb{R}$ *com a relação de ordem usual (se* $a, b \in \mathbb{R}$ *ou* $a < b$, *ou* $b < a$ *ou* $a = b$*) é um corpo* *ordenado. Apesar do corpo dos números complexos $\mathbb{C}$ ser uma extensão de $\mathbb{R}$, não é possível estender a ordenação usual de $\mathbb{R}$. Por exemplo, considere os números complexos i e 0. Como $i \neq 0$, então*

* *se $i > 0$, teríamos que $i.i > i.0$, e então $-1 > 0$;*

* *se $i < 0$, teríamos que $i.i > i.0$, e então $-1 > 0$,*

portanto, não se respeita em qualquer dos dois casos a ordem usual em $\mathbb{R}$. Os números complexos i e 0 não são comparáveis neste sentido.

Exemplo 1.1.6. *(Fórmula do Binômio de Newton em $\mathbb{C}$) Seja $n \in \mathbb{N}$ e $z \in \mathbb{C}$. Então*

$$(1+z)^n = c_0 + c_1 z + ... + c_n z^n$$

onde $c_0 = 1$, $c_1 = n$ e $c_k \in \mathbb{N}$.
Vamos provar usando o princípio da indução.
* *Como $(1+z)^1 = 1+z$, então para $n = 1$ a igualdade é verdadeira.*
* *Suponha que $(1+z)^n = c_0 + c_1 z + ... + c_n z^n$, com $c_k \in \mathbb{N}$, $c_0 = 1$ e $c_1 = n$.*
* *Vamos provar que $(1+z)^{n+1} = a_0 + a_1 z + ... + a_z^n + a_{n+1} z^{n+1}$, com $a_k \in \mathbb{N}$, $a_0 = 1$ e $a_1 = n+1$.*

Temos,

$$\begin{aligned}
(1+z)^{n+1} &= (1+z)^n (1+z) \\
&= (c_0 + c_1 z + ... + c_n z^n)(1+z) \\
&= c_0 + c_1 z + ... + c_n z^n + c_0 z + c_1 z^2 + ... + c_n z^{n+1} \\
&= c_0 + (c_0 + c_1) z + (c_2 + c_1) z^2 + ... + (c_n + c_{n-1}) z^n \\
&+ c_n z^{n+1} \\
&= a_0 + a_1 z + a_2 z^2 + ... + a_k z^k + ...a_{n+1} z^{n+1},
\end{aligned}$$

onde $a_0 = c_0 = 1$, $a_1 = c_0 + c_1 = 1 + n$, $a_k = c_k + c_{k-1}$ $(k = 2, ..., n)$ e $a_{n+1} = c_n$. ✓

1.2 Representação Geométrica dos Números Complexos

Considerando $(\mathbb{R}, +, .)$ como corpo de escalares, é possível definir em $(\mathbb{C}, +)$ uma estrutura de espaço vetorial, basta definir
* a adição: se $z = x + iy$ e $w = a + ib$, então $z + w = (x + a) + i(y + b)$;
* a multiplicação por escalar: se $z = x + iy$ e $\lambda \in \mathbb{R}$, então $\lambda z = \lambda x + i\lambda y$.
Este espaço vetorial é isomorfo ao espaço vetorial $\mathbb{R}^2$, mediante o isomorfismo

$$f : \mathbb{R}^2 \to \mathbb{C}$$
$$f(x, y) = x + iy.$$

Este isomorfismo permite identificar o par ordenado (x, y) com o número complexo $z = x + iy$ e também permite uma representação geométrica para o espaço vetorial $\mathbb{C}$.

Usando as coordenadas cartesianas no plano, fazemos a seguinte associação: o número complexo $z = a + ib$ corresponde ao par ordenado (a, b) no plano, e vice-versa. Em vista desta identificação, o familiar plano Oxy será chamado **plano complexo** (ou plano de Argand-Gauss), o eixo $0x$ e o eixo $0y$ serão chamados de **eixo real** e **eixo imaginário** respectivamente (veja figura 1.1).

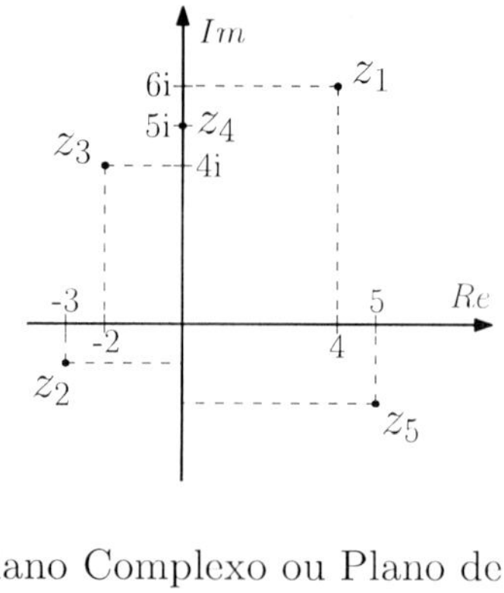

Figura 1.1: Plano Complexo ou Plano de Argand-Gauss

Na figura 1.1 estão representados geometricamente os números complexos: $z_1 = 4 + 6i$, $z_2 = -3 - i$, $z_3 = -2 + 4i$, $z_4 = 5i$ e $z_5 = 5 - 2i$.

Nesta representação geométrica podemos identificar o número complexo $z = x + iy$ com o segmento orientado $\vec{OP}$ (onde $0 = (0, 0)$ e $P = (x, y)$) (ver figura 1.2)

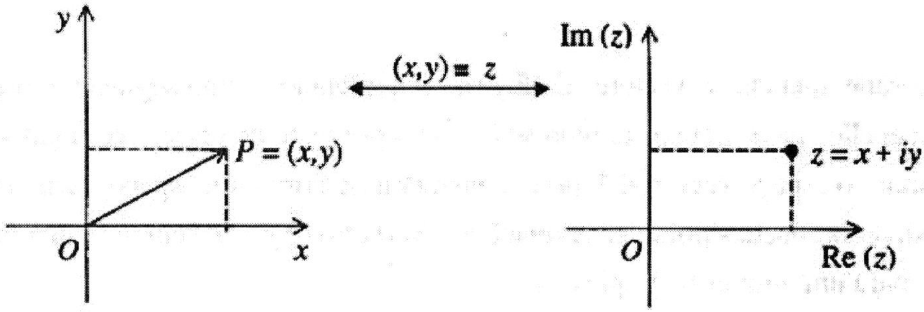

Figura 1.2: Interpretação geométrica

As conhecidas regras do paralelogramo para a soma e subtração de vetores se aplicam no caso de soma e subtração de números complexos (figura 1.3).

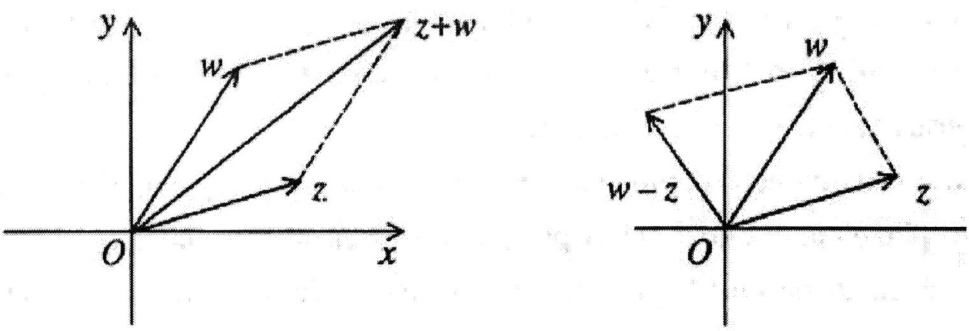

Figura 1.3: Interpretação geométrica da adição e da subtração

Se $z = x+iy$ o seu conjugado complexo é $\bar{z} = x-iy$. A representação geométrica de z e $\bar{z}$ está na figura 1.4 a seguir.

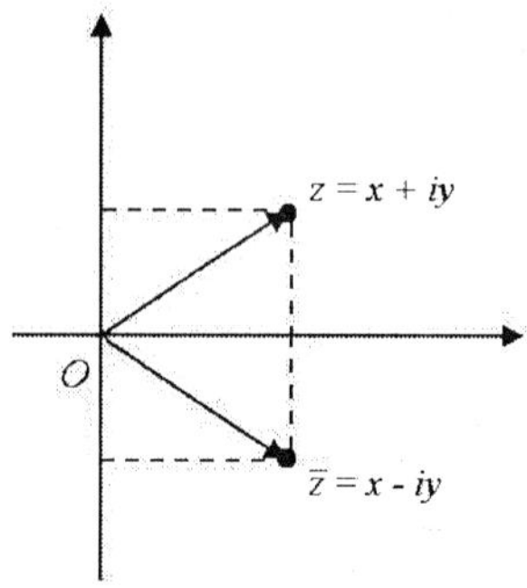

Figura 1.4: O número complexo z e o seu conjugado $\bar{z}$

1.3 Forma Polar de um Número Complexo

Seja $z = x + i\,y$ um número complexo não nulo. O argumento de z (notação: $arg(z)$) é qualquer ângulo θ (medido em radianos, sendo positivo o sentido anti-horário e negativo o sentido horário) que o vetor correspondente ao número complexo $z = x + i\,y$ (lembre-se da forma geométrica de um número complexo $z = (x, y)$) faz com a direção positiva do eixo real (veja figura 1.5), ou seja, θ satisfaz

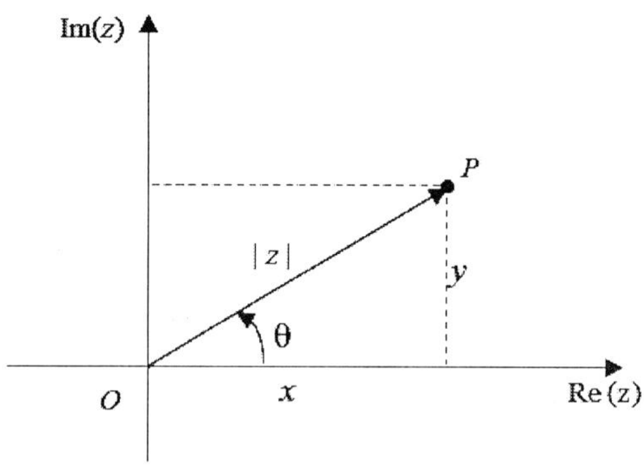

Figura 1.5: Forma polar de um número complexo

$$\operatorname{sen}(\theta) = \frac{y}{|z|} = \frac{y}{\sqrt{x^2 + y^2}}, \tag{1.1}$$

$$\cos(\theta) = \frac{x}{|z|} = \frac{x}{\sqrt{x^2+y^2}}. \tag{1.2}$$

Devido à periodicidade das funções seno e cosseno, é evidente que as equações (1.1) e (1.2) continuam válidas se substituirmos θ por $\theta+2k\pi$, $k\in\mathbb{Z}$ (veja figura 1.6).

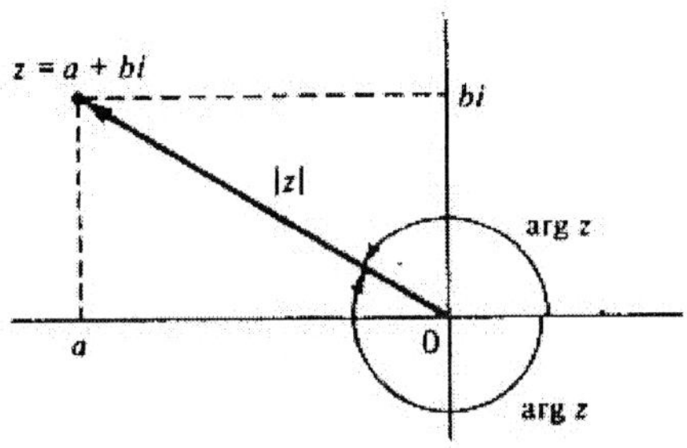

Figura 1.6: argumento de um número complexo

Por exemplo, se $z_1 = 1+i$, então $\theta = arg(z)$ é o ângulo tal que

$$\cos(\theta) = \frac{x}{|z|} = \frac{1}{\sqrt{2}},$$
$$\text{sen}(\theta) = \frac{y}{|z|} = \frac{1}{\sqrt{2}},$$

ou seja, $\theta = \frac{\pi}{4} + 2k\pi$ (com $k\in\mathbb{Z}$).

O *argumento principal* de um número complexo $z = x+i\,y$ (notação: $Arg(z)$) é o único valor de $\theta = arg(z)$ que satisfaz $-\pi < \theta \leq \pi$. Com isso temos que

$$arg(z) = Arg(z) + 2k\pi \quad (k\in\mathbb{Z}).$$

Por exemplo, se $z = 1+i$ então $Arg(1+i) = \frac{\pi}{4}$.

Exemplo 1.3.1. *Considere o número complexo $z = -\sqrt{12}-2i$. Temos que*

$$|z| = \sqrt{(-\sqrt{12})^2 + (-2)^2} = \sqrt{16} = 4,$$

e se $\theta = arg(z)$, então

$$\text{sen}(\theta) = -\frac{2}{4} = -\frac{1}{2}$$

$$\cos(\theta) = -\frac{\sqrt{12}}{4} = -\frac{\sqrt{3}}{2}.$$

Logo, $arg(z) = \theta = \dfrac{7\pi}{6} + 2k\pi$ *(*$k \in \mathbb{Z}$*) e* $Arg(z) = -\dfrac{5\pi}{6}$ *(lembre que* $-\pi < Arg(z) \leq \pi$*) (veja figura 1.7).*

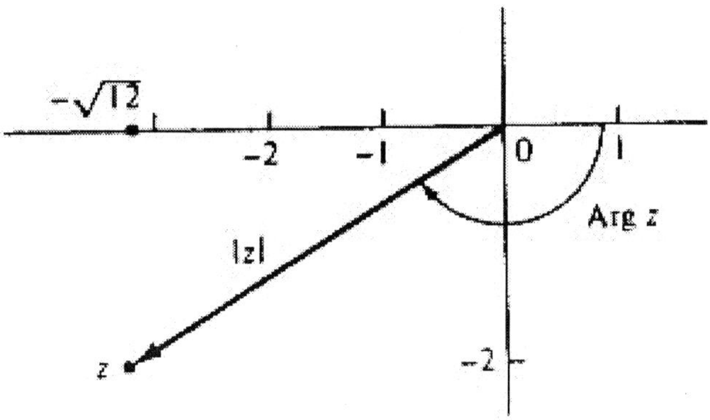

Figura 1.7: Exemplo 1.3.1

✓

Podemos escrever o número complexo na forma

$$z = x + i\,y = |z|(\cos(\theta) + i\,\text{sen}(\theta))$$

que é chamada a *forma polar* do número complexo z. (Vamos usar a notação: $r = |z| = \sqrt{x^2 + y^2}$).

Observe que usando a forma polar podemos escrever a multiplicação de números complexos da seguinte maneira: se

$$z_1 = r_1(\cos(\theta_1) + i\,\text{sen}(\theta_1)) \quad \text{e} \quad z_2 = r_2(\cos(\theta_2) + i\,\text{sen}(\theta_2))$$

então

$$\begin{aligned} &z_1.z_2 \\ &= (r_1\cos(\theta_1) + ir_1\text{sen}(\theta_1))(r_2\cos(\theta_2) + ir_2\text{sen}(\theta_2)) \\ &= r_1r_2[(\cos(\theta_1)\cos(\theta_2) - \text{sen}(\theta_1)\text{sen}(\theta_2)) + i(\cos(\theta_1)\text{sen}(\theta_2) + \text{sen}(\theta_1)\cos(\theta_2))] \\ &= r_1r_2(\cos(\theta_1 + \theta_2) + i\,\text{sen}(\theta_1 + \theta_2)). \end{aligned}$$

Observe que $arg(z_1.z_2) = arg(z_1) + arg(z_2)$ (veja figura 1.8). Temos também que $\arg(\bar{z}) = -\arg(z) + 2k\pi$ (com $k \in \mathbb{Z}$).

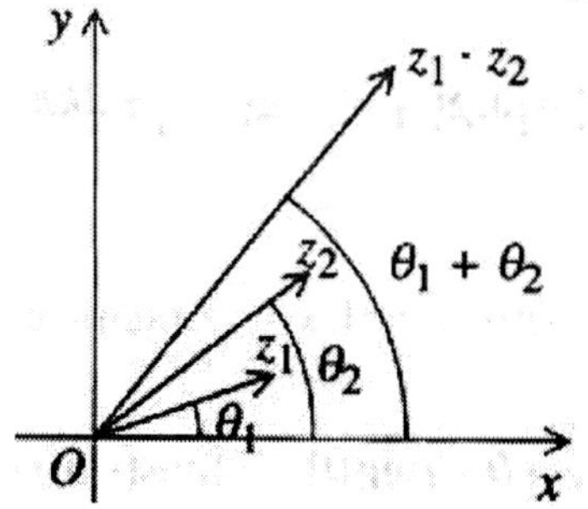

Figura 1.8: Interpretação geométrica da multiplicação

Podemos escrever o quociente na forma polar

$$\begin{aligned} \frac{z_1}{z_2} &= \frac{z_1.\overline{z_2}}{|z_2|^2} \\ &= \frac{r_1}{r_2}(\cos(\theta_1 - \theta_2) + i\,\mathrm{sen}(\theta_1 - \theta_2)). \end{aligned}$$

Além disso, se $z = r\,(\cos(\theta) + i\,\mathrm{sen}(\theta)$, então

$$\begin{aligned} z^2 &= z.z = r^2(\cos(2\theta) + i\,\mathrm{sen}(2\theta)), \\ z^3 &= z.z^2 = r^3(\cos(3\theta) + i\,\mathrm{sen}(3\theta)), \\ z^4 &= z.z^3 = r^4(\cos(4\theta) + i\,\mathrm{sen}(4\theta)), \\ &\vdots \end{aligned}$$

ou seja, para $n \in \mathbb{N}$ temos

$$z^n = z.z^{n-1} = r^n(\cos(n\theta) + i\,\mathrm{sen}(n\theta))$$

que é chamada a *Primeira Fórmula de Moivre* [2].

Por exemplo, se $z = 2(\cos(\pi/3) + i\,\mathrm{sen}(\pi/3))$ então

$$\begin{aligned} z^9 &= 2^9(\cos(9\pi/3) + i\,\mathrm{sen}(9\pi/3)) \\ &= 2^9(\cos(3\pi) + i\,\mathrm{sen}(3\pi)) \\ &= -2^9. \end{aligned}$$

[2]Abraham de Moivre, 1667-1754

Para $z = i$, temos: $z^2 = -1$, $z^3 = -i$, $z^4 = 1$ e $z^5 = i$. Logo, para qualquer outra potência i^n ($n \in \mathbb{N}$) o ciclo se repete. Por exemplo, $i^{109} = i^{4(27)+1} = i^{4(27)}i = i$ e $i^{111} = i^{4(27)}i^3 = -i$.

A Primeira Fórmula de Moivre pode ser utilizada para determinar as raízes n-ésimas de um número complexo, ou seja, dado um número complexo w e $n \in \mathbb{N}$ vamos determinar todos os números complexos z tal que $z^n = w$. Escrevendo na forma polar

$$
\begin{aligned}
w &= a + i\,b = \rho(\cos(\varphi) + i\,\text{sen}(\varphi)),\\
z &= x + i\,y = r(\cos(\theta) + \text{sen}(\theta)),
\end{aligned}
$$

obtemos (usando a Primeira Fórmula de Moivre)

$$
\begin{aligned}
z^n &= w\\
r^n(\cos(n\theta) + i\,\text{sen}(n\theta)) &= \rho(\cos(\varphi) + i\,\text{sen}(\varphi)),
\end{aligned}
$$

e usando a igualdade entre dois números complexos obtemos

$$
\begin{aligned}
r^n\cos(n\theta) &= \rho\cos(\varphi),\\
r^n\text{sen}(n\theta) &= \rho\text{sen}(\varphi),
\end{aligned}
$$

e então $r = \sqrt[n]{\rho}$ (raiz n-ésima real) e $\theta = \dfrac{\varphi + 2k\pi}{n}$ ($k \in \mathbb{Z}$). Portanto, as n soluções são

$$
z_k = \sqrt[n]{\rho}\left[\cos\left(\frac{\varphi + 2k\pi}{n}\right) + i\,\text{sen}\left(\frac{\varphi + 2k\pi}{n}\right)\right],
$$

com $k = 0, 1, ..., n-1$. Observe que qualquer outro valor atribuído a k conduz a uma raiz já obtida, e que todas as raízes possuem o mesmo módulo $|z_k| = \sqrt[n]{\rho}$.

Exemplo 1.3.2. *Se $w = 1 + i$. Vamos determinar todas as soluções para $z^5 = w$. Escrevendo w na forma polar*

$$
w = 1 + i = \sqrt{2}(\cos(\pi/4) + \text{sen}(\pi/4)),
$$

então todas as soluções de $z^5 = w$ são

$$
z_k = \sqrt[5]{\sqrt{2}}\left[\cos\left(\frac{\frac{\pi}{4} + 2k\pi}{5}\right) + i\,\text{sen}\left(\frac{\frac{\pi}{4} + 2k\pi}{5}\right)\right], \quad k = 0, 1, 2, 3, 4.
$$

✓

Exemplo 1.3.3. *Vamos determinar todas as raízes para* $z^8 = 1$. *Como* $1 = 1 + i0$, $r = |1| = 1$ *e* $\text{Arg}(1) = 0$. *Usando a Primeira Fórmula de Moivre, temos que as oito raízes de* $z^8 = 1$ *são*

$$z_k = \sqrt[8]{1}\left[\cos\left(\frac{0 + 2k\pi}{8}\right) + \text{sen}\left(\frac{0 + 2k\pi}{8}\right)\right], \quad k = 0, 1, 2, 3, 4, 5, 6, 7,$$

ou seja

$$z_0 = 1, \; z_1 = \frac{\sqrt{2}}{2}(1 + i), \; z_2 = i, \; z_3 = \frac{\sqrt{2}}{2}(-1 + i)$$
$$z_4 = -1, \; z_5 = \frac{\sqrt{2}}{2}(-1 - i), \; z_6 = -i, \; z_7 = \frac{\sqrt{2}}{2}(1 - i),$$

que podem ser representadas geometricamente (veja figura 1.9).

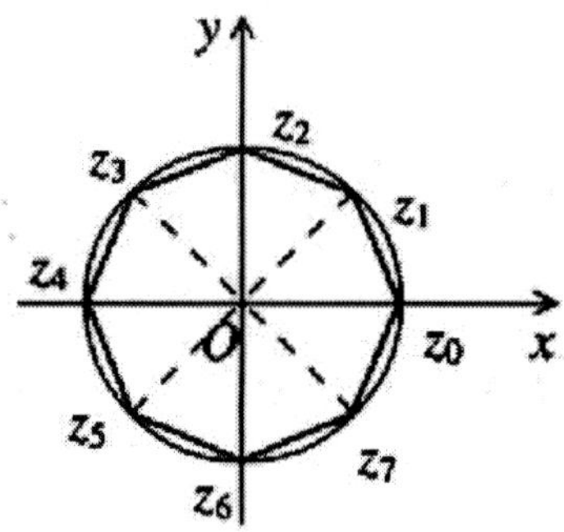

Figura 1.9: Raízes de $z^8 = 1$

✓

Exercícios

[1] Determine dois números complexos z e w tais que $z + w = 4$ e $zw = 8$.

[2] Reduza os seguintes números complexos para a forma algébrica $z = x + i\,y$.

(a) $(2+3i)(-2-3i)$; (b) $\dfrac{6i}{6-5i}$; (c) $\dfrac{1+2i}{3-4i}$;

(d) i^2, i^3; ....., i^{10}; (e) $i^{123} - 4i^9 - 4i$.

[3] Determine todos os números complexos $z = x + iy$ que verificam as seguintes propriedades.

(a) $-z = \bar{z}$; (b) $\bar{z} = z^{-1}$; (c) $-z = z^{-1}$; (d) $\bar{z} = z$ (e) $z^2 = (\bar{z})^2$.

[4] Prove que se $z_1, z_2 \in \mathbb{C}$ e $z_1.z_2 = 0$ então $z_1 = 0$ ou $z_2 = 0$.

[5] Verifique que $\overline{(z^n)} = (\overline{z})^n$, com $n \in \mathbb{N}$.

[6] Determine todos os números complexos z que satisfazem a equação $\mathrm{Im}(i + \bar{z}) = 4$.

[7] Determine todos os números complexos z que satisfazem:

(a) $|z - 2i| = |z + 2|$; (b) $|z+3| + |z+1| = 4$.

[8] Escreva cada número complexo na sua forma polar.

(a) $-\sqrt{27} - 3i$; (b) $2 - 3i$; (c) $-2 + 2i$; (d) $2 - i$.

[9] Calcule

(a) $(1-i)^6$; (b) $(-2+2i)^{15}$; (c) $(1+i)^{11}$.

[10] Determine todas as raízes para as equações.

(a) $z^5 + 8 = 0$; (b) $z^4 - 1 - i = 0$.

[11] Considere os números complexos na forma polar

$$z_1 = 2\big(\cos(\pi/6) + i\mathrm{sen}(\pi/6)\big) \text{ e } z_2 = 5\big(\cos(\pi/3) + i\mathrm{sen}(\pi/3)\big).$$

Calcule $z_1.z_2$, $\dfrac{z_1}{z_2}$, $z_1^3.z_2^4$.

[12] Escreva cada número complexo na forma algébrica $z = x + iy$.

(a) $z = \dfrac{(1+i)^4}{(1-i)^4}$; (b) $z = (1+i)^3(1-i)^2$;

(c) $z = \left(\dfrac{(1+i)}{(1-i)}\right)^{1/2}$; (d) $\dfrac{1}{(1+i\sqrt{3})^{10}}$.

[13] Calcule $\left|\dfrac{(3+4i)(2+i)}{(1+2i)(3-4i)}\right|$.

[14] Sejam $z, w \in \mathbb{C}$ não nulos. Demonstre que $\text{Re}(z\,\overline{w}) = |z|\,|w|$ se, e somente se, $\arg(z) - \arg(w) = 2k\,\pi$ (com $k \in \mathbb{Z}$).

[15] Represente geometricamente os seguintes subconjuntos de $\mathbb{C}$.

(*a*) $\Omega_1 = \{z \in \mathbb{C} : z + \overline{z} = 4\}$.
(*b*) $\Omega_2 = \{z \in \mathbb{C} : |\text{Re}(z)| + |\text{Im}(z)| = 1\}$.
(*c*) $\Omega_3 = \{z \in \mathbb{C} : |z - 4| \geq |z|\}$.
(*d*) $\Omega_4 = \{z \in \mathbb{C} : \text{Re}(z^2) > 0\}$.
(*e*) $\Omega_5 = \{z \in \mathbb{C} : \text{Re}(z) < 1 \text{ e } \text{Im}(z-1) \neq 0\}$.
(*f*) $\Omega_6 = \{z \in \mathbb{C} : |z|^2 > z + \overline{z}\}$.

[16] Mostre que, para quaisquer números complexos z_1, z_2, w_1 e w_2, temos

$$|z_1 w_1 + z_2 w_2|^2 = (|z_1|^2 + |z_2|^2)(|w_1|^2 + |w_2|^2) - |z_1\overline{w_2} - z_2\overline{w_1}|^2,$$

que é conhecida como Identidade de Lagrange.

[17] Determine todas as raízes complexas da equação
$z^6 - 11z^3 + 10 = 0$.

[18] Se $z, w \in \mathbb{C}$, prove que $|z+w|^2 + |z-w|^2 = 2|z|^2 + 2|w|^2$.

1.4 Funções Complexas Elementares

Vamos estudar funções $f : D_f \subseteq \mathbb{C} \to \mathbb{C}$, ou seja, funções definidas em subconjuntos de $\mathbb{C}$ e que assumem valores em $\mathbb{C}$ (ou ainda, as funções de uma variável complexa a valores complexos).

Dada uma função

$$\begin{aligned} f : D_f \subseteq \mathbb{C} &\to \mathbb{C} \\ z &\mapsto w = f(z) \end{aligned}$$

o seu gráfico é um subconjunto de $\mathbb{C} \times \mathbb{C} = \mathbb{C}^2$ definido por

$$G_f = \{(z, f(z)) : \ z \in D_f\}.$$

Como $\mathbb{C}^2 \simeq \mathbb{R}^4$ (ou seja, $\mathbb{C}^2 = \mathbb{C} \times \mathbb{C}$ e $\mathbb{R}^4$ são isomorfos), não conseguimos visualizar o gráfico da função f.

Toda função de uma variável complexa $f : D_f \subseteq \mathbb{C} \to \mathbb{C}$ pode ser escrita na forma $f(z) = f(x + i\,y) = u(x, y) + i\,v(x, y)$, onde $u = u(x, y)$ (parte real) e $v = v(x, y)$ (parte imaginária) são funções de duas variáveis reais a valores reais (que também vale se forem usadas as coordenadas polares: $x = r\cos(\theta)$ e $y = r\text{sen}(\theta)$). Da mesma forma que para as funções de uma ou mais variáveis reais, uma função complexa pode ser entendida como uma regra que associa a cada número complexo $z = x + iy$ um outro número complexo $w = f(z) = u(x, y) + iv(x, y)$, onde $u(x, y)$ e $v(x, y)$ são funções reais de variáveis x e y.

A figura 1.10 abaixo ilustra o caso em que uma região S do domínio da função f, que está contido no plano xy, é transformada na região $f(S)$ do contradomínio de f, contido no plano uv.

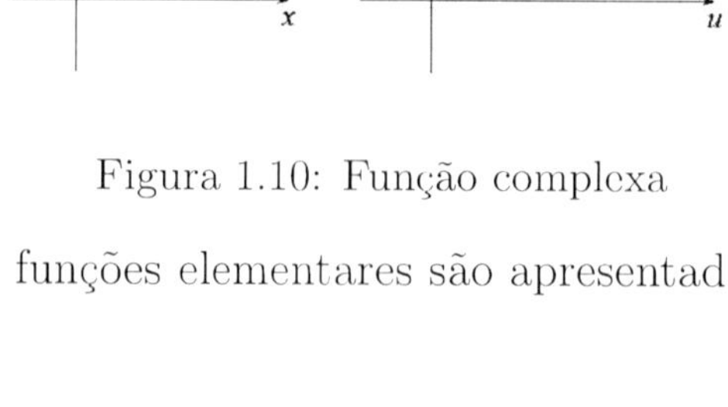

Figura 1.10: Função complexa

Algumas das funções elementares são apresentadas a seguir.

(a) Função potência

Seja $n \in \mathbb{N}$. A função $f : \mathbb{C} \to \mathbb{C}$, $f(z) = z^n$ é chamada *função potência*.

Por exemplo $f(z) = z^2 = (x + i\,y)^2 = x^2 - y^2 + 2i\,xy$, sendo neste caso, $u(x, y) = x^2 - y^2$ (parte real) e $v(x, y) = 2xy$ (parte imaginária).

Teorema 1.4.1. *Seja* $X = \{z \in \mathbb{C} : \ z = 0 \text{ ou } -\frac{\pi}{2} < \text{Arg}(z) \leq \frac{\pi}{2}\}$. *Então a função* $f : X \to \mathbb{C}$, $f(z) = z^2$ *é bijetora.*

Demonstração. (a) Vamos provar que f é injetora. Temos que $f(0) = 0$ e suponha que $w, z \in X - \{0\}$ são tais que

$$f(w) = w^2 = z^2 = f(z).$$

Escrevendo na forma polar, $w = |w|\,(\cos(\text{Arg}(w)) + i\text{sen}(\text{Arg}(w)))$ e $z = |z|\,(\cos(\text{Arg}(z)) + i\text{sen}(\text{Arg}(z)))$, obtemos

$$w^2 = z^2$$
$$|w|^2(\cos(2\text{Arg}(w)) + i\text{sen}(2\text{Arg}(w)) = |z|^2(\cos(2\text{Arg}(z)) + i\text{sen}2(\text{Arg}(z))).$$

Logo, obtemos $|w|^2 = |z|^2$, ou seja, $|w| = |z|$. Também obtemos que

$$2\text{Arg}(w) = 2\text{Arg}(z) + 2k\pi \quad (k \in \mathbb{Z})$$
$$\text{Arg}(w) = \text{Arg}(z) + k\pi.$$

Com isso, obtemos $|\text{Arg}(w) - \text{Arg}(z)| = k\pi$ ($k = \{0, 1, 2, ...\}$).
Como $w, z \in X - \{0\}$, então

$$-\frac{\pi}{2} < \text{Arg}(w) \leq \frac{\pi}{2}$$
$$-\frac{\pi}{2} < \text{Arg}(z) \leq \frac{\pi}{2},$$

e portanto, $-\pi < \text{Arg}(w) - \text{Arg}(z) < \pi$. Com isso, obtemos que $|\text{Arg}(w) - \text{Arg}(z)| < \pi$. O que implica que $k = 0$ e com isso temos $\text{Arg}(w) = \text{Arg}(z)$.

Temos então que $|w| = |z|$ e $\text{Arg}(w) = \text{Arg}(z)$, ou seja $w = z$. Portanto, f é injetora.

(b) Temos que f é sobrejetora. Dado $w \in \mathbb{C}$, vamos determinar $z \in X$ tal que $f(z) = z^2 = w$.

* se $w = 0$, então $z = 0$.
* Se $w \neq 0$, podemos escrever na forma polar $w = |w|\,(\cos(\operatorname{Arg}(w)) + i\,\operatorname{sen}(\operatorname{Arg}(w)))$. Agora escolhendo
$z = \sqrt{|w|}\,(\cos(\operatorname{Arg}(w)/2) + i\operatorname{sen}(\operatorname{Arg}(w))/2)$, temos

$$\begin{aligned} f(z) &= z^2 \\ &= \left(\sqrt{|w|}(\cos(\operatorname{Arg}(w)/2) + i\,\operatorname{sen}(\operatorname{Arg}(w)/2))\right)^2 \\ &= \left(|w|(\cos(2\operatorname{Arg}(w)/2) + i\,\operatorname{sen}(2\operatorname{Arg}(w)/2))\right) \\ &= w. \end{aligned}$$

Portanto, por (a) e (b), a função $f(z) = z^2$, com $z \in X = \{z \in \mathbb{C} : z = 0 \text{ ou } -\dfrac{\pi}{2} < \operatorname{Arg}(z) \leq \dfrac{\pi}{2}\}$ é bijetora. Neste caso, existe a função inversa de f.

□

De forma análoga, se $n \in \mathbb{N}$ e $X_n = \{z \in \mathbb{C} : z = 0 \text{ ou } -\dfrac{\pi}{n} < \operatorname{Arg}(z) \leq \dfrac{\pi}{n}\}$, a função

$$\begin{aligned} &f : X_n \to \mathbb{C} \\ &f(z) = z^n \end{aligned}$$

é bijetora.

(b) Função polinomial

Sejam $n \in \mathbb{N}$ e $a_0, a_1, ..., a_n$ números complexos. A função

$$\begin{aligned} &f : \mathbb{C} \to \mathbb{C} \\ &f(z) = a_n z^n + a_{n-1} z^{n-1} + ... + a_1 z + a_0, \end{aligned}$$

é chamada *função polinomial* de grau n.

Os números complexos $a_n, a_{n-1}, ..., a_1, a_0$ são chamados coeficientes. Quando $a_n = 1$, o polinômio é chamado mônico, quando $p(z) = a_0$, dizemos que o polinômio é constante e, em particular, se $a_0 = 0$, temos

$p(z) = 0$ é chamado polinômio identicamente nulo. O conjunto de todos os polinômios complexos será denotado por $\mathcal{P}(\mathbb{C})$.

Se $f(z) = a_n z^n + ... + a_1 z + a_0$ e $a_n \neq 0$, então o grau de $f(z)$, que representaremos por $gr(f)$, é o inteiro não negativo n. Observe que não foi definido o grau para o polinômio identicamente nulo e que se $f(z)$ é um polinômio constante, ou seja, $f(z) = a_0 \neq 0$, então $gr(f) = 0$. Também decorre diretamente da definição de grau que se $f(z)$ e $g(z)$ pertencem a $\mathcal{P}(\mathbb{C})$ e ambos não são identicamente nulos, então:

(a) Se $h(z) = f(z) + g(z)$, então $gr(h) \leq máx\{gr(f), gr(g)\}$;

(b) Se $p(z) = f(z)g(z)$, então $gr(p) = gr(f) + gr(g)$.

Por exemplo, $f(z) = (1+i)z^3 + (2-i)z + 4 + 5i$ é uma função polinomial de grau 3.

Um importante resultado que não será demonstrado é o Algoritmo da Divisão em $\mathcal{P}(\mathbb{C})$.

Teorema 1.4.2. *Sejam $f(z), g(z) \in \mathcal{P}(\mathbb{C})$, com $g(z) \neq 0$, $gr(f) \geq gr(g)$. Então, existem $q(z)$ e $r(z) \in \mathcal{P}(\mathbb{C})$ tais que:*

$$f(z) = q(z)g(z) + r(z),$$

onde $r(z) = 0$ ou $gr(r) < gr(g)$. O polinômio $q(z)$ é chamado o quociente e $r(z)$ é o resto da divisão de $f(z)$ por $g(z)$.

Teorema 1.4.3. *(Teorema Fundamental da Álgebra) Se $p(z) = a_n z^n n + ... + a_1 z + a_0 \in \mathcal{P}(\mathbb{C})$, com $n \geq 1$, então $p(z)$ possui pelo menos uma raiz complexa.*

A demonstração do Teorema 1.4.3 será feita no Capítulo 3 com a ajuda da teoria de integração complexa (veja o Teorema 3.3.10).

Um importante corolário do Teorema Fundamental da Álgebra é o seguinte resultado.

Corolário 1.4.1. *Seja $p(z) = a_n z^n + ... + a_1 z + a_0 \in \mathcal{P}(\mathbb{C})$, com $n \geq 1$. Então, $p(z)$ possui n raízes complexas $\alpha_1, \alpha_2, ..., \alpha_n$. Além disso, $p(z)$ pode ser escrito como $p(z) = a_n(z-\alpha_1)(z-\alpha_2)...(z-\alpha_n)$.*

Demonstração. Faremos a prova por indução sobre o grau de $p(z)$.

(a) Se $n = 1$, então $p(z) = a_1 z + a_0$, com $a_1 \neq 0$. Logo, $z = -a_0/a_1$ é a única raiz, e podemos escrever

$$p(z) = a_1 z + a_0 = a_1\bigg(z - \Big(-\frac{a_0}{a_1}\Big)\bigg).$$

(b) Assumindo que se $p(z) = b_{n-1}z^{n-1} + ... + b_1 z + b_0$ (com $n \geq 2$), então p possui $(n-1)$ raízes $\alpha_1, ..., \alpha_{n-1}$ e podemos escrever
$p(z) = b_{n-1}(z - \alpha_1)....(z - \alpha_{n-1})$.
(c) Seja $p(z) = a_n z^n + ... + a_1 z + a_0$ (com $a_n \neq 0$). Pelo Teorema 1.4.3, temos que $p(z)$ possui uma raiz α_n. Usando o algoritimo da divisão, podemos dividir $p(z) = a_n z^n + ... + a_1 z + a_0$ por $g(z) = z - \alpha_n$ e obtemos

$$p(z) = (z - \alpha_n)g(z) + r,$$

onde $gr(g) = n - 1$ e $r \in \mathbb{C}$. Agora, com $z = \alpha_n$, obtemos

$$0 = p(\alpha_n) = (\alpha_n - \alpha_n)g(\alpha_n) + r,$$

ou seja, $r = 0$, e então $p(z) = (z - \alpha_n)g(z)$. Como $g(z)$ tem grau $n-1$, então por (b) podemos escrever $g(z) = b_{n-1}(z - \alpha_1)...(z - \alpha_{n-1})$. Portanto,

$$\begin{aligned} a_n z^n + ... + a_1 z + a_0 &= p(z) \\ &= (z - \alpha_n)g(z) \\ &= b_{n-1}(z - \alpha_n)(z - \alpha_1).....(z - \alpha_{n-1}), \end{aligned}$$

e observe que o coeficiente de z^n em ambos os lados são $a_n = b_{n-1}$. Logo, obtemos $p(z) = a_n(z - \alpha_1)(z - \alpha_2)...(z - \alpha_n)$. □

(c) Função racional

Sejam $P(z)$ e $Q(z)$ duas funções polinomiais (ou dois polinômios). A função $f(z) = \dfrac{P(z)}{Q(z)}$ é chamada *função racional*. Observe que neste caso o domínio de f é $D_f = \{z \in \mathbb{C} : Q(z) \neq 0\}$.

Por exemplo, se $f(z) = \dfrac{z^3 - 2iz^2 + 4}{z^2 + 1}$ então

$$\begin{aligned} D_f &= \{z \in \mathbb{C} : Q(z) = z^2 + 1 \neq 0\} \\ &= \{z \in \mathbb{C} : z \neq i \text{ e } z \neq -i\}. \end{aligned}$$

Um caso particular de funções racionais $f(z) = \dfrac{P(z)}{Q(z)}$ é quando $P(z)$ e $Q(z)$ são polinômios de primeiro grau, ou seja, quando
$f(z) = \dfrac{az + b}{cz + d}$.

Teorema 1.4.4. *Temos que* $f(z) = \dfrac{az+b}{cz+d}$ *é constante se, e somente se,* $ad = bc$.

Demonstração. ($\Rightarrow$) Suponha que $f(z) = \dfrac{az+b}{cz+d} = k$ (constante). Logo, $az + b = kcz + kd$ e obtemos que $(a - kc)z + b - kd = 0$. Com isso, temos $a - kc = 0$ e $b - kd = 0$. Portanto,

$$bc = (kd)c = (kc)d = ad.$$

($\Leftarrow$) Supondo que $ad = bc$.

* Se $c = 0$, então $d \neq 0$. Logo, $a = 0$. Neste caso, $f(z) = b/d$ (constante).

* Se $c \neq 0$. Podemos escrever

$$\begin{aligned}
f(z) = \frac{az+b}{cz+d} &= \frac{az + \dfrac{ad}{c} + b - \dfrac{ad}{c}}{cz+d} \\
&= \frac{az + \dfrac{ad}{c}}{cz+d} + \frac{b - \dfrac{ad}{c}}{cz+d} \\
&= \frac{a(z + \dfrac{d}{c})}{c(z + \dfrac{d}{c})} + \frac{(\dfrac{bc - ad}{c})}{cz+d} \\
&= \frac{a}{c}\frac{(cz+d)}{(cz+d)} \\
&= \frac{a}{c}.
\end{aligned}$$

□

As funções racionais da forma $f(z) = \dfrac{az+b}{cz+d}$, com $ad - bc \neq 0$ (ou seja, não constantes) são chamadas *Transformações de Möbius*[3] ou *Transformações Homográficas.* Neste caso, o domínio de f é $D_f = \mathbb{C} - \{d/c\}$.

Por exemplo, se $a = 1 + i$, $b = 1$, $c = 2$ e $d = 1 - i$ ($ad = 2 = bc$), então

$$f(z) = \frac{(1+i)z + 1}{2z + (1-i)} = \frac{1+i}{2},$$

[3]August Ferdinand Möbius, 1790 - 1868

para todo $z\in\mathbb{C}$, $z\neq\dfrac{-1+i}{2}$.

Exemplo 1.4.1. *Seja* $f(z)=\dfrac{1+z}{1-z}$, $z\neq 1$. *Considere* $\Omega=\{z\in\mathbb{C}: |z|<1\}$.

Se $z=x+i\,y\in\Omega$, $x^2+y^2<1$, *temos*

$$\begin{aligned} f(z)=\frac{1+z}{1-z}&=\frac{1+x+i\,y}{1-(x+i\,y)}\\ &=\frac{(x+1)+i\,y}{(1-x)-i\,y}\\ &=\frac{(x+1)+i\,y}{(1-x)-i\,y}\,\frac{(1-x)+iy}{(1-x)+i\,y}\\ &=\frac{1-x^2-y^2}{(1-x)^2+y^2}+\frac{2y}{(1-x)^2+y^2}\,i. \end{aligned}$$

Logo, $\operatorname{Re}(f(z))=\dfrac{1-x^2-y^2}{(1-x)^2+y^2}>0$. *Portanto, a imagem de* Ω *por* f *é* $f(\Omega)=\{w\in\mathbb{C}: \operatorname{Re}(w)>0\}$. ✓

Uma propriedade importante é que dados números complexos z_1,z_2, z_3,w_1,w_2 e w_3, com $z_k\neq z_j$ e $w_k\neq w_j$, existe uma única transformação homográfica $f(z)=\dfrac{az+b}{cz+d}$ (com $ad-bc\neq 0$) tal que $f(z_k)=w_k$ ($k=1,2,3$). Para construir f, observe que

$$w_1-w_2=f(z_1)-f(z_2)=\frac{(ad-bc)(z_1-z_2)}{(cz_1+d)(cz_2+d)},$$

e considerando $w=f(z)$, obtemos

$$\frac{(w_1-w)}{(w_1-w_2)}\,\frac{(w_3-w_2)}{(w_3-w)}=\frac{(z_1-z)}{(z_1-z_2)}\,\frac{(z_3-z_2)}{(z_3-z)}$$

que é chamada razão cruzada, e para obter a expressão de f, basta resolver a igualdade com relação a w. Por exemplo, vamos determinar a transformação homográfica f tal que $f(0)=i$, $f(-1)=1$ e $f(-1)=0$ (neste caso, $z_1=0, z_2=-i, z_3=-1, w_1=i, w_2=1$ e $w_3=0$. Temos

$$\frac{(i-w)}{(i-1)}\,\frac{(0-1)}{(0-w)}=\frac{(0-z)}{(0-(-i))}\,\frac{(-1-(-i))}{(-1-z)}$$

e portanto, $w = -i\left(\dfrac{z+1}{z-i}\right) = f(z)$.

(d) Função exponencial complexa

A função exponencial real $f(x) = \mathrm{e}^x$ $(x \in \mathbb{R})$ possui a propriedade $\mathrm{e}^{x_1+x_2} = \mathrm{e}^{x_1}\mathrm{e}^{x_2}$. Agora se $z = x+iy \in \mathbb{C}$ queremos definir e^z. Admitindo uma generalização da propriedade da função exponencial real, temos que $\mathrm{e}^z = \mathrm{e}^{x+iy} = \mathrm{e}^x\mathrm{e}^{iy}$. Com isso precisamos definir e^{iy}.

Usando a expansão em série de Taylor para as funções de variáveis reais e^x, $\cos(x)$ e $\mathrm{sen}(x)$

$$\mathrm{e}^x = \sum_{n=0}^{\infty} \frac{x^n}{n!} = 1 + x + \frac{x^2}{2!} + \frac{x^3}{3!} + \ldots.$$

$$\cos(x) = \sum_{n=0}^{\infty} (-1)^n \frac{x^{2n}}{(2n)!} = 1 - \frac{x^2}{2!} + \frac{x^4}{4!} - \frac{x^6}{6!} + \ldots.$$

$$\mathrm{sen}(x) = \sum_{n=0}^{\infty} (-1)^n \frac{x^{2n+1}}{(2n+1)!} = x - \frac{x^3}{3!} + \frac{x^5}{5!} - \frac{x^7}{7!} + \ldots.$$

para todo $x \in \mathbb{R}$. Usando que $(i)^{2n} = (-1)^n$ e $(i)^{2n+1} = (-1)^n i$ $(n \in \mathbb{N})$, e substituindo x por iy, obtemos

$$\begin{aligned}
\mathrm{e}^{iy} &= \sum_{n=0}^{\infty} \frac{(iy)^n}{n!} \\
&= 1 + iy - \frac{y^2}{2!} - i\frac{y^3}{3!} + \frac{y^4}{4!} + i\frac{y^5}{5!} - \ldots. \\
&= \left(1 - \frac{y^2}{2!} + \frac{y^4}{4!} + \ldots\right) + i\left(y - \frac{y^3}{3!} + \frac{y^5}{5!} + \ldots\right) \\
&= \sum_{n=0}^{\infty} (-1)^n \frac{y^{2n}}{(2n)!} + i\sum_{n=0}^{\infty} (-1)^n \frac{y^{2n+1}}{(2n+1)!} \\
&= \cos(y) + i\mathrm{sen}(y).
\end{aligned}$$

Portanto,

$$\mathrm{e}^{iy} = \cos(y) + i\,\mathrm{sen}(y)$$

que é conhecida por *fórmula de Euler* [4]. Com isso, podemos definir a função exponencial complexa.

[4] Leonhard Euler, 1707 - 1783

Definição 1.4.1. *A função exponencial complexa é definida por*

$$\begin{aligned} f(z) &= \mathrm{e}^{z} = \mathrm{e}^{x+i\,y} = \mathrm{e}^{x}\mathrm{e}^{iy} \\ &= \mathrm{e}^{x}(\cos(y) + i\,\mathrm{sen}(y)) \\ &= \mathrm{e}^{x}\cos(y) + i\,\mathrm{e}^{x}\mathrm{sen}(y), \end{aligned}$$

para todo $z = x + iy \in \mathbb{C}$, *onde* $Re(\mathrm{e}^{z}) = \mathrm{e}^{x}\cos(y)$ *é a parte real e* $Im(\mathrm{e}^{z}) = \mathrm{e}^{x}\,\mathrm{sen}(y)$ *é a parte imaginária.*

Por exemplo, se $z = 2 + 3i$ então $\mathrm{e}^{2+3i} = \mathrm{e}^{2}(\cos(3) + i\,\mathrm{sen}(3))$.

Teorema 1.4.5. *As principais propriedades da função exponencial complexa são as seguintes: se z e w são números complexos, então*
(a) $\mathrm{e}^{z} \neq 0$.
(b) $\mathrm{e}^{0} = 1$.
(c) $\mathrm{e}^{z+w} = \mathrm{e}^{z}\,\mathrm{e}^{w}$.
(d) $\mathrm{e}^{z-w} = \dfrac{\mathrm{e}^{z}}{\mathrm{e}^{w}}$.
(e) $\mathrm{e}^{z+2\pi\,i} = \mathrm{e}^{z}$ *(o que significa que a função exponencial complexa não é injetiva).*
(f) se $z = x + i\,y$, *então* $|\mathrm{e}^{z}| = \mathrm{e}^{x}$ *e* $arg(\mathrm{e}^{z}) = y$.
(g) $\overline{\mathrm{e}^{z}} = \mathrm{e}^{\overline{z}}$.

Demonstração. Vamos demonstrar algumas das propriedades.
(a) Seja $z = x + iy$. Se $\mathrm{e}^{z} = 0$, ou seja,

$$\mathrm{e}^{z} = \mathrm{e}^{x}\cos(y) + i\mathrm{e}^{x}\mathrm{sen}(y) = \mathrm{e}^{x}(\cos(y) + i\mathrm{sen}(y)) = 0,$$

e como $\mathrm{e}^{x} > 0$ então $\cos(y) = 0$ e $\mathrm{sen}(y) = 0$. Mas não existe $y \in \mathbb{R}$ que verifique simultaneamente as condições $\cos(y) = 0$ e $\mathrm{sen}(y) = 0$. Portanto, $\mathrm{e}^{z} \neq 0$ para todo $z \in \mathbb{C}$.

(c) se $z = x + iy$ e $w = a + ib \in \mathbb{C}$, temos

$$\begin{aligned} \mathrm{e}^{z+w} &= \mathrm{e}^{x+a+i(y+b)} \\ &= \mathrm{e}^{x+a}(\cos(y+b) + i\mathrm{sen}(y+b)) \\ &= \mathrm{e}^{x}\mathrm{e}^{a}[\cos(y)\cos(b) - \mathrm{sen}(y)\mathrm{sen}(b) \\ &+ i(\mathrm{sen}(y)\mathrm{sen}(b) + \cos(y)\cos(b))] \\ &= \mathrm{e}^{x}\mathrm{e}^{a}(\cos(y) + i\mathrm{sen}(y))(\cos(b) + i\mathrm{sen}(b)) \end{aligned}$$

$$
\begin{aligned}
&= e^x(\cos(y) + i\operatorname{sen}(y))\, e^a(\cos(b) + i\operatorname{sen}(b)) \\
&= e^z\, e^w.
\end{aligned}
$$

(e) Como as funções reais seno e cosseno (reais) são periódicas de período 2π, temos

$$
\begin{aligned}
e^{z+2\pi i} &= e^{x+iy+2\pi i} = e^{x+i(y+2\pi)} \\
&= e^x\cos(y+2\pi) + ie^x\operatorname{sen}(y+2\pi) \\
&= e^x\cos(y) + ie^x\operatorname{sen}(y) \\
&= e^z.
\end{aligned}
$$

(g) Usando que $\cos(-y) = \cos(y)$ e $\operatorname{sen}(-y) = -\operatorname{sen}(y)$ para todo $y \in \mathbb{R}$, temos

$$
\begin{aligned}
\overline{e^z} &= \overline{e^x\cos(y) + ie^x\operatorname{sen}(y)} \\
&= e^x\cos(y) - ie^x\operatorname{sen}(y) \\
&= e^x\cos(-y) + ie^x\operatorname{sen}(-y) \\
&= e^{x-iy} \\
&= e^{\overline{z}}.
\end{aligned}
$$

□

Exemplo 1.4.2. *Vamos determinar todas as soluções $z \in \mathbb{C}$ da igualdade $e^z = -2$.*
Se $z = x + i\,y$, então usando a definição da função exponencial complexa obtemos

$$-2 = e^z = e^x\cos(y) + i\,e^x\operatorname{sen}(y),$$

ou seja,

$$
\begin{aligned}
e^x\cos(y) &= -2, && (1.3)\\
e^x\operatorname{sen}(y) &= 0. && (1.4)
\end{aligned}
$$

Uma das maneiras de resolver o sistema acima: elevando ao quadrado ambas as igualdades e somando obtemos

$$
\begin{aligned}
(-2)^2 + 0^2 = 4 &= (e^x\cos(y))^2 + (e^x\operatorname{sen}(y))^2 \\
&= e^{2x}(\cos^2(y) + \operatorname{sen}^2(y))
\end{aligned}
$$

$$= e^{2x}.$$

Logo, $2x = \ln(4)$ *(onde a notação* ln *indica o logaritmo real de base* e*). Com isso temos* $x = \dfrac{1}{2}\ln(4) = \ln(2)$*. Voltando em (1.3) e (1.4) obtemos*

$$\begin{aligned} e^{\ln(2)}\cos(y) &= -2, \\ e^{\ln(2)}\operatorname{sen}(y) &= 0, \end{aligned}$$

Como $e^{\ln(2)} = 2$*, obtemos*

$$\begin{aligned} \cos(y) &= -1 \\ \operatorname{sen}(y) &= 0, \end{aligned}$$

cujas soluções são $y = (2k+1)\pi$*, com* $k \in \mathbb{Z}$*.*
Conclusão: Todas as soluções para $e^z = -2$ *são*

$$z = \ln(2) + i\,(2k+1)\pi$$

(com $k \in \mathbb{Z}$*).* ✓

Como a função exponencial $f(z) = e^z$, $z \in \mathbb{C}$, não é injetiva, ela não admite função inversa. No entanto é possível definir restrições injetivas da função exponencial complexa. Veja o próximo resultado.

Teorema 1.4.6. *Seja* $y_0 \in \mathbb{R}$ *fixado e* $\Omega = \{z \in \mathbb{C} : y_0 < \operatorname{Im}(z) \leq y_0 + 2\pi\}$*. A função* $f : \Omega \to \mathbb{C} - \{0\}$*,* $f(z) = e^z$ *é bijetora.*

Demonstração. Para provar que f é bijetora, precisamos demonstrar que f é injetora e sobrejetora.
(a) Vamos provar que f é injetora. Sejam $w = a + ib$ e $z = x + iy \in \Omega$ tais que $f(w) = e^w = e^z = f(z)$. Logo,

$$\begin{aligned} 1 &= \frac{e^w}{e^z} = e^{w-z} \\ &= e^{a-x+i(b-y)} \\ &= e^{a-x}(\cos(b-y) + i\operatorname{sen}(b-y)), \end{aligned}$$

de onde obtemos, usando igualdade entre dois números comlexos,

$$\begin{aligned} e^{a-x}\cos(b-y) &= 1 \\ e^{a-x}\operatorname{sen}(b-y) &= 0. \end{aligned}$$

Elevando ao quadrado ambas as igualdades e somando, obtemos

$$\begin{aligned} e^{2(a-x)}\cos^2(b-y) + e^{2(a-x)}\operatorname{sen}^2(b-y) &= 1 \\ e^{2(a-x)} &= 1. \end{aligned}$$

Portanto, $a-x=0$, ou seja, $a=x$. Usando isto, obtemos que $\operatorname{sen}(b-y)=0$ e então $b-y=2k\pi$ (com $k\in\mathbb{Z}$). Mas como $w,z\in\Omega$, temos que $|b-y| < |y_0+2\pi-y_0| = 2\pi$. O que implica que $k=0$, ou seja, $b=y$.

Portanto, $w=a+ib=x+iy=z$ e f é injetora.

(b) Vamos provar que f é sobrejetora. Dado $w\in\mathbb{C}-\{0\}$, podemos escrever na forma polar $w=r(\cos(\theta)+i\operatorname{sen}(\theta))$. Considere o número complexo $z=\ln(r)+i\,\theta$. Então

$$\begin{aligned} f(z) &= e^z \\ &= e^{\ln(r)+i\,\theta} \\ &= e^{\ln(r)}(\cos(\theta)+i\operatorname{sen}(\theta)) \\ &= r\,(\cos(\theta)+i\operatorname{sen}(\theta)) = w, \end{aligned}$$

ou seja, f é sobrejetora. □

A região $\Omega=\{z\in\mathbb{C}:\ y_0<\operatorname{Im}(z)\le y_0+2\pi\}$ é chamada *região fundamental* da função exponencial complexa. Considerando $y_0=-\pi$, temos $\Omega=\{z\in\mathbb{C}:\ -\pi<\operatorname{Im}(z)\le\pi\}$.

(d) Funções trigonométricas complexas

Da Fórmula de Euler $e^{iy}=\cos(y)+i\operatorname{sen}(y)$ obtemos que $e^{-iy}=\cos(-y)+i\operatorname{sen}(-y)=\cos(y)-i\operatorname{sen}(y)$. Logo,

$$\operatorname{sen}(y)=\frac{e^{iy}-e^{-iy}}{2i} \quad \text{e} \quad \cos(y)=\frac{e^{iy}+e^{-iy}}{2}.$$

As funções seno e cosseno de um número complexo z são definidas por

$$\begin{aligned} \operatorname{sen}(z) &= \frac{e^{iz} - e^{-iz}}{2i}, \\ \cos(z) &= \frac{e^{iz} + e^{-iz}}{2}, \end{aligned}$$

e as demais funções trigonométricas são definidas de forma usual

$$\begin{aligned} \operatorname{tg}(z) &= \frac{\operatorname{sen}(z)}{\cos(z)} \quad \text{(tangente)}, \\ \operatorname{cotg}(z) &= \frac{\cos(z)}{\operatorname{sen}(z)} \quad \text{(cotangente)}, \\ \sec(z) &= \frac{1}{\cos(z)} \quad \text{(secante)}, \\ \operatorname{cosec}(z) &= \frac{1}{\operatorname{sen}(z)} \quad \text{(cosecante)}, \end{aligned}$$

desde que o denominador seja não nulo.

As propriedades básicas das funções seno e cosseno complexo são as seguintes.

- $\operatorname{sen}(z) = 0$ se, e somente se, $z = k\pi$ $(k \in \mathbb{Z})$,
- $\cos(z) = 0$ se, e somente se, $z = \frac{\pi}{2} + k\pi$ (com $k \in \mathbb{Z}$),
- $\operatorname{sen}(-z) = -\operatorname{sen}(z)$ e $\cos(-z) = \cos(z)$,
- $\operatorname{sen}^2(z) + \cos^2(z) = 1$ para todo $z \in \mathbb{C}$,
- $\operatorname{sen}(z+w) = \operatorname{sen}(z)\cos(w) + \operatorname{sen}(w)\cos(z)$
- $\cos(z+w) = \cos(z)\cos(w) - \operatorname{sen}(z)\operatorname{sen}(w)$.
- $|\operatorname{sen}(z)|^2 = \operatorname{sen}^2(x) + \operatorname{senh}^2(y)$, com $z = x + iy$, onde $\operatorname{senh}(y) = \dfrac{e^y - e^{-y}}{2}$ é o seno hiperbólico (real), e $\cosh(x) = \dfrac{e^y + e^{-y}}{2}$ é a função cosseno hiperbólico real.
- $|\cos(z)|^2 = \cos^2(x) + \operatorname{senh}^2(y)$.

Exemplo 1.4.3. *Se* $\operatorname{sen}(z) = \sqrt{3}$ *então*

$$\begin{aligned} 1 &= \cos^2(z) + \operatorname{sen}^2(z) \\ &= \cos^2(z) + (\sqrt{3})^2, \end{aligned}$$

com isso obtemos, $\cos^2(z) = 1 - 3 = -2$, *ou seja,* $\cos(z) = \pm\sqrt{2}\,i$.

Vamos agora determinar todas as soluções complexas ($z \in \mathbb{C}$) *para* $\text{sen}(z) = \sqrt{3}$. *Usando a definição obtemos*

$$\begin{aligned} \sqrt{3} = \text{sen}(z) &= \frac{e^{iz} - e^{-iz}}{2i} \\ 2i\sqrt{3} &= e^{iz} - e^{-iz}. \end{aligned}$$

Se $z = x + i\,y$ *então* $iz = -y + i\,x$. *Com isso*

$$\begin{aligned} 2i\sqrt{3} &= e^{iz} - e^{-iz} \\ &= e^{-y+i\,x} - e^{y-i\,x} \\ &= e^{-y}(\cos(x) + i\,\text{sen}(x)) - e^{y}(\cos(-x) + i\,\text{sen}(-x)) \\ &= (e^{-y} - e^{y})\cos(x) + i\,(e^{-y} + e^{y})\text{sen}(x), \end{aligned}$$

ou seja,

$$(e^{-y} - e^{y})\cos(x) = 0 \tag{1.5}$$

$$(e^{-y} + e^{y})\text{sen}(x) = 2\sqrt{3}. \tag{1.6}$$

Em (1.5) temos dois casos: ou (a) $\cos(x) = 0$ *ou (b)* $e^{-y} - e^{y} = 0$.
(a) Se $\cos(x) = 0$ *então* $x = \dfrac{\pi}{2} + k\,\pi$ ($k \in \mathbb{Z}$). *Substituindo em (1.6) obtemos*

$$\begin{aligned} 2\sqrt{3} &= (e^{-y} + e^{y})\,\text{sen}(\pi/2 + k\,\pi) \\ &= (e^{-y} + e^{y})\,(-1)^k. \end{aligned}$$

Como $e^{-y} + e^{y} > 0$, *então* $k = 2n$. *Neste caso, obtemos*

$$\begin{aligned} e^{-y} + e^{y} &= 2\sqrt{3} \\ 1 + e^{2y} &= 2\sqrt{3}\,e^{y} \\ e^{2y} - 2\sqrt{3}\,e^{y} + 1 &= 0. \end{aligned}$$

Fazendo $e^{y} = t$, *obtemos* $t^2 - 2\sqrt{3}\,t + 1 = 0$, *cujas raízes são* $t = \sqrt{3} \pm \sqrt{2}$ *(ambas positivas). Logo,* $e^{y} = t = \sqrt{3} \pm \sqrt{2}$, *ou seja,* $y = \ln(\sqrt{3} \pm \sqrt{2})$.
Para o caso (a) as soluções são $z = \left(\dfrac{\pi}{2} + 2k\pi\right) + i\ln(\sqrt{3} \pm \sqrt{2})$.

No caso (b), se $e^{-y} - e^{y} = 0$ *então obtemos* $1 - e^{2y} = 0$. *Logo* $y = 0$. *Substituindo em (1.6) obtemos*

$$\begin{aligned} 2\sqrt{3} &= (e^{-0} + e^{0})\,\text{sen}(x) \\ &= 2\,\text{sen}(x), \end{aligned}$$

e com isso $\text{sen}(x) = \sqrt{3} > 1$ *não tem solução* $x \in \mathbb{R}$.
Conclusão: As soluções para $\text{sen}(z) = \sqrt{3}$ *são*

$$z = \left(\frac{\pi}{2} + 2k\pi\right) + i\ln(\sqrt{3} \pm \sqrt{2}) \ (\text{com } k \in \mathbb{Z}).$$

✓

Exemplo 1.4.4. *Vamos determinar a parte real e a parte imaginária da função* $f(z) = \cos(z)$.
Temos que $\cos(z) = \dfrac{e^{iz} + e^{-iz}}{2}$. *Se* $z = x + iy$, *então* $iz = -y + ix$ *e* $-iz = y - ix$. *Logo,*

$$\begin{aligned} f(z) = \cos(z) &= \frac{e^{iz} + e^{-iz}}{2} \\ &= \frac{e^{-y+ix} + e^{y-ix}}{2} \\ &= \frac{e^{-y}(\cos(x) + i\text{sen}(x)) + e^{y}(\cos(x) - i\text{sen}(x))}{2} \\ &= \left(\frac{e^{-y} + e^{y}}{2}\right)\cos(x) + i\left(\frac{e^{-y} - e^{y}}{2}\right)\text{sen}(x) \\ &= \cosh(y)\cos(x) - i\text{senh}(x)\text{sen}(x). \end{aligned}$$

Portanto, temos $u(x, y) = \text{Re}(\cos(z)) = \cosh(y)\cos(x)$ *(parte real) e* $v(x, y) = \text{Im}(\cos(z)) = -\text{senh}(y)\text{sen}(x)$ *(parte imaginária).* ✓

Observação 1.4.1. *As funções complexas* $f(z) = \text{sen}(z)$ *e* $g(z) = \cos(z)$ *não são limitadas em* $\mathbb{C}$.

De fato, usando que $|\text{sen}(z)|^2 = \text{sen}^2(x) + \text{senh}^2(y)$ *e* $|\cos(z)|^2 = \cos^2(x) + \text{senh}^2(y)$, *com* $z = n\,i$ $(n \in \mathbb{N})$, *obtemos*

* $|\text{sen}(n\,i)| = \text{senh}(n) = \dfrac{e^{n} - e^{-n}}{2} \to \infty$ *quando* $n \to \infty$.

* $|\cos(n\,i)|^2 = 1+\operatorname{senh}^2(n) = \cosh^2(n)$. *Logo,* $|\cos(n\,i)| = \cosh(n) = \dfrac{e^n + e^{-n}}{2} \to \infty$ *quando* $n \to \infty$.
Por exemplo, as soluções para $\cos(z) = 2$ *(*$z \in \mathbb{C}$*) são*

$$z_n = 2n + \frac{i}{2}\ln(2 \pm \sqrt{3})$$

(com $n = 0, 1, 2, 3, ...$*).*

(e) Função raiz

Seja $n \in \mathbb{N}$. A *função raiz* n-ésima deve ser entendida usando o argumento principal de $z \in \mathbb{C}$, ou seja, escrevendo na forma polar $z = r(\cos(\theta) + i\operatorname{sen}(\theta))$ (sendo $\theta = Arg(z)$ e $r = |z|$), então

$$\begin{aligned} f(z) &= \sqrt[n]{z} \\ &= \sqrt[n]{r}\left[\cos\left(\frac{\theta}{n}\right) + i\operatorname{sen}\left(\frac{\theta}{n}\right)\right]. \end{aligned}$$

Por exemplo, se $f(z) = \sqrt[3]{z}$, se $z = i = \cos(\pi/2) + i\operatorname{sen}(\pi/2)$ ($r = 1$ e $Arg(i) = \pi/2$), então

$$f(i) = \sqrt[3]{i} = \cos(\pi/6) + i\operatorname{sen}(\pi/6).$$

Observe que é diferente do problema de determinar todas as soluções para $z^3 = i$ (que são 3 possibilidades).

Mais um exemplo. Agora se $z = i + i = \sqrt{2}(\cos(\pi/4) + i\operatorname{sen}(\pi/4))$ ($r = |z| = \sqrt{2}$ e $Arg(1+i) = \pi/4$), então

$$\begin{aligned} f(1+i) &= \sqrt[3]{1+i} \\ &= \sqrt[3]{\sqrt{2}}\,[\cos(\pi/12) + i\operatorname{sen}(\pi/12)] \\ &= \sqrt[6]{2}\,[\cos(\pi/12) + i\operatorname{sen}(\pi/12)]. \end{aligned}$$

A função raiz é um exemplo de um grupo importante de funções de uma variável complexa chamadas *funções multivalentes*, isto é, aquelas que a um valor dado da variável z associam dois ou mais números $w = f(z)$ distintos. Tais funções são consideradas como sendo formadas por *ramos*, cada um dos quais é uma função como no sentido usual. A função $f(z) = \sqrt[n]{z}$, para cada $z \in \mathbb{C}$, possui n soluções. A partir da represetação polar $z = re^{i\theta}$, temos que $f(z) = \sqrt[n]{z}$ pode ser dividida em n ramos, segundo a fórmula usual para raízes:

Ramo principal: $f_1(z) = \sqrt[n]{z} = \sqrt[n]{r}e^{i\theta/n}$,
Segundo ramo: $f_2(z) = \sqrt[n]{z} = \sqrt[n]{r}e^{i(\theta+2\pi)/n}$,
Terceiro ramo: $f_3(z) = \sqrt[n]{z} = \sqrt[n]{r}e^{i(\theta+4\pi)/n}$,
$\vdots$
n-ésimo ramo: $f_n(z) = \sqrt[n]{z} = \sqrt[n]{r}e^{i(\theta+2(n-1))/n}$.

Considerando a definição usual de função, as funções $f_1, f_2, ..., f_n$ são n funções distintas, pois associam a um número complexo z diferentes valores $f_k(z)$ $(k = 1, 2, ..., n)$.

Por exemplo, seja $f(z) = \sqrt[3]{z}$. Considere $z = 1$. Na forma polar $z = 1 = 1e^{i0}$ (com $r = 1$ e $\theta = 0$). Temos

$$f_1(1) = 1,$$

$$f_2(1) = \sqrt[3]{1}e^{i(0+2\pi)/3} = e^{2i\pi/3} = -\frac{1}{2} + \frac{\sqrt{3}}{2}i,$$

$$f_3(1) = \sqrt[3]{1}e^{i(0+4\pi)/3} = e^{4i\pi/3} = -\frac{1}{2} - \frac{\sqrt{3}}{2}i.$$

Como veremos no próximo capítulo, uma propriedade comum a cada um dos ramos de $f(z) = \sqrt[n]{z}$ é que todas são descontínuas no conjunto $\Omega = \{z = x + iy \in \mathbb{C} : x < 0 \text{ e } y = 0\}$ (o semieixo real negativo) (veja Exemplo 2.2.8 e Exemplo 2.2.11).

Para a função $f(z) = \sqrt[n]{z}$, o ponto $z = 0$ é chamado *ponto de ramificação* e o o semieixo real negativo é a linha de corte. Cada função multivalente possui diferentes pontos de ramificação e diferentes linhas de corte.

(f) Funções hiperbólicas complexas

As definições são análogas as funções hiperbólicas reais. Se $z \in \mathbb{C}$ definimos o seno hiperbólico complexo por

$$\operatorname{senh}(z) = \frac{e^z - e^{-z}}{2},$$

e o cosseno hiperbólico complexo por

$$\cosh(z) = \frac{e^z + e^{-z}}{2}.$$

Apresentamos a seguir algumas propriedades das funções hiperbólicas complexas.

(1) Se $z = x + i\,y$, então

$$\begin{aligned}\cosh(z) &= \cosh(x)\cos(y) + i\,\text{senh}(x)\,\text{sen}(y)\\ \text{senh}(z) &= \text{senh}(x)\cos(y) + i\cosh(x)\,\text{sen}(y).\end{aligned}$$

De fato,

$$\begin{aligned}\cosh(z) &= \frac{e^z + e^{-z}}{2}\\ &= \frac{e^{x+iy} + e^{-x-iy}}{2}\\ &= \frac{e^x}{2}(\cos(y) + i\text{sen}(y)) + \frac{e^{-x}}{2}(\cos(y) - i\text{sen}(y))\\ &= \frac{(e^x + e^{-x})}{2}\cos(y) + i\frac{(e^x - e^{-x})}{2})\text{sen}(y)\\ &= \cosh(x)\cos(y) + i\,\text{senh}(x)\,\text{sen}(y).\end{aligned}$$

(2) $\overline{\cosh(z)} = \cosh(\overline{z})$ e $\overline{\text{senh}(z)} = \text{senh}(\overline{z})$.

(3) Usando (1), obtemos

$$\begin{aligned}|\cosh(z)|^2 &= \cosh^2(x)\cos^2(y) + \text{senh}^2(x)\,\text{sen}^2(y)\\ &= (1 + \text{senh}^2(x))\cos^2(y) + \text{senh}^2(x)\,\text{sen}^2(y)\\ &= \cos^2(y) + \text{senh}^2(x)\,(\cos^2(y) + \text{sen}^2(y))\\ &= \cos^2(y) + \text{senh}^2(x).\end{aligned}$$

Logo, $|\cosh(z)| = \sqrt{\cos^2(y) + \text{senh}^2(x)}.$
De forma análoga também obtemos

$$|\text{senh}(z)| = \sqrt{\text{senh}^2(x) + \text{sen}^2(y)}.$$

(4) $\cosh(-z) = \cosh(z)$ e $\text{senh}(-z) = -\,\text{senh}(z)$.

(5) $\cosh^2(z) - \operatorname{senh}^2(z) = 1$. De fato,

$$\begin{aligned}\cosh^2(z) - \operatorname{senh}^2(z) &= \left(\frac{e^z + e^{-z}}{2}\right)^2 - \left(\frac{e^z - e^{-z}}{2}\right)^2 \\ &= \frac{e^{2z} + e^{-2z} + 2 - (e^{2z} + e^{-2z} - 2)}{4} \\ &= 1.\end{aligned}$$

(6) $\cos(z) = \cosh(iz)$ e $\operatorname{sen}(z) = -i\operatorname{senh}(iz)$.

(7) $\cosh(w \pm z) = \cosh(w)\cosh(z) \pm \operatorname{senh}(w)\operatorname{senh}(z)$. De fato,

$$\begin{aligned}&\cosh(w)\cosh(z) + \operatorname{senh}(w)\operatorname{senh}(z) \\ &= \frac{e^w + e^{-w}}{2}\,\frac{e^z + e^{-z}}{2} + \frac{e^w - e^{-w}}{2}\,\frac{e^z - e^{-z}}{2} \\ &= 2\left(\frac{e^w e^z + e^{-w}e^{-z}}{4}\right) \\ &= \frac{e^{w+z} + e^{-(w+z)}}{2} \\ &= \cosh(w + z).\end{aligned}$$

Usando (4), obtemos

$$\begin{aligned}\cosh(w - z) &= \cos(w + (-z)) \\ &= \cosh(w)\cosh(-z) + \operatorname{senh}(w)\operatorname{senh}(-z) \\ &= \cosh(w)\cosh(z) - \operatorname{senh}(w)\operatorname{senh}(z).\end{aligned}$$

(8) $\operatorname{senh}(w \pm z) = \operatorname{senh}(w)\cosh(z) \pm \cosh(w)\operatorname{senh}(z)$.

(9) $\cosh(2z) = 1 + 2\operatorname{senh}^2(z)$ e $\operatorname{senh}(2z) = 2\operatorname{senh}(z)\cosh(z)$. De fato,

$$\begin{aligned}\cosh(2z) &= \frac{e^{2z} + e^{-2z}}{2} \\ &= 1 + \frac{e^{2z} + e^{-2z}}{2} - 1\end{aligned}$$

$$
\begin{aligned}
&= 1 + 2\left(\frac{e^{2z} + e^{-2z} - 2}{4}\right)\\
&= 1 + 2\left(\frac{e^{z} - e^{-z}}{2}\right)^2\\
&= 1 + 2\,\mathrm{senh}^2(z).
\end{aligned}
$$

(10) $\cosh(z + 2\pi\, i) = \cosh(z)$ e $\mathrm{senh}(z + 2\pi\, i) = \mathrm{senh}(z)$. De fato,

$$
\begin{aligned}
\cosh(z + 2\pi\, i) &= \frac{e^{z+2\pi\, i} + e^{-(z+2\pi\, i)}}{2}\\
&= \frac{e^{z}e^{2\pi\, i} + e^{-z}e^{-2\pi\, i}}{2}\\
&= \frac{e^{z} + e^{-z}}{2}\\
&= \cosh(z).
\end{aligned}
$$

Exemplo 1.4.5. *(a) Vamos determinar todas as soluções* $z \in \mathbb{C}$ *para* $\cosh(z) = 0$.

Usando a propriedade (3), com $z = x + iy$, *obtemos*

$$0 = |\cosh(z)|^2 = \mathrm{senh}^2(x) + \cos^2(y),$$

e portanto, obtemos $\cos(y) = 0$ *e* $\mathrm{senh}(x) = 0$. *Como* $\cos(y) = 0$, *temos que* $y = \dfrac{\pi}{2} + k\pi$ *(com* $k \in \mathbb{Z}$*). De* $\mathrm{senh}(x) = 0$, *obtemos* $x = 0$.

Portanto, $\cosh(z) = 0$ *se, e somente se* $z = i\big(\dfrac{\pi}{2} + k\,\pi\big)$, *com* $k \in \mathbb{Z}$.

(b) Vamos determinar as soluções complexas para $\mathrm{senh}(z) = 0$. *Se* $z = x + iy$, *usando que* $|\mathrm{senh}(z)|^2 = \mathrm{senh}^2(x) + \mathrm{sen}^2(y)$, *então*

$$0 = |\mathrm{senh}(z)|^2 = \mathrm{senh}^2(x) + \mathrm{sen}^2(y)$$

implica que

* $\mathrm{senh}(x) = 0$, *ou seja,* $x = 0$, *e*

* $\mathrm{sen}(y) = 0$, *ou seja,* $y = k\pi$ *(*$k \in \mathbb{Z}$*).*

Portanto, $\mathrm{senh}(z) = 0$ *se, e somente se,* $z = k\pi i$ *(com* $k \in \mathbb{Z}$*).* ✓

As demais funções hiperbólicas complexas são definidas a partir do cosseno hiperbólico complexo e do seno hiperbólico complexo de forma usual.

* Tangente hiperbólica complexa: $\operatorname{tgh}(z) = \dfrac{\operatorname{senh}(z)}{\cosh(z)}$;

* Cotangente hiperbólica complexa: $\operatorname{cotgh}(z) = \dfrac{\cosh(z)}{\operatorname{senh}(z)}$;

* Secante hiperbólica complexa: $\operatorname{sech}(z) = \dfrac{1}{\cosh(z)}$;

* Cossecante hiperbólica complexa: $\operatorname{cossech}(z) = \dfrac{1}{\operatorname{senh}(z)}$;

desde que o denominador seja não nulo.

(g) Logaritmo Complexo

No caso real, se a e b são números reais (com $a > 0$) definimos $\ln(a) = b$ se, e somente se, $a = \mathrm{e}^b$. No caso complexo, não podemos fazer o mesmo pois a função exponencial complexa não é injetiva. Temos o seguinte problema: Dado um número complexo z (não nulo) vamos determinar todos os $w \in \mathbb{C}$ tal que $\mathrm{e}^w = z$.

Seja $z = x + i\,y$ e $w = u + i\,v$. Queremos que

$$\begin{aligned} z &= \mathrm{e}^w, \\ x + i\,y &= \mathrm{e}^u \cos(v) + i\,\mathrm{e}^u \operatorname{sen}(v). \end{aligned}$$

Logo, usando a igualdade entre dois números complexos, obtemos

$$\begin{aligned} x &= \mathrm{e}^u \cos(v), \\ y &= \mathrm{e}^u \operatorname{sen}(v). \end{aligned}$$

Com isso, obtemos

$$\begin{aligned} x^2 + y^2 &= (\mathrm{e}^u \cos(v))^2 + (\mathrm{e}^u \operatorname{sen}(v))^2 \\ &= \mathrm{e}^{2u}, \end{aligned}$$

ou seja, $2u = \ln(x^2 + y^2)$ (logaritmo de número real), ou

$$u = \frac{1}{2}\ln(x^2 + y^2) = \ln(\sqrt{x^2 + y^2}) = \ln(|z|).$$

Como isso, temos que

$$\begin{aligned} x &= \mathrm{e}^u\cos(v) \\ &= \mathrm{e}^{\ln(|z|)}\cos(v) \\ &= |z|\cos(v), \end{aligned}$$

ou seja, $\cos(v) = \dfrac{x}{|z|}$. De forma análoga obtemos $\mathrm{sen}(v) = \dfrac{y}{|z|}$. Portanto, $v = arg(z)$.

Conclusão: Todas as soluções w para $\mathrm{e}^w = z$ ($z \neq 0$) são

$$w = \ln(|z|) + i\arg(z).$$

Portanto, se $z \in \mathbb{C}$, $z \neq 0$, definimos o logaritmo de z (notação: $\log(z)$, que não é logaritmo de base 10 !!!) como sendo o **conjunto infinito**

$$\begin{aligned} \log(z) &= \{w \in \mathbb{C} : \mathrm{e}^w = z\} \\ &= \{\ln(|z|) + i\arg(z)\} \\ &= \{\ln(|z|) + i\,(\mathrm{Arg}(z) + 2k\pi), \quad k \in \mathbb{Z}\}. \end{aligned}$$

Como o argumento de um número complexo z não é determinado de forma única (pois $\arg(z) = \mathrm{Arg}(z) + 2k\pi$, com $k \in \mathbb{Z}$), temos que

$$\log(z) = \ln(|z|) + i(\mathrm{Arg}(z) + 2k\pi)$$

é uma *função multivalente* (ou seja, para um mesmo valor de $z \in \mathbb{C}$, $z \neq 0$, existem vários valores para $\log(z)$) e cada valor de $k \in \mathbb{Z}$ é um ramo do logaritmo. Quando usamos $-\pi < \theta = \mathrm{Arg}(z) \leq \pi$ (o argumento principal de z) dizemos que esse é o ramo principal do logaritmo. **Cuidado** com as notações: usamos "log " para denotar o logaritmo complexo e "ln" para denotar o logaritmo (de base "e") de um número real positivo.

Observação 1.4.2. *O logaritmo complexo não é uma generalização do logaritmo real. Se $z = x + i\,0$, com $x > 0$, então $\log(x) \neq \ln(x)$. Como $\arg(x) = 2k\,\pi$ ($k \in \mathbb{Z}$) para todo $x > 0$, então*

$$\log(x) = \ln(x) + 2k\,\pi\,i.$$

Teorema 1.4.7. *(propriedades do* $\log(z)$*) Sejam* $z, w \in \mathbb{C}$ *não nulos. Temos as seguintes propriedades.*
(1) $\log(z\,w) = \log(z) + \log(w)$.
(2) $\log(z/w) = \log(z) - \log(w)$.
(3) $\log(\mathrm{e}^z) = z$.
(4) $\mathrm{e}^{\log(z)} = z$.
(5) $\log(z^p) = p\log(z)$, *para qualquer* $p \in \mathbb{Q}$.

Demonstração. Vamos demonstrar (1), (3) e (4).
(1) Temos, usando que $\arg(zw) = \arg(z) + \arg(w)$, obtemos

$$\begin{aligned}\log(z\,w) &= \ln(|z\,w|) + i\arg(z\,w)\\ &= \ln(|z|\,|w|) + i\,(\arg(z) + \arg(w))\\ &= \ln(|z|) + \ln(|w|) + i\arg(z) + i\arg(w)\\ &= (\ln(|z|) + i\arg(z)) + (\ln(|w|) + i\arg(w))\\ &= \log(z) + \log(w).\end{aligned}$$

(3) Se $z = x + i\,y$ temos que $|\mathrm{e}^z| = \mathrm{e}^x$ e $\arg(\mathrm{e}^z) = y$. Logo,

$$\begin{aligned}\log(z) &= \ln(|\mathrm{e}^z|) + i\arg(\mathrm{e}^z)\\ &= \ln(\mathrm{e}^x) + i\,y\\ &= x + i\,y = z.\end{aligned}$$

(4) Temos

$$\begin{aligned}\mathrm{e}^{\log(z)} &= \mathrm{e}^{\ln(|z|) + i\arg(z)}\\ &= \mathrm{e}^{\ln(|z|)}\ \mathrm{e}^{i\arg(z)}\\ &= |z|\big(\cos(\arg(z)) + i\,\mathrm{sen}(\arg(z))\\ &= z.\end{aligned}$$

□

Observação 1.4.3. *A fórmula* $\log(zw) = \log(z) + \log(w)$ *deve ser interpretada com o seguinte significado: o conjunto dos valores possíveis de* $\log(zw)$ *coincide com o conjunto dos valores possíveis para* $\log(z) + \log(w)$. *Por exemplo, temos*

$$\log(2i) = \log(2) + \log(i),$$

onde
(a) $\log(2i) = \ln(|2i|) + i\arg(2i) = \ln(2) + i\,(\frac{\pi}{2} + 2k\,\pi)$, *com* $k \in \mathbb{Z}$.

(b) $\log(2) = \ln(|2|) + i\arg(2) = \ln(2) + 2k_1\,\pi\,i$, *com* $k_1 \in \mathbb{Z}$ *e* $\log(i) = \ln(|i|) + i\arg(i) = \ln(1) + i\,(\frac{\pi}{2} + 2k_2\,\pi) = i\,(\frac{\pi}{2} + 2k_2\,\pi)$, *com* $k_2 \in \mathbb{Z}$. *Portanto,*

$$\begin{aligned}\log(2) + \log(i) &= \ln(2) + 2k_1\,\pi\,i + i\,(\frac{\pi}{2} + 2k_2\,\pi)\\ &= \ln(2) + i\left(\frac{\pi}{2} + 2(k_1 + k_2)\pi\right), \quad \text{com } k_1, k_2 \in \mathbb{Z},\end{aligned}$$

onde $k_1 + k_2$ *(em (b)) não precisa ser necessariamente igual ao valor de* k *(no item (a)).*

Definição 1.4.2. *O valor principal de* $\log(z)$ *que corresponde ao valor principal do argumento de* z *é denotado por*

$$\mathrm{Log}(z) = \ln(|z|) + i\,\mathrm{Arg}(z), \quad (z \neq 0).$$

Exemplo 1.4.6. *Se* $z = -2$, *podemos escrever (na forma polar)*

$$z = -2 = 2(\cos(\pi + 2k\pi) + i\,\mathrm{sen}(\pi + 2k\pi)).$$

Logo,

$\log(-2) = \{\ln(|-2|) + i\arg(-2)\} = \{\ln(2) + i\,(\pi + 2k\pi),\ \text{com } k \in \mathbb{Z}\}$,
$\mathrm{Log}(-2) = \ln(2) + i\,\pi$.

✓

Observe que se $z = r\,(\cos(\theta) + i\,\mathrm{sen}(\theta))$, onde $r = |z|$ e $\theta = Arg(z)$, então podemos escrever $\mathrm{Log}(z)$ na forma polar:

$$Log(z) = \ln(r) + i\,\theta.$$

Exemplo 1.4.7. *Vamos calcular* $\log(1+i)$ *e* $\mathrm{Log}(1+i)$. *Escrevendo na forma polar*

$$1 + i = \sqrt{2}\left[\cos\left(\frac{\pi}{4} + 2k\pi\right) + i\,\mathrm{sen}\left(\frac{\pi}{4} + 2k\pi\right)\right].$$

Com isso, obtemos

$*$ $\operatorname{Log}(1+i) = \ln(|1+i|) + i\operatorname{Arg}(1+i) = \ln(\sqrt{2}) + \frac{\pi}{4}i$ (valor único),

$*$ $\log(1+i) = \ln(|1+i|) + i\arg(1+i) = \ln(\sqrt{2}) + (\frac{\pi}{4} + 2k\pi)\,i,$

$k \in \mathbb{Z}$, infinitos valores. ✓

Observe que em $\Omega = \{z \in \mathbb{C} : -\pi < \operatorname{Im}(z) \leq \pi\}$ a função exponencial complexa $f(z) = \mathrm{e}^z$ é inversível e a sua inversa é $f^{-1}(z) = \operatorname{Log}(z)$, e

$$\operatorname{Log}(\mathrm{e}^z) = z \quad \text{e} \quad \mathrm{e}^{\operatorname{Log}(z)} = z.$$

Exemplo 1.4.8. *Vamos calcular* $\log(1-i)$ *e* $\operatorname{Log}(1-i)$. *Escrevendo na forma polar*

$$1 - i = \sqrt{2}\left[\cos\left(\frac{-\pi}{4} + 2k\pi\right) + i\operatorname{sen}\left(\frac{-\pi}{4} + 2k\pi\right)\right].$$

Com isso, obtemos

$$\operatorname{Log}(1-i) = \ln(|1-i|) + i\operatorname{Arg}(1-i) = \ln(\sqrt{2}) - \frac{\pi}{4}i \quad \text{(valor único)}$$

$$\log(1-i) = \ln(|1-i|) + i\arg(1-i) = \ln(\sqrt{2}) + (\frac{-\pi}{4} + 2k\pi)\,i$$

(com $k \in \mathbb{Z}$, infinitos valores). ✓

Definição 1.4.3. *Sejam z e w números complexos, com $z \neq 0$. Definimos a potência complexa z^w por*

$$z^w = \mathrm{e}^{w\log(z)}$$

que possui infinitos valores (ou seja, também é uma função multivalente).

O valor principal (ou ramo principal) de z^w (correspondente ao argumento principal de z) é definido por

$$P(z^w) = \mathrm{e}^{w\operatorname{Log}(z)}.$$

Por exemplo, se $z = i + 1$ e $w = 2i$ então

$$\begin{aligned}(1+i)^{2i} &= e^{2i\log(1+i)}\\ &= e^{2i\,(\ln(\sqrt{2})+(\pi/4+2k\pi)\,i)}\\ &= e^{-2(\pi/4+2k\pi)+2i\ln(\sqrt{2})}\\ &= e^{-2(\pi/4+2k\pi)}(\cos(2\ln(\sqrt{2}))+i\,\mathrm{sen}(2\ln(\sqrt{2}))\\ &= e^{-2(\pi/4+2k\pi)}[\cos(\ln(2))+i\,\mathrm{sen}(\ln(2))], \quad (\text{com } k\in\mathbb{Z}),\end{aligned}$$

e

$$\begin{aligned}P((1+i)^{2i}) &= e^{2i\,\mathrm{Log}(1+i)}\\ &= e^{2i(\ln(\sqrt{2})+\pi i/4)}\\ &= e^{-\pi/2+2i\ln(\sqrt{2})}\\ &= e^{-\pi/2}[\cos(2\ln(\sqrt{2}))+i\,\mathrm{sen}(2\ln(\sqrt{2}))]\\ &= e^{-\pi/2}[\cos(\ln(2))+i\,\mathrm{sen}(\ln(2))].\end{aligned}$$

Observação 1.4.4. *Algumas propriedades algébricas que são válidas para potenciação real perdem a veracidade no caso complexo. Vejamos duas delas.*

(1) Não é verdade que sempre que $z\neq 0$ *e* $\alpha,\beta\in\mathbb{C}$, *tem-se* $z^{\alpha+\beta} = z^{\alpha}\,z^{\beta}$, *nem mesmo no sentido de igualdade de conjuntos. Por exemplo, considere* $z = 1, \alpha = \beta = 1/2$ *e os dois valores distintos para* $z^{1/2}$ *um igual a* 1 *e o outro igual a* -1. *Logo,* $1^{1/2+1/2} = 1^1 = 1$, *mas também temos* $1^{1/2}1^{1/2} = (-1)1 = -1$.
(2) Não é verdadeiro que sempre que $z\neq 0$ *e* $\alpha,\beta\in\mathbb{C}$ *tem-se* $(z^{\alpha})^{\beta} = z^{\alpha\beta}$, *nem mesmo no sentido de igualdade de conjuntos. Considere* $\alpha = p\in\mathbb{N}$, $p\geq 2$, *e* $\beta = 1/np$, $n\in\mathbb{N}$ *e temos que* $(z^p)^{1/np}$ *representa* np *números distintos enquanto que* $z^{p\,(1/np)} = z^{1/n}$ *representa apenas* n *números distintos.*

No entanto, se $z_1, z_2\in\mathbb{C}$ *e* $w\in\mathbb{C}$ *vale a propriedade*

$$(z_1 z_2)^w = z_1^w\, z_2^w.$$

De fato, usando o Teorema 1.4.7(a), obtemos

$$\begin{aligned}(z_1z_2)^w &= \mathrm{e}^{w\log(z_1z_2)}\\ &= \mathrm{e}^{w(\log(z_1)+\log(z_2))}\\ &= \mathrm{e}^{w\log(z_1)}\mathrm{e}^{w\log(z_2)}\\ &= z_1^w z_2^w.\end{aligned}$$

✓

Exercícios

(1) Determine todos as soluções das equações.
(a) $\mathrm{e}^{2z-1} = -2i$
(b) $\cos(1/z) = \sqrt{2}$
(c) $\cos(iz) = 2$
(d) $\operatorname{sen}(\bar{z}) = -3.$
(e) $\mathrm{e}^{2z+1} = 2i$
(f) $\operatorname{sen}(1/z) = \sqrt{2}$
(g) $\operatorname{sen}(iz) = -2$
(h) $\cos(\bar{z}) = 3.$
(i) $(1+i)^{1-i}$
(j) $(1-i)^{1+i}$
(k) $\mathrm{e}^{z-1} = -i$
(l) $(1+i)^{1+i}$
(m) $\cosh(z) = i.$
(n) $3\operatorname{senh}(z) = \mathrm{e}^{z}.$
(o) $\mathrm{e}^{2z} - \sqrt{3}\,\mathrm{e}^{z} + 1 + i\sqrt{3} = 0.$
(p) $z - (1+2i)\sqrt{z} - 1 + i = 0.$

(2) Prove as igualdades a seguir.
(a) $\operatorname{sen}(\bar{z}) = \overline{\operatorname{sen}(z)}.$
(b) $\operatorname{sen}(z) = \cos(\frac{\pi}{2} - z).$
(c) $\operatorname{sen}(i\,z) = i\operatorname{senh}(z).$
(d) $\cos(\bar{z}) = \overline{\cos(z)}.$
(e) $\cos(i\,z) = \cosh(z).$
(f) $\operatorname{senh}(z_1+z_2) = \operatorname{senh}(z_1)\cosh(z_2) + \operatorname{senh}(z_2)\cosh(z_1).$
(g) $\cosh(z_1+z_2) = \cosh(z_1)\cosh(z_2) + \operatorname{senh}(z_1)\operatorname{senh}(z_2).$
(h) $\cosh^2(z) - \operatorname{senh}^2(z) = 1.$

(i) $|\text{senh}(x+iy)|^2 = \text{senh}^2(x) + \text{sen}^2(y)$.
(j) $|\cosh(x+iy)|^2 = \text{senh}^2(x) + \cos^2(y)$.

(3) Determine o domínio (em $\mathbb{C}$) de cada função.

(a) $f(z) = \dfrac{z}{(z^2 + i\,z + 20)(\cos(z) - 3)}$.

(b) $f(z) = \dfrac{z^2 + iz - 8}{(z^2 - iz + 6)(\text{sen}(z) + 2)}$.

(c) $f(z) = \dfrac{z^3 + (z-1)^2}{(z^2 - iz + 20)(\cos(\bar{z}) + 2)}$.

(d) $f(z) = \dfrac{z^2 - z + i}{(z^2 + i\,z + 6)(\text{sen}(\bar{z}) - 3)}$.

(e) $f(z) = \dfrac{\mathrm{e}^z + 1}{(z^2 + 4iz - 3)(\cos(\bar{z}) + 4)}$.

(f) $f(z) = \dfrac{\mathrm{e}^{-z} + 1}{(z^2 - 2iz + 3)(\text{sen}(\bar{z}) - 5)}$.

(4) Sejam $z, w \in \mathbb{C}$, com $z \neq 0$. Prove que

$$\text{Log}(z^w) = w\text{Log}(z).$$

(5) Encontre o erro da seguinte "prova"

$$\begin{aligned} 0 &= 0 \\ \text{Log}(1) &= \text{Log}(1) \\ \text{Log}(-1)^2 &= \text{Log}(1) \\ 2\,\text{Log}(-1) &= \text{Log}(1) \\ 2\,\pi\,i &= 0. \end{aligned}$$

(6) Calcule

(a) e^{1-i}.
(b) $\log(3i)$ e $\text{Log}(3i)$.
(c) $(\sqrt{3})^i$.
(d) $\log(-i)$ e $\text{Log}(-i)$.

(7) Determine a parte real e a parte imaginária de cada função.
(a) $f(z) = z^2 + 3z^3$.
(b) $f(z) = i\overline{z} + \text{Im}(i/z)$.
(c) $f(z) = \text{sen}(z)$.
(d) $f(z) = \text{tg}(z)$.
(e) $f(z) = \text{senh}(z)$.

(8) Considere a função $f(z) = e^z$. Sejam $\Omega_1 = \{z \in \mathbb{C} : \text{Re}(z) = -2\}$ e $\Omega_2 = \{z \in \mathbb{C} : \text{Im}(z) = -\pi/2\}$. Determine as imagens $f(\Omega_1)$ e $f(\Omega_2)$.

(9) Seja $\Omega = \{z = x + iy \in \mathbb{C} : 0 < \text{Im}(z) < \pi\}$. Verifique que a função

$$f : \Omega \to \mathbb{C} - \{(-\infty, -1] \cup [1, \infty)\}$$
$$f(z) = \cosh(z)$$

é bijetora.

(10) Verifique as seguintes igualdades.
(a) $1 - \text{tgh}^2(z) = \text{sech}^2(z)$, com $z \neq (\frac{\pi}{2} + k\pi)i$, $k \in \mathbb{Z}$.
(b) $\text{cotgh}^2(z) - 1 = \text{cossech}^2(z)$, com $z \neq k\pi i$.

(11) Determine as soluções para $3\text{senh}(z) = e^z$, com $z \in \mathbb{C}$.

(12) Determine a transformação homográfica f nos seguintes casos:
(a) $f(2) = 1$, $f(i) = i$ e $f(-2) = -1$;
(b) $f(-i) = -1$, $f(0) = i$ e $f(i) = 1$;

(13) Se $z = x + iy$, mostre que

$$|\text{sen}(z)| \geq |\text{sen}(x)| \quad \text{e} \quad |\cos(z)| \geq |\cos(x)|.$$

(14) (a) Verifique que $\cos(i\overline{z}) = \overline{\cos(iz)}$ para todo $z \in \mathbb{C}$.

(b) Determine que valores de $z \in \mathbb{C}$ se verifica a igualdade

$$\text{sen}(i\bar{z}) = \overline{\text{sen}(iz)}.$$

(15) A partir do desenvolvimento de $(\cos(x) + i\text{sen}(x))^5$, mostre que

$$\cos(5x) = 16\cos^5(x) - 20\cos^3(x) + 5\cos(x).$$

(16) Determine a parte real e a parte imaginária da função

$$f(z) = \frac{1-z}{1+z}.$$

(17) Determine para que valores de $z \in \mathbb{C}$ vale a desigualdade $|\cos(z)| \leq 1$.

(18) (a) Seja $p(z) = a_n z^n + a_{n-1}z^{n-1} + ... + a_1 z + a_0$ um polinômio com $z \in \mathbb{C}$ cujos coeficientes são reais (ou seja, $a_j \in \mathbb{R}$, $j = 0, 1, 2, ..., n$). Prove que se $w \in \mathbb{C}$ é raiz (ou seja, $p(w) = 0$), então o conjugado $\overline{w}$ também é raiz (ou seja, $p(\overline{w}) = 0$).
(b) Use (a) para determinar as raízes de $z^4 - 13z^3 + 63z^2 - 173z + 182 = 0$, sabendo que $z_0 = 2 - 3i$ é uma das raízes

(19) Determine todas as soluções $z \in \mathbb{C}$.

$$(a)\ \text{tg}(z) = 2i; \quad (b)\ \cosh(z) = -1; \quad (c)\ \text{tgh}(z) = 0.$$

(20) Seja $w \in \mathbb{C}$. Determine todas as soluções possíveis $z \in \mathbb{C}$ para as expressões.

$$(a)\ \text{tg}(z) = w; \quad (b)\ \text{senh}(z) = w; \quad (c)\ \cosh(z) = w.$$

(21) Determine o valor principal de cada uma das expressões.

$$(a)\ \text{sen}(1+i); \quad (b)\ \cos(2-2i); \quad (c)\ (-1+i)^i.$$

(22) Determine a parte real e a parte imaginária da função

$$f(z) = z^2 + \frac{z+i}{z-i}, \quad z \neq i.$$

Capítulo 2

Funções Analíticas

2.1 Preliminares

Iniciaremos com algumas definições e notações que serão usadas frequentemente.

Seja $r > 0$ um número real dado e $z_0 = a + i\,b \in \mathbb{C}$ um número complexo fixado.

Definição 2.1.1. *O disco aberto de centro z_0 e raio r (notação: $D_r(z_0)$) é o conjunto*

$$D_r(z_0) = \{z \in \mathbb{C} : |z - z_0| < r\}$$

Observe que se $z = x + i\,y$, então $z \in D_r(z_0)$ se

$$|z - z_0| = |(x - a) + i\,(y - b)| = \sqrt{(x - a)^2 + (y - b)^2} < r,$$

ou seja,

$$(x - a)^2 + (y - b)^2 < r^2.$$

Logo, geometricamente temos que $D_r(z_0)$ representa a região interior da circunferência de centro $z_0 = (a, b)$ e raio r.

Exemplo 2.1.1. *Se $z_0 = i$ e $r = 1$ então (veja figura 2.1)*

$$\begin{aligned} D_1(i) &= \{z \in \mathbb{C} : \ |z - i| < 1\} \\ &= \{z = x + iy \in \mathbb{C} : \sqrt{x^2 + (y - 1)^2} < 1\} \\ &= \{z = x + iy \in \mathbb{C} : x^2 + (y - 1)^2 < 1\}. \end{aligned}$$

✓

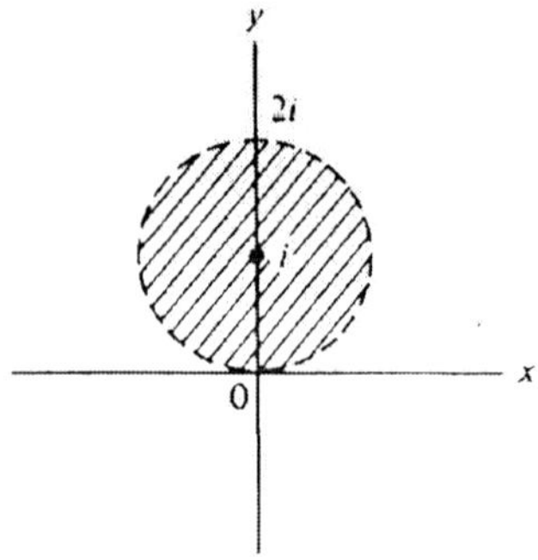

Figura 2.1: Exemplo 2.1.1

Definição 2.1.2. *Sejam* $0 < r_1 < r_2$ *dois números reais e seja* $z_0 = a + i\,b \in \mathbb{C}$. *A região*

$$A(z_0, r_1, r_2) = \{z \in \mathbb{C} : r_1 < |z - z_0| < r_2\}$$

é chamada anel circular aberto

Por exemplo, se $r_1 = 1$, $r_2 = 2$ e $z_0 = 0$, então

$$\begin{aligned} A(0,1,2) &= \{z \in \mathbb{C} : 1 < |z - 0| < 2\} \\ &= \{z = x + i\,y \in \mathbb{C} : 1 < x^2 + y^2 < 4\}. \end{aligned}$$

Definição 2.1.3. *Seja* $\Omega \subset \mathbb{C}$ *e* $z_0 \in \Omega$. *Dizemos que o ponto* z_0 *é ponto interior do conjunto* Ω *se existir um* $r > 0$ *tal que* $D_r(z_0) \subset \Omega$ *(veja Figura 2.2).*

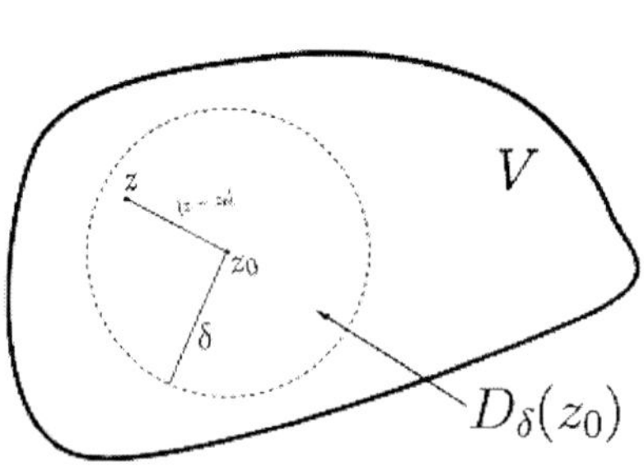

Figura 2.2: z_0 é ponto interior de V

Por exemplo, considere o conjunto $\Omega = \{z \in \mathbb{C} : |z| \leq 1\}$. O ponto $z_0 = 0$ é ponto interior de Ω, pois basta tomar $r < 1$ para que

$D_r(0) \subset \Omega$. Mas o ponto $z_1 = 1$ não é ponto interior, pois para qualquer $r > 0$ temos que $D_r(1) \not\subset \Omega$.

Definição 2.1.4. *Um conjunto $\Omega \subset \mathbb{C}$ é aberto se todos os seus pontos são interiores.*

Por exemplo, o conjunto $\Omega = \{z \in \mathbb{C} : |z| < 1\}$ é aberto.

Definição 2.1.5. *Um conjunto $F \subset \mathbb{C}$ é fechado se o seu complementar $F^c = \{z \in \mathbb{C} : z \notin F\}$ é um conjunto aberto.*

Por exemplo, o conjunto $F = \{z \in \mathbb{C} : |z| \leq 1\}$ é fechado, pois o seu complementar $F^c = \{z \in \mathbb{C} : |z| > 1\}$ é aberto.

Exemplo 2.1.2. *(a) o conjunto $\Omega = \{z \in \mathbb{C} : \mathrm{Re}(z) > 0 \text{ e } \mathrm{Im}(z) > 0\}$ é um conjunto aberto, pois se $z \in \Omega$ então considerando $0 < r < \min\{\mathrm{Re}(z), \mathrm{Im}(z)\}$ temos que $D(z; r) \subset \Omega$.*
(b) O conjunto $X = \{z \in \mathbb{C} : \ -3 \leq \mathrm{Re}(z) \leq 2\}$ é um conjunto fechado, pois o seu complementar $X^c = \mathbb{C} - X$ é um conjunto aberto.
(c) O conjunto $Y = \{z \in \mathbb{C} : 2 \leq |x| < 3\}$ não é um conjunto aberto (pois não existe $r > 0$ tal que $D(2; r) \subset Y$); mas também não é um conjunto fechado pois o seu complementar $Y^c = \mathbb{C} - Y$ não é aberto (não existe $r > 0$ tal que $D(3; r) \subset Y^c$). ✓

Definição 2.1.6. *Seja $\Omega \subset \mathbb{C}$. Dizemos que z_0 é ponto de acumulação de Ω se para todo $r > 0$ temos $\{D_r(z_0) - z_0\} \cap \Omega \neq \emptyset$, ou seja, para todo $r > 0$ existe $z \neq z_0$ e $z \in D_r(z_0) \cap \Omega$*

Por exemplo, se $\Omega = \{z \in \mathbb{C} : |z| < 1\}$, então um ponto w é ponto de acumulação se $|w| \leq 1$.

Definição 2.1.7. *Seja $\Omega \subset \mathbb{C}$ A fronteira de Ω (notação $\partial\Omega$) é o conjunto de pontos $z \in \mathbb{C}$ tal que para qualquer $r > 0$ temos*

$$D_r(z) \cap \Omega \neq \emptyset \quad \text{e} \quad D_r(z) \cap \Omega^c \neq \emptyset.$$

Por exemplo, se $\Omega = \{z \in \mathbb{C} : |z| \leq 1\}$, então a sua fronteira é $\partial\Omega = \{z \in \mathbb{C} : |z| = 1\}$. Para $\Omega_1 = \{z \in \mathbb{C} : |z| < 1\}$, então a sua fronteira é $\partial\Omega_1 = \{z \in \mathbb{C} : |z| = 1\}$.

Definição 2.1.8. *Um conjunto $\Omega \subset \mathbb{C}$ é limitado se existir uma constante $M > 0$ tal que $|z| \leq M$ para todo $z \in \Omega$.*

Definição 2.1.9. *Um conjunto $\Omega \subset \mathbb{C}$ é compacto se for limitado e fechado.*

Por exemplo, $\Omega = \{z \in \mathbb{C} : \ |z| \leq 1\}$ é compacto, mas o conjunto $X = \{z \in \mathbb{C} : \ |z| < 1\}$ não é compacto (X é aberto) e o conjunto $Y = \{z \in \mathbb{C} : \ |\text{Im}(z)| \leq 1\}$ não é compacto (pois não é limitado).

2.2 Limite e Continuidade

No estudo do Cálculo de funções complexas precisamos dos conceitos de limite e continuidade. Nesta seção vamos introduzir esses conceitos e suas propriedades elementares.

Definição 2.2.1. *Seja $f : D_f \subset \mathbb{C} \to \mathbb{C}$ e z_0 um ponto de acumulação de D_f. Dizemos que $\lim\limits_{z \to z_0} f(z) = L$ se para todo $\varepsilon > 0$ dado existir $\delta > 0$ tal que se $0 < |z - z_0| < \delta$ implica $|f(z) - L| < \varepsilon$.*

Observe que se $z = x + i\,y$ e $z_0 = a + i\,b$, então

$$\begin{aligned} \delta > |z - z_0| &= |x + i\,y - (a + i\,b)| \\ &= |(x - a) + i\,(y - b)| \\ &= \sqrt{(x - a)^2 + (y - b)^2}. \end{aligned}$$

Ou seja, se $|z - z_0| < \delta$ então $(x - a)^2 + (y - b)^2 < \delta^2$ (que geometricamente é uma bola (ou disco) aberta (em $\mathbb{C}$) de centro $z_0 = (a, b)$ e raio δ).

A Definição 2.1.1 é idêntica a que é utilizada no caso das funções reais de uma variável real (ou de duas variáveis reais), o que permite observar que as propriedades conhecidas do limite (por exemplo, unicidade e propriedades operacionais) continuam verdadeiras para o caso das funções de uma variável complexa.

Exemplo 2.2.1. *Seja* $f : \mathbb{C} \to \mathbb{C}$ *definida por*

$$f(z) = 2z + i, \text{ se } z \neq 3 + i$$
$$f(3 + i) = 7.$$

Vamos verificar que $\lim_{z \to 3+i} f(z) = 6 + 3i$, *ou seja, que dado qualquer* $\varepsilon > 0$ *existe* $\delta > 0$ *tal que se* $0 < |z - (3 + i)| < \delta$ *implica* $|f(z) - (6 + i)| < \varepsilon$.

Temos, para $z \neq 3 + i$,

$$\begin{aligned} |f(z) - (6 + 3i)| &= |2z + i - (6 + 3i)| \\ &= |2z - 6 - 2i| \\ &= 2|z - (3 + i)|. \end{aligned}$$

Portanto, se $|f(z) - (6 + 3i)| = 2|z - (3 + i)| < \varepsilon$, *então temos* $|z - (3 + i)| < \varepsilon/2$. *Com isso, para* $\delta = \varepsilon/2$ *temos que* $0 < |z - (3 + i)| < \delta = \varepsilon/2$ *implica* $|f(z) - (6 + 3i)| < \varepsilon$. ✓

Exemplo 2.2.2. *Seja* $f(z) = \dfrac{z^2 + 1}{z - i}$, *com* $D_f = \{z \in \mathbb{C} : z \neq i\}$. *Temos que o ponto* $z_0 = i$ *é ponto de acumulação de* D_f *e*

$$\lim_{z \to i}(z^2 + 1) = i^2 + 1 = -1 + 1 = 0,$$
$$\lim_{z \to i}(z - i) = i - i = 0.$$

Portanto, o limite $\lim_{z \to i} \dfrac{z^2 + 1}{z - i}$ *é uma indeterminação do tipo "0/0". Neste caso (fazendo exatamente como no limite de uma variável real) decompondo, obtemos* $z^2 + 1 = (z + i)(z - i)$. *Logo,*

$$\begin{aligned} \lim_{z \to i} \frac{z^2 + 1}{z - i} &= \lim_{z \to i} \frac{(z + i)(z - i)}{z - i} \\ &= \lim_{z \to i}(z + i) = 2i. \end{aligned}$$

✓

Exemplo 2.2.3. *Considere agora* $f(z) = \dfrac{\overline{z}}{z}$ $(D_f = \{z \in \mathbb{C} : z \neq 0\})$. *Temos que o limite* $\displaystyle\lim_{z\to 0} \frac{\overline{z}}{z}$ *é uma indeterminação do tipo "0/0". Podemos escrever, com* $z = x + i\,y$,

$$\lim_{z\to 0} \frac{\overline{z}}{z} = \lim_{z=x+i\,y\to 0} \frac{x - i\,y}{x + i\,y}. \tag{2.1}$$

Observe que neste caso o limite tem o comportamento de limite de duas variáveis reais (lembre que o limite não pode depender de como fazemos z *se aproximar de* z_0*).*
Em (2.1), fazendo $y = 0$, *ou seja* $z = x + i\,0 \to 0$ *(ou seja,* $x \to 0$ *e* $y = 0$*) obtemos*

$$\lim_{x\to 0} \frac{x - i\,0}{x + i\,0} = \lim_{x\to 0} \frac{x}{x} = 1.$$

Fazendo agora em (2.1) $x = 0$, *ou seja* $z = 0 + i\,y \to 0$ *(ou seja,* $y \to 0$ *e* $x = 0$*) obtemos*

$$\lim_{y\to 0} \frac{0 - i\,y}{0 + i\,y} = \lim_{y\to 0} \frac{-i\,y}{i\,y} = -1.$$

Portanto, o fato de terem ocorridos valores diferentes permite concluir (pela unicidade do limite) que o limite (2.1) não existe. ✓

Teorema 2.2.1. *Seja* $f(z) = u(x,y) + iv(x,y)$, *com* $z \in D_f$ *e seja* $z_0 = a + ib$ *ponto de acumalação de* D_f. *Então* $\displaystyle\lim_{z\to z_0} f(z) = L + iM$ *se, e somente,* $\displaystyle\lim_{(x,y)\to (a,b)} u(x,y) = L$ *e* $\displaystyle\lim_{(x,y)\to (a,b)} v(x,y) = M$.

Demonstração. $(\Rightarrow)$ Suponha que $\displaystyle\lim_{z\to z_0} f(z) = L + iM$. Logo, para todo $\varepsilon > 0$ existe $\eta > 0$ tal que $0 < |z - (a + ib)| < \eta$ implica $|f(z) - (L + iM)| < \varepsilon$.

Considere $\delta = \eta/2$. Então (veja figura 2.3) para todo $z = (x, y)$ tal que $0 < |x - a| < \delta$ e $0 < |y - b| < \delta$ temos

$$\begin{aligned} 0 < |z - (a + ib)| &= |x + iy - (a + ib)| \\ &= |(x - a) + i(y - b)| \\ &\leq |x - a| + |y - b| \end{aligned}$$

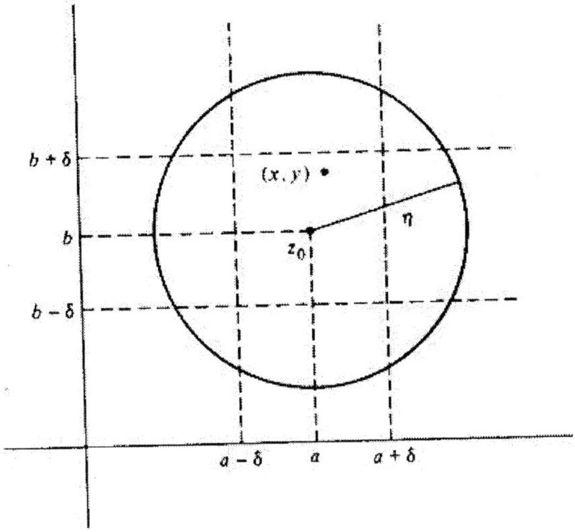

Figura 2.3: Prova do Teorema 2.2.1

$$< \ \delta + \delta = \eta.$$

Agora, por hipótese, isso implica que $|f(z) - (L + iM)| < \varepsilon$. Com isso, obtemos

$$\begin{aligned} |u(x,y) - L| &\leq |(u(x,y) - L) + i(v(x,y) - M)| \\ &= |f(z) - (L + iM)| \\ &< \varepsilon, \end{aligned}$$

$$\begin{aligned} |v(x,y) - M| &\leq |(u(x,y) - L) + i(v(x,y) - M)| \\ &= |f(z) - (L + iM)| < \varepsilon. \end{aligned}$$

Portanto, $\lim\limits_{(x,y)\to(a,b)} u(x,y) = L$ e $\lim\limits_{(x,y)\to(a,b)} v(x,y) = M$.
($\Leftarrow$) Suponha agora que existam os limites $\lim\limits_{(x,y)\to(a,b)} u(x,y) = L$ (parte real) e $\lim\limits_{(x,y)\to(a,b)} v(x,y) = M$ (parte imaginária). Logo, para todo $\varepsilon > 0$ existem $\delta_1 > 0$ e $\delta_2 > 0$ tais que

$$\begin{aligned} &0 < |(x + iy) - (a + ib)| < \delta_1 \text{ implica } |u(x,y) - L| < \varepsilon/2, \\ &0 < |(x + iy) - (a + ib)| < \delta_2 \text{ implica } |v(x,y) - M| < \varepsilon/2. \end{aligned}$$

Com isso, escolhendo $\delta = \min\{\delta_1, \delta_2\}$,.
Se $0 < |z - z_0| = |(x-a) + i(y-b)| < \delta$ obtemos que

$$\begin{aligned}
|f(z) - (L + iM)| &= |u(x,y) + iv(x,y) - (L + iM)| \\
&= |(u(x,y) - L) + i(v(x,y) - M)| \\
&\leq |u(x,y) - L| + |v(x,y) - M| \\
&< \varepsilon/2 + \varepsilon/2 \\
&= \varepsilon.
\end{aligned}$$

Portanto, $\lim_{z \to z_0} f(z) = L + iM$. □

Observação 2.2.1. *As propriedades operatórias básicas de limites são as seguintes. Se* $\lim_{z \to z_0} f(z) = L$ *e* $\lim_{z \to z_0} g(z) = M$ $(L, M \in \mathbb{C})$ *então*

$$(a)\ \lim_{z \to z_0} (f(z) \pm g(z)) = L \pm M,$$

$$(b)\ \lim_{z \to z_0} f(z).g(z) = L.M,$$

$$(c)\ \lim_{z \to z_0} \frac{f(z)}{g(z)} = \frac{L}{M}, \quad \text{se} \quad M \neq 0.$$

As demonstrações são análogas ao do caso real.

Exemplo 2.2.4. *Vamos determinar se o limite*

$$\lim_{z \to -i} \frac{z^2 + (1+i)z + i}{z + i}$$

existe ou se não existe.
Observe que

$$\lim_{z \to -i} [z^2 + (1+i)z + i] = (-i)^2 + (1+i) + i = -1 - i + 1 + i = 0,$$

$$\lim_{z \to -i} (z + i) = -i + i = 0,$$

ou seja, temos um limite com indeterminação do tipo "0/0". Podemos escrever,

$$\lim_{z \to -i} \frac{z^2 + (1+i)z + i}{z + i} = \lim_{z \to -i} \frac{(z+i)(z+1)}{z + i}$$

$$
\begin{aligned}
&= \lim_{z \to -i} (z+1) \\
&= 1 - i.
\end{aligned}
$$

✓

Exemplo 2.2.5. *Considere a função*

$$f(z) = \frac{2\,x\,y}{x^2 + y^2} - \frac{y^2}{x^2}\,i,$$

onde $D_f = \{z = x + i\,y \in \mathbb{C} \,:\, x \neq 0\}$. *Vamos verificar se o limite* $\lim_{z\to 0} f(z)$ *existe ou não.*
(a) Fazendo $z = x + iy \to 0$ *como* $x = y$, *obtemos*

$$
\begin{aligned}
\lim_{\substack{z\to 0\\ x=y}} f(z) &= \lim_{x\to 0}\left(\frac{2\,x\,x}{x^2 + x^2} - \frac{x^2}{x^2}\,i\right) \\
&= \lim_{x\to 0}\left(\frac{2\,x^2}{2x^2} - 1\,i\right) \\
&= 1 - i.
\end{aligned}
$$

(b) Agora fazendo $z = x + i\,y \to 0$ *sobre a parábola* $y = x^2$ $(z = x + i\,x^2$, *com* $x \to 0)$ *obtemos*

$$
\begin{aligned}
\lim_{\substack{z\to 0\\ y=x^2}} f(z) &= \lim_{x\to 0}\left(\frac{2\,x\,x^2}{x^2 + (x^2)^2} - \frac{(x^2)^2}{x^2}\right) \\
&= \lim_{x\to 0}\left(\frac{2\,x^3}{x^2 + x^4} - \frac{x^4}{x^2}\,i\right) \\
&= \lim_{x\to 0}\left(\frac{2\,x}{1 + x^2} - x^2\,i\right) \\
&= 0.
\end{aligned}
$$

Conclusão: O limite $\lim_{z\to 0} f(z)$ *não existe.* ✓

Observação 2.2.2. *(a) Uma função* $f : D \subseteq \mathbb{C} \to \mathbb{C}$ *é limitada se existe uma constante* M *tal que* $|f(z)| \leq M$ *para todo* $z \in D$.

(b) Agora se f é uma função limitada e $\lim\limits_{z\to z_0} g(z) = 0$, *então*

$$\lim_{z\to z_0} f(z).g(z) = 0.$$

De fato, como $\lim\limits_{z\to z_0} g(z) = 0$ *então para todo* $\varepsilon > 0$ *dado, existe* $\delta > 0$ *tal que se* $0 < |z - z_0| < \delta$ *implica* $|g(z) - 0| < \dfrac{\varepsilon}{M}$. *Logo,*

$$|f(z)g(z)| = |f(z)||g(z)| < M\frac{\varepsilon}{M} = \varepsilon,$$

ou seja, $\lim\limits_{z\to z_0} f(z).g(z) = 0$. *Observe que o limite* $\lim\limits_{z\to z_0} f(z)$ *não precisa existir (que é diferente do resultado da Observação 2.2.1(b))*

Exemplo 2.2.6. *Considere agora o limite* $\lim\limits_{z\to 0} \dfrac{(\overline{z})^2}{z}$. *Temos uma indeterminação do tipo "0/0". Podemos escrever*

$$\frac{(\overline{z})^2}{z} = \frac{\overline{z}\ \overline{z}}{z} = \overline{z}\ \frac{\overline{z}}{z}.$$

Observe que

$$\lim_{z\to 0} \overline{z} = 0, \text{ e}$$
$$\left|\frac{\overline{z}}{z}\right| = \frac{|\overline{z}|}{|z|} = \frac{|z|}{|z|} = 1 \text{ (limitada, para } z\neq 0).$$

Como consequência da Observação 2.2.2(b), obtemos $\lim\limits_{z\to 0} \dfrac{(\overline{z})^2}{z} = 0$.

✓

Exemplo 2.2.7. *Seja* $f(z) = \dfrac{(\text{Re}(z))^2}{z}$, *se* $z\neq 0$. *Vamos determinar* $\lim\limits_{z\to 0} f(z)$. *Usando que* $|\text{Re}(z)| \leq |z|$, *temos*

$$|f(z)| = \left|\frac{(\text{Re}(z))^2}{z}\right| = \frac{|\text{Re}(z)|^2}{|z|} \leq \frac{|z|^2}{|z|} = |z|.$$

Como $\lim_{z\to 0}|z| = 0$, *então* $\lim_{z\to 0}|f(z)| = 0$. *Portanto,*

$$\lim_{z\to 0} f(z) = \lim_{z\to 0} \frac{(\mathrm{Re}(z))^2}{z} = 0.$$

✓

Exemplo 2.2.8. *Seja* $f : \mathbb{C}-\{0\}\to\mathbb{C}$, $f(z) = \mathrm{Arg}(z)$. *Vamos verificar que* $\lim_{z\to z_0} f(z)$ *não existe se* $z_0 = a + i\,0$ *com* $a \leq 0$.

Caso 1: Se $a < 0$.

(i) Se $z_1\to a$, *com* $z_1 = a + i\,t$, *com* $t > 0$. *Temos que* $|z_1| = \sqrt{a^2+t^2}$ *e*

$$\mathrm{sen}(\mathrm{Arg}(z_1)) = \frac{t}{\sqrt{a^2+t^2}} > 0$$
$$\cos(\mathrm{Arg}(z_1)) = \frac{a}{\sqrt{a^2+t^2}} < 0.$$

Logo, $\mathrm{Arg}(z_1)\to\pi$ *se* $t\to 0^+$.

(ii) Agora se $z_2\to a$, *com* $z_2 = a + i\,t$, *com* $t < 0$. *Temos que* $|z_2| = \sqrt{a^2+t^2}$ *e*

$$\mathrm{sen}(\mathrm{Arg}(z_2)) = \frac{t}{\sqrt{a^2+t^2}} < 0$$
$$\cos(\mathrm{Arg}(z_2)) = \frac{a}{\sqrt{a^2+t^2}} < 0.$$

Logo, $\mathrm{Arg}(z_2)\to -\pi$ *se* $t\to 0^-$.

Portanto, por (i) e (ii), o limite $\lim_{z\to z_0}\mathrm{Arg}(z)$ *não existe se* $z_0 = a + i0$, *com* $a < 0$.

CASO 2: Se $a = 0$.

(i) Para $w_1 = i\,t$, *com* $t > 0$ *temos que*

$$\mathrm{sen}(\mathrm{Arg}(w_1)) = 1 \;\text{ e }\; \cos(\mathrm{Arg}(w_1)) = 0.$$

Logo, $\mathrm{Arg}(w_1) = \pi/2$ *e* $\lim_{t\to 0^+}\mathrm{Arg}(w_1) = \pi/2$.

(ii) Para $w_2 = i\,t$, com $t < 0$ temos que

$$\text{sen}(\text{Arg}(w_2)) = -1 \ \ \text{e} \cos(\text{Arg}(w_2)) = 0.$$

Logo, $\text{Arg}(w_2) = -\pi/2$ *e* $\lim\limits_{t \to 0^-} \text{Arg}(w_2) = -\pi/2$.

Portanto, por (i) e (ii), o limite $\lim\limits_{z \to 0} \text{Arg}(z)$ *não existe.* ✓

Definição 2.2.2. *Seja $f : D_f \subseteq \mathbb{C} \to \mathbb{C}$ uma função e $z_0 \in D_f$ (ponto de acumulação). Dizemos que f é contínua em z_0 se*

$$\lim_{z \to z_0} f(z) = f(z_0),$$

ou seja, para todo $\varepsilon > 0$ dado existe $\delta > 0$ tal que se $z \in D_f$, com $|z - z_0| < \delta$ implicar $|f(z) - f(z_0)| < \varepsilon$.

Observação 2.2.3. *Se $f(z) = f(x + i\,y) = u(x, y) + i\,v(x, y)$ então f é contínua em $z_0 = a + i\,b$ se, e somente se, $u = u(x, y)$ e $v = v(x, y)$ são ambas contínuas no ponto (a, b).*

Exemplo 2.2.9. *Vamos verificar se a função*

$$f(z) = \begin{cases} \dfrac{x^2}{z}, & \text{se } z \neq 0, \\[2ex] 0, \ \text{se } z = 0, \end{cases}$$

é contínua no ponto $z = 0$.
Podemos escrever, para $z \neq 0$,

$$\begin{aligned} f(z) &= \frac{x^2}{z} = \frac{x^2}{z} \cdot \frac{\overline{z}}{\overline{z}} \\ &= \frac{x^2(x - i\,y)}{|z|^2} = \frac{x^3 - i\,x^2 y}{x^2 + y^2} = \frac{x^3}{x^2 + y^2} - i\,\frac{x^2 y}{x^2 + y^2} \\ &= u(x, y) + i\,v(x, y), \end{aligned}$$

Temos

$$\lim_{(x,y) \to (0,0)} u(x, y) = \lim_{(x,y) \to (0,0)} \frac{x^3}{x^2 + y^2}$$

$$= \lim_{(x,y)\to(0,0)} \underbrace{x}_{\downarrow 0} \underbrace{\frac{x^2}{x^2+y^2}}_{\text{limitada}} = 0,$$

e

$$\lim_{(x,y)\to(0,0)} v(x,y) = -\lim_{(x,y)\to(0,0)} \frac{x^2 y}{x^2+y^2}$$
$$= -\lim_{(x,y)\to(0,0)} \underbrace{y}_{\downarrow 0} \underbrace{\frac{x^2}{x^2+y^2}}_{\text{limitada}} = 0.$$

Portanto,

$$\begin{aligned}\lim_{z\to 0} f(z) &= \lim_{(x,y)\to(0,0)} [u(x,y) + i\, v(x,y)] \\ &= \lim_{(x,y)\to(0,0)} u(x,y) + i \lim_{(x,y)\to(0,0)} v(x,y) \\ &= 0 + i\,0 = 0 = f(0).\end{aligned}$$

Conclusão: a função é contínua no ponto $z = 0$. ✓

Exemplo 2.2.10. *Considere a função ($-\pi < \operatorname{Arg}(z) \leq \pi$)*

$$f(z) = \operatorname{Log}(z) = \ln(|z|) + i\operatorname{Arg}(z), \quad z \neq 0.$$

Considere agora o ponto $z_0 = -1$. Temos que

$$f(-1) = \ln(|-1|) + i\operatorname{Arg}(-1) = \pi\, i.$$

Agora considere as seguintes formas de aproximar z do ponto $z_0 = -1$.
(1) $z_1 = x + i\,y = -1 + i\,y \to -1$ com $x = -1$ e $y \to 0$ com $y > 0$. Temos

$$f(z_1) = \ln(|z_1|) + i\operatorname{Arg}(z_1) = \ln(\sqrt{1+y^2}) + i\operatorname{Arg}(z_1),$$

Se $y \to 0$ e $y > 0$ então $\operatorname{Arg}(-1 + i\,y) \to \pi$. Logo,

$$\lim_{z_1\to -1} f(z_1) = \lim_{y\to 0^+} \ln(\sqrt{1+y^2}) + i\operatorname{Arg}(-1 + i\,y) = \pi\, i.$$

(2) Se $z_2 = x + i\,y = -1 + i\,y \to -1$ *com* $x = -1$ *e* $y \to 0$ *com* $y < 0$. *Temos*

$$f(z_2) = \ln(|z_2|) + i\,\mathrm{Arg}(z_2) = \ln(\sqrt{1+y^2}) + i\,\mathrm{Arg}(z_2),$$

Se $y \to 0$ *e* $y < 0$ *então* $\mathrm{Arg}(-1 + i\,y) \to -\pi$. *Logo,*

$$\lim_{z_2 \to -1} f(z_2) = \lim_{y \to 0^-} \ln(\sqrt{1+y^2}) + i\,\mathrm{Arg}(-1 + i\,y) = -\pi\,i.$$

Portanto, por (1) e (2), a função $f(z) = \mathrm{Log}(z)$ *não é contínua no ponto* $z_0 = -1$. *De forma análoga temos que* $f(z) = \mathrm{Log}(z)$ *não é contínua nos pontos da forma* $z = x + i\,0$, *com* $x < 0$ *(semieixo real negativo).* ✓

Exemplo 2.2.11. *Seja* $n \in \mathbb{N}$, $n \geq 2$. *A função* $f : \mathbb{C} \to X = \{z \in \mathbb{C} : z = 0 \text{ ou } -\frac{\pi}{n} < \mathrm{Arg}(z) \leq \frac{\pi}{n}\}$ *definida por*

$$\begin{aligned} f(0) &= 0 \\ f(z) &= \sqrt[n]{z} = \sqrt[n]{|z|}\mathrm{e}^{i\,\mathrm{Arg}(z)/n}, \text{ se } z \neq 0 \end{aligned}$$

é contínua em $\mathbb{C} - (-\infty, 0]$ *(ela é chamada o ramo principal da raiz n-ésima). Para verificar a afirmação, é só usar a mesma argumentação do Exemplo 2.2.8.* ✓

Observação 2.2.4. *(a) Seja* $f : \Omega \subseteq \mathbb{C} \to \mathbb{C}$, $f(z) = u(x,y) + i\,v(y,y)$. *Então* f *é contínua em* z_0 *se, e somente se,* $\overline{f}$ *é contínua em* z_0*(sendo* $\overline{f}(z) = \overline{f(z)} = u(x,y) - i\,v(x,y)$*). De fato, como*

$$\begin{aligned} |f(z) - f(z_0)| &= |\overline{f(z) - f(z_0)}| \\ &= |\overline{f(z)} - \overline{f(z_0)}|, \end{aligned}$$

então as condições $\lim_{z \to z_0} f(z) = f(z_0)$ *e* $\lim_{z \to z_0} \overline{f}(z) = \overline{f}(z_0)$ *são equivalentes.*

(b) Pela condição (a), se $f : \Omega \subset \mathbb{C} \to \mathbb{C}$ *é contínua em* z_0 *então* $\mathrm{Re}(f)$, $\mathrm{Im}(f)$ *e* $|f|$ *também são contínuas em* z_0, *pois podemos escrever*

$$\mathrm{Re}(f(z)) = \frac{f(z) + \overline{f}(z)}{2},$$

$$\operatorname{Im}(f(z)) = \frac{f(z) - \overline{f}(z)}{2i},$$
$$|f(z)| = \sqrt{f(z)\overline{f(z)}}.$$

Observação 2.2.5. *Seja* $\Omega \subset \mathbb{C}$ *um conjunto compacto e* $f : \Omega \to \mathbb{C}$ *uma função contínua. Então* $|f|$ *é limitada em* Ω*, ou seja, existe* $M > 0$ *tal que* $|f(z)| \leq M$ *para todo* $z \in \Omega$*. Basta observar que a função a valores reais* $|f| : \Omega \to \mathbb{R}$ *é contínua e* Ω *é compacto, e usar o Teorema de Weierstrass (para funções reais).*

Também temos que $|f|$ *tem máximo e mínimo em* Ω*, ou seja, existe* $z_1, z_2 \in \Omega$ *tais que*

$$|f(z_1)| = \min_{z \in \Omega} |f(z)|,$$
$$|f(z_2)| = \max_{z \in \Omega} |f(z)|.$$

Definição 2.2.3. *(a) Dizemos que* $\lim_{z \to \infty} f(z) = L$ *se para qualquer* $\varepsilon > 0$ *dado existir* $M > 0$ *tal que se* $z \in D_f$, $|z| > M$ *implica que* $|f(z) - L| < \varepsilon$.
(b) Dizemos que $\lim_{z \to z_0} f(z) = \infty$ *se para todo* $K > 0$ *existe* $\delta > 0$ *tal que se* $z \in D_f$, $0 < |z - z_0| < \delta$ *implica* $|f(z)| > K$.
(c) Dizemos que $\lim_{z \to \infty} f(z) = \infty$ *se para todo* $K > 0$ *dado existe* $M > 0$ *tal que* $z \in D_f$, $|z| > M$ *implica que* $|f(z)| > K$.

Exemplo 2.2.12. *Para qualquer polinônio* $p \in \mathcal{P}(\mathbb{C})$*, de grau* $gr(p) \geq 1$*, temos* $\lim_{z \to \infty} p(z) = \infty$.

De fato, seja $p(z) = a_n z^n + a_{n-1} z^{n-1} + ... + a_1 z + a_0$*, com* $a_j \in \mathbb{C}$ *(*$j = 0, 1, ..., n$*) e* $a_n \neq 0$*. Usando que* $||w_1| - |w_2|| \leq |w_1 - w_2|$ *(*$w_1, w_2 \in \mathbb{C}$*), obtemos*

$$\begin{aligned} |p(z)| &= |a_n z^n + a_{n-1} z^{n-1} + ... + a_1 z + a_0| \\ &= |z|^n \left| a_n + \frac{a_{n-1}}{z} + ... + \frac{a_1}{z^{n-1}} + \frac{a_0}{z^n} \right| \end{aligned}$$

$$\geq |z|^n \left(|a_n| - \left| \frac{a_{n-1}}{z} + ... + \frac{a_1}{z^{n-1}} + \frac{a_0}{z^n} \right| \right).$$

Considere $r > 0$ suficientemente grande de tal forma que para $|z| > r$ se tem $\dfrac{|a_k|}{|z|} < \dfrac{|a_n|}{2n}$, $k = 0, 1, ..., n-1$. Logo,

$$\begin{aligned} &|z|^n \left(|a_n| - \left| \frac{a_{n-1}}{z} + ... + \frac{a_1}{z^{n-1}} + \frac{a_0}{z^n} \right| \right) \\ &\geq |z|^n \left(|a_n| - n\frac{|a_n|}{2n} \right) \\ &= \frac{|a_n|}{2} |z|^n. \end{aligned}$$

Portanto, $|p(z)| \geq \dfrac{|a_n|}{2} |z|^n$, para $|z| > r$. Logo, $\lim\limits_{z \to \infty} p(z) = \infty$. ✓

Exercícios

(1) Determine o domínio (em $\mathbb{C}$) de cada função.

(a) $f(z) = \dfrac{\sqrt{z}}{(z^2 + i\,z + 20)(\cos(z) - 3)}$.

(b) $f(z) = \dfrac{z^2 + iz - 8}{(z^2 - iz + 6)(\text{sen}(z) + 2)}$.

(c) $f(z) = \dfrac{z^3 + (z-1)^2}{(z^2 - iz + 20)(\cos(\bar{z}) + 2)}$.

(d) $f(z) = \dfrac{z^2 - z + i}{(z^2 + i\,z + 6)(\text{sen}(\bar{z}) - 3)}$.

(e) $f(z) = \dfrac{e^z + 1}{(z^2 + 4iz - 3)(\cos(\bar{z}) + 4)}$.

(f) $f(z) = \dfrac{e^{-z} + 1}{(z^2 - 2iz + 3)(\text{sen}(\bar{z}) - 5)}$.

(2) Determine se o limite $\lim\limits_{z \to z_0} f(z)$ existe ou se não existe, para f e z_0 dados.

(a) $f(z) = \dfrac{i\,\text{Re}(z^2) - i\,\text{Re}(z) + (\text{Im}(z^2))^2}{|z|}$ e $z_0 = 0$.

(b) $f(z) = \dfrac{z^2 + (3-i)z + 2 - 2i}{z + 1 - i}$ e $z_0 = -1 + i$.

(c) $f(z) = \dfrac{\text{Re}(z) + \text{Im}(z) - 1}{z - i}$ e $z_0 = i$.

(d) $f(z) = \dfrac{(\text{Re}(z))^2(|z|^2 + 1)}{|z|^2} + i\,\dfrac{(\text{Im}(z))^2(|z|^2 - 1)}{|z|^2}$ e $z_0 = 0$.

(e) $f(z) = \dfrac{\text{Re}(z) + \text{Im}(z) - 1}{z - i}$ e $z_0 = i$.

(f) $f(z) = \dfrac{4\text{Re}(z) + 5\,i\,\text{Im}(z^2)}{|z|}$ e $z_0 = 0$.

(3) Mostre que uma função $f = f(z)$, $D_f \subset \mathbb{C}$, é contínua em z_0 se, e somente se, $\bar{f}$ é contínua em z_0.

2.3 Derivada e Função Analítica

Como no caso de limite e continuidade, a definição de derivada de uma função de variável complexa é (formalmente) a mesma que no caso de funções de uma variável real.

Definição 2.3.1. *(derivada) Seja $f : D_f \subseteq \mathbb{C} \to \mathbb{C}$ e $z_0 \in D_f$. Dizemos que f tem derivada no ponto z_0 (notação : $f'(z_0)$) se*

$$f'(z_0) = \lim_{z \to z_0} \frac{f(z) - f(z_0)}{z - z_0}$$

existe e é um número complexo.

Convém observar que para a existência da derivada, o limite acima não pode depender do modo como z tende para z_0.
Outra notação: $f'(z_0) = \dfrac{df}{dz}(z_0)$.

Exemplo 2.3.1. *Considere a função $f(z) = z^2$. Vamos calcular $f'(z)$. Para z_0 fixado temos*

$$\begin{aligned} f'(z_0) &= \lim_{z \to z_0} \frac{f(z) - f(z_0)}{z - z_0} = \lim_{z \to z_0} \frac{z^2 - z_0^2}{z - z_0} \\ &= \lim_{z \to z_0} \frac{(z - z_0)(z + z_0)}{z - z_0} \end{aligned}$$

$$
\begin{aligned}
&= \lim_{z \to z_0} (z + z_0) \\
&= 2\, z_0.
\end{aligned}
$$

Portanto, $f'(z) = 2\,z$.
Em geral, se $n \in \mathbb{N}$, *então se* $f(z) = z^n$ *temos* $f'(z) = n\, z^{n-1}$. ✓

Exemplo 2.3.2. *Considere a função* $f(z) = \overline{z}$, $\forall\, z \in \mathbb{C}$. *Seja* $z_0 = a + i\, b$. *Vamos verificar se existe* $f'(z_0)$. *Temos*

$$
\begin{aligned}
f'(z_0) &= \lim_{z \to z_0} \frac{f(z) - f(z_0)}{z - z_0} \\
&= \lim_{z \to z_0} \frac{\overline{z} - \overline{z_0}}{z - z_0} \\
&= \lim_{z \to z_0} \frac{(x - i\, y) - (a - i\, b)}{x + i\, y - (a + i\, b)} \\
&= \lim_{(x,y) \to (a,b)} \frac{(x - a) - i\,(y - b)}{(x - a) + i\,(y - b)}.
\end{aligned}
$$

* *Fazendo* $x \to a$ *e* $y = b$ *(ou seja,* $z = x + i\, b \to a + i\, b$*) obtemos*

$$
\lim_{x \to a} \frac{(x - a) - i\,(b - b)}{x - a + i\,(b - b)} = \lim_{x \to a} \frac{x - a}{x - a} = 1.
$$

**Fazendo* $x = a$ *e* $y \to b$ *(ou seja,* $z = a + i\, y \to a + i\, b$*) obtemos*

$$
\lim_{y \to b} \frac{(a - a) - i\,(y - b)}{a - a + i\,(y - b)} = \lim_{y \to b} \frac{-i(y - b)}{i(y - b)} = -1.
$$

Conclusão: a função $f(z) = \overline{z} = x - i\, y$ *não possui derivada em nenhum ponto.* ✓

Exemplo 2.3.3. *Considere a função* $f(z) = |z|^2 = z\, \overline{z}$.
(a) No ponto $z = 0$, *temos*

$$
\begin{aligned}
f'(0) &= \lim_{z \to 0} \frac{f(z) - f(0)}{z - 0} \\
&= \lim_{z \to 0} \frac{z\, \overline{z}}{z}
\end{aligned}
$$

$$= \lim_{z \to 0} \overline{z} = 0.$$

(b) Mas f não possui derivada se $z \neq 0$. Por exemplo, para $z = 1$ temos

$$f'(1) = \lim_{z \to 1} \frac{f(z) - f(1)}{z - 1} = \lim_{z \to 1} \frac{|z|^2 - 1}{z - 1}$$

$$= \lim_{(x,y) \to (1,0)} \frac{x^2 + y^2 - 1}{x + i\,y - 1}.$$

* *Fazendo $(x, y) \to (1, 0)$ com $x \to 1$ e $y = 0$ obtemos*

$$\lim_{x \to 1} \frac{x^2 + 0^2 - 1}{(x - 1) + i\,0} = \lim_{x \to 1} \frac{x^2 - 1}{x - 1} = 2.$$

* *Fazendo $(x, y) \to (1, 0)$ com $x = 1$ e $y \to 0$ obtemos*

$$\lim_{y \to 0} \frac{1^2 + y^2 - 1}{(1 - 1) + i\,y} = \lim_{y \to 0} \frac{y^2}{i\,y} = 0.$$

Conclusão: Não existe $f'(1)$. ✓

Regras de derivação

As conhecidas propriedades operacionais da derivada permanecem válidas e são estabelecidas como no caso de variáveis reais.

Sejam $f = f(z)$ e $g = g(z)$ duas funções que possuem derivadas no ponto z_0. Então

(1) $\frac{d}{dz}[f(z) \pm g(z)]\Big|_{z=z_0} = f'(z_0) \pm g'(z_0)$

(2) $\frac{d}{dz}[f(z)\,g(z)]\Big|_{z=z_0} = f'(z_0)\,g(z_0) + f(z_0)\,g'(z_0).$

(3) $\frac{d}{dz}\left[\frac{f(z)}{g(z)}\right]\Big|_{z=z_0} = \frac{f'(z_0)\,g(z_0) - f(z_0)\,g'(z_0)}{g^2(z_0)}$, se $g(z_0) \neq 0$.

(4) Regra da cadeia: Se $g'(z)$ existe e $f'(g(z))$ existe, então $\frac{d}{dz}(f(g(z))) = f'(g(z))\,g'(z).$

Observação 2.3.1. *Seja $f : D_f \subset \mathbb{C} \to \mathbb{C}$ e $z_0 \in D_f$. Se f é derivável em z_0 (ou seja, $f'(z_0)$ existe, então f é contínua em z_0. De fato, temos*

$$\lim_{z \to z_0} (f(z) - f(z_0)) = \lim_{z \to z_0} \left(\frac{f(z) - f(z_0)}{z - z_0}\right)(z - z_0)$$

$$= \left(\lim_{z \to z_0} \frac{f(z) - f(z_0)}{z - z_0} \right) \left(\lim_{z \to z_0} (z - z_0) \right)$$
$$= f'(z_0)\, 0 = 0,$$

ou seja, $\lim_{z \to z_0} f(z) = f(z_0)$. *Portanto,* f *é contínua no ponto* z_0.

Pergunta: Quando podemos determinar que uma dada função possui derivada em um ponto sem usar a definição?

Suponha que a função $f(z) = u(x, y) + i\, v(x, y)$ possui derivada no ponto $z_0 = a + i\, b$, ou seja, o limite

$$f'(z_0) = \lim_{z \to z_0} \frac{f(z) - f(z_0)}{z - z_0}$$

existe independente de como $z \to z_0$. Com isso considere as duas maneiras de $z \to z_0$:

* $z = x + i\, y \to a + i\, b$ com $x \to a$ e $y = b$. Temos

$$\begin{aligned} f'(z_0) &= \lim_{z \to z_0} \frac{f(z) - f(z_0)}{z - z_0} \\ &= \lim_{\substack{x \to a \\ y = b}} \frac{u(x, b) + i\, v(x, b) - (u(a, b) + i\, v(a, b))}{(x + i\, b) - (a + i\, b)} \\ &= \lim_{x \to a} \frac{u(x, b) - u(a, b)}{x - a} + i\, \frac{v(x, b) - v(a, b)}{x - a} \\ &= \frac{\partial u}{\partial x}(a, b) + i\, \frac{\partial v}{\partial x}(a, b). \end{aligned} \tag{2.2}$$

* $z = x + i\, y \to a + i\, b$ com $x = a$ e $y \to b$. Temos

$$\begin{aligned} f'(z_0) &= \lim_{z \to z_0} \frac{f(z) - f(z_0)}{z - z_0} \\ &= \lim_{\substack{y \to b \\ x = a}} \frac{u(a, y) + i\, v(a, y) - (u(a, b) + i\, v(a, b))}{(a + i\, y) - (a + i\, b)} \\ &= \lim_{y \to b} \frac{u(a, y) - u(a, b)}{i(y - b)} + i\, \frac{v(a, y) - v(a, b)}{i(y - b)} \\ &= \frac{1}{i}\, \frac{\partial u}{\partial y}(a, b) + \frac{\partial v}{\partial y}(a, b). \end{aligned} \tag{2.3}$$

Usando (2.2) e (2.3) obtemos

$$\frac{\partial u}{\partial x}(a,b) + i\,\frac{\partial v}{\partial x}(a,b) = f'(z_0) = \frac{\partial v}{\partial y}(a,b) - i\,\frac{\partial u}{\partial y}(a,b),$$

ou seja, usando a igualdade entre dois números complexos, obtemos

$$\frac{\partial u}{\partial x}(a,b) = \frac{\partial v}{\partial y}(a,b),$$
$$\frac{\partial u}{\partial y}(a,b) = -\frac{\partial v}{\partial x}(a,b),$$

que são chamadas **equações de Cauchy-Riemann**.

Conclusão: **Se** $f'(z_0)$ existe **então** as partes reais e imaginárias de f, $u = u(x,y)$ e $v = v(x,y)$, satisfazem as *Equações de Cauchy-Riemann*[1].

Mas a recíproca não é verdadeira. Por exemplo, considere a função

$$f(z) = \sqrt{|Im(z^2/2)|} = \sqrt{|x\,y|}.$$

Observe que $u(x,y) = \sqrt{|x\,y|}$ (parte real) e $v(x,y) = 0$ (parte imaginária). Temos:

$* \ \dfrac{\partial v}{\partial x}(0,0) = \dfrac{\partial v}{\partial y}(0,0) = 0.$

$* \ \dfrac{\partial u}{\partial x}(0,0) = \lim\limits_{x\to 0} \dfrac{u(x,0) - u(0,0)}{x - 0} = 0$, e

$\dfrac{\partial u}{\partial y}(0,0) = \lim\limits_{y\to 0} \dfrac{u(0,y) - u(0,0)}{x - 0} = 0.$

Portanto, as equações de Cauchy-Riemann são satisfeitas no ponto $z = 0$. Mas

$$f'(0) = \lim_{z\to 0} \frac{f(z) - f(0)}{z - 0} = \lim_{(x,y)\to(0,0)} \frac{\sqrt{|x\,y|}}{x + i\,y}$$

não existe, pois considerando $z = x + i\,m\,x \to 0$ (com $y = m\,x$, $m \neq 0$) obtemos

$$\lim_{x\to 0} \frac{\sqrt{|x(mx)|}}{x + i\,mx} = \lim_{x\to 0} \frac{\sqrt{|m\,x^2|}}{x(1 + i\,m)}$$

[1]Augustin-Louis Cauchy, 1789 - 1857
Georg Friedrich Bernhard Riemann, 1826 - 1866.

$$= \lim_{x \to 0} \frac{|x|}{x} \, \frac{\sqrt{|m|}}{1 + i\,m},$$

não existe.

O próximo resultado relaciona a diferenciabilidade de f no ponto $z_0 = a + ib$ com a diferenciabilidade das partes real e imaginária de f no sentido de funções de duas variáveis reais.

Teorema 2.3.1. *Seja* $f : D_f \subseteq \mathbb{C} \to \mathbb{C}$, $f(z) = u(x, y) + i\,v(x, y)$, *e* $z_0 \in D_f$ *(*$z_0 = a + i\,b$*) um ponto interior. Se as seguintes condições são satisfeitas*

(1) As equações de Cauchy-Riemann são satisfeitas no ponto z_0, *ou seja,*

$$\frac{\partial u}{\partial x}(a, b) = \frac{\partial v}{\partial y}(a, b),$$
$$\frac{\partial u}{\partial y}(a, b) = -\frac{\partial v}{\partial x}(a, b);$$

(2) As derivadas parciais $\dfrac{\partial u}{\partial x}, \dfrac{\partial u}{\partial y}, \dfrac{\partial v}{\partial x}$ e $\dfrac{\partial v}{\partial y}$ *são contínuas no ponto* (a, b).

Então existe $f'(z_0)$, *e neste caso temos que*

$$\begin{aligned} f'(z_0) &= \frac{\partial u}{\partial x}(a, b) + i\,\frac{\partial v}{\partial x}(a, b) \\ &= \frac{\partial v}{\partial y}(a, b) - i\,\frac{\partial u}{\partial y}(a, b). \end{aligned}$$

Demonstração. Como o ponto $z_0 = a + i\,b$ é ponto interior, existe $r > 0$ tal que $D_r(z_0) \subset D_f$. A condição (2) significa que as funções $u = u(x, y)$ e $v = v(x, y)$ são diferenciváveis no ponto (a, b), ou seja,

$$\begin{aligned} u(a + h, b + k) - u(a, b) &= \frac{\partial u}{\partial x}(a, b)\,h + \frac{\partial u}{\partial y}(a, b)\,k + E_1(h, k) \\ v(a + h, b + k) - v(a, b) &= \frac{\partial v}{\partial x}(a, b)\,h + \frac{\partial v}{\partial y}(a, b)\,k + E_2(h, k), \end{aligned}$$

com k, h suficientemente pequenos para que $(a + h, b + k) \in D_r(z_0)$, e com E_1 e E_2 satisfazendo

$$\lim_{(h,k) \to (0,0)} \frac{E_1(h, k)}{\sqrt{h^2 + k^2}} = \lim_{(h,k) \to (0,0)} \frac{E_2(h, k)}{\sqrt{h^2 + k^2}} = 0.$$

Vamos calcular $f'(z_0)$. Colocando $\alpha = h + i\,k$, e utilizando as equações de Cauchy-Riemann, temos

$$\begin{aligned}
&f(z_0+\alpha) - f(z_0)\\
&= u(a+h, b+k) - u(a,b) + i\big(v(a+h,b+k) - v(a,b)\big)\\
&= \frac{\partial u}{\partial x}(a,b)\,h + \frac{\partial u}{\partial y}(a,b)\,k + E_1(h,k)\\
&+ i\left(\frac{\partial v}{\partial x}(a,b)\,h + \frac{\partial v}{\partial y}(a,b)\,k + E_2(h,k)\right)\ (usando\ (1))\\
&= \left(\frac{\partial u}{\partial x}(a,b)\,h - \frac{\partial v}{\partial x}(a,b)\,k\right) + i\left(\frac{\partial v}{\partial x}(a,b)\,h + \frac{\partial u}{\partial x}(a,b)\,k\right)\\
&+ E_1(h,k) + i\,E_2(h,k)\\
&= \frac{\partial u}{\partial x}(a,b)\,(h+i\,k) + i\,\frac{\partial v}{\partial x}(a,b)\,(h+i\,k) + E_1(h,k) + i\,E_2(h,k)\\
&= \left(\frac{\partial u}{\partial x}(a,b) + i\,\frac{\partial v}{\partial x}(a,b)\right)(h+i\,k) + E_1(h,k) + i\,E_2(h,k)\\
&= \left(\frac{\partial u}{\partial x}(a,b) + i\,\frac{\partial v}{\partial x}(a,b)\right)\alpha + E_1(h,k) + i\,E_2(h,k).
\end{aligned}$$

Logo,

$$\begin{aligned}
&\lim_{\alpha\to 0}\left[\frac{f(z_0+\alpha)-f(z_0)}{\alpha} - \left(\frac{\partial u}{\partial x}(a,b) + i\,\frac{\partial v}{\partial x}(a,b)\right)\right]\\
&= \lim_{(h,k)\to(0,0)}\left(\frac{E_1(h,k)}{h+i\,k} + i\,\frac{E_2(h,k)}{h+ik}\right).
\end{aligned}$$

Como

$$\begin{aligned}
\left|\frac{E_1(h,k)}{h+i\,k}\right| &= \frac{|E_1(h,k)|}{\sqrt{h^2+k^2}} \to 0\\
\left|\frac{E_2(h,k)}{h+i\,k}\right| &= \frac{|E_2(h,k)|}{\sqrt{h^2+k^2}} \to 0,
\end{aligned}$$

quando $(h,k)\to(0,0)$. Portanto, obtemos que

$$f'(z_0) = \lim_{\alpha\to 0}\frac{f(z_0+\alpha)-f(z_0)}{\alpha} = \frac{\partial u}{\partial x}(a,b) + i\,\frac{\partial v}{\partial x}(a,b).$$

□

Exemplo 2.3.4. *Seja* $f(z) = \mathrm{e}^z$, *para todo* $z \in \mathbb{C}$. *Podemos escrever*

$$f(z) = \mathrm{e}^z = \mathrm{e}^{x+i\,y} = \mathrm{e}^x \cos(y) + i\,\mathrm{e}^x \mathrm{sen}(y),$$

e neste caso $u(x,y) = \mathrm{e}^x \cos(y)$ *e* $v(x,y) = \mathrm{e}^x\,\mathrm{sen}(y)$.
(a) As derivadas parciais

$$\frac{\partial u}{\partial x}(x,y) = \mathrm{e}^x \cos(y) \quad \text{e} \quad \frac{\partial u}{\partial y}(x,y) = -\,\mathrm{e}^x \mathrm{sen}(y),$$
$$\frac{\partial v}{\partial x}(x,y) = \mathrm{e}^x \mathrm{sen}(y) \quad \text{e} \quad \frac{\partial v}{\partial y}(x,y) = \mathrm{e}^x \cos(y),$$

são contínuas em todos os pontos $z = x + i\,y \in \mathbb{C}$.
(b) As equações de Cauchy-Riemann

$$\frac{\partial u}{\partial x}(x,y) = \mathrm{e}^x \cos(y) = \frac{\partial v}{\partial y}(x,y),$$
$$\frac{\partial u}{\partial y}(x,y) = -\,\mathrm{e}^x \mathrm{sen}(y) = -\,\frac{\partial v}{\partial x}(x,y),$$

são satisfeitas em todos os pontos $z \in \mathbb{C}$.
Portanto, a função possui derivada em todos os pontos e

$$\begin{aligned} f'(z) &= \frac{\partial u}{\partial x}(x,y) + i\,\frac{\partial v}{\partial x}(x,y) \\ &= \mathrm{e}^x \cos(y) + i\,\mathrm{e}^x \mathrm{sen}(y) \\ &= \mathrm{e}^z. \end{aligned}$$

✓

Exemplo 2.3.5. *Considere a função* $f(z) = f(x+i\,y) = 2x^2 + 3y^3\,i$. *Temos* $u(x,y) = 2x^2$ *(parte real) e* $v(x,y) = 3y^3$ *(parte imaginária).*
(a) As derivadas parciais

$$\frac{\partial u}{\partial x}(x,y) = 4x \quad \text{e} \quad \frac{\partial u}{\partial y}(x,y) = 0,$$
$$\frac{\partial v}{\partial x}(x,y) = 0 \quad \text{e} \quad \frac{\partial v}{\partial y}(x,y) = 9y^2,$$

são contínuas em todos os pontos.

(b) As equações de Cauchy-Riemann

$$\begin{aligned} 4x = \frac{\partial u}{\partial x}(x,y) &= \frac{\partial v}{\partial y}(x,y) = 9y^2, \\ 0 = \frac{\partial u}{\partial y}(x,y) &= -\frac{\partial v}{\partial x}(x,y) = 0, \end{aligned}$$

são satisfeitas nos pontos $4x = 9y^2$ *(ou seja, na parábola* $x = \dfrac{9}{4}y^2$*). Nestes pontos* f *possui derivada e*

$$\begin{aligned} f'(z) &= f'\big(\frac{9}{4}y^2 + i\,y\big) \\ &= \frac{\partial u}{\partial x}(9/4y^2, y) + i\,\frac{\partial v}{\partial x}(9/4y^2, y) \\ &= 4(9/4\,y^2) + i\,0 \\ &= 9y^2. \end{aligned}$$

✓

Exemplo 2.3.6. *Considerando as funções*

$$\begin{aligned} f(z) &= \cos(z) = \frac{e^{i\,z} + e^{-i\,z}}{2}, \\ g(z) &= \operatorname{sen}(z) = \frac{e^{i\,z} - e^{-i\,z}}{2\,i}. \end{aligned}$$

Usando que $\dfrac{d}{dz}(i\,z) = i$ *e* $\dfrac{d}{dz}(-\,i\,z) = -\,i$ *e a regra da cadeia, obtemos*

$$\begin{aligned} f'(z) = \frac{d}{dz}[\cos(z)] &= \frac{i\,e^{i\,z} - i\,e^{-i\,z}}{2} \\ &= i\,\frac{(e^{i\,z} - e^{-i\,z})}{2} \\ &= -\,\frac{(e^{i\,z} - e^{-i\,z})}{2\,i} \\ &= -\operatorname{sen}(z), \end{aligned}$$

e

$$g'(z) = \frac{d}{dz}[\operatorname{sen}(z)] = \frac{i\,e^{i\,z} - (-\,i)\,e^{-i\,z}}{2\,i}$$

$$
\begin{aligned}
&= i\,\frac{(e^{iz} + e^{-iz})}{2i} \\
&= \frac{(e^{iz} + e^{-iz})}{2} \\
&= \cos(z).
\end{aligned}
$$

✓

Exemplo 2.3.7. *Vamos determinar em que pontos a função $f(z) = (x^2 + xy - xy^2) + i(xy^2 - xy)$ possui derivada ($z = x + iy$). Temos que $u(x, y) = x^2 + xy - xy^2$ (parte real) e $v(x, y) = y^2x - xy$ é a parte imaginária.*
(i) As derivadas parciais

$$
\begin{aligned}
&\frac{\partial u}{\partial x}(x, y) = 2x + y - y^2, \quad \frac{\partial u}{\partial y}(x, y) = x - 2xy, \\
&\frac{\partial v}{\partial x}(x, y) = y^2 - y, \quad \frac{\partial v}{\partial y}(x, y) = 2xy - x,
\end{aligned}
$$

são contínuas em todos os pontos.
(ii) Equações de Cauchy-Riemann. Queremos que

$$
\begin{aligned}
2x + y - y^2 &= \frac{\partial u}{\partial y}(x, y) = \frac{\partial v}{\partial y}(x, y) = 2xy - x \\
x - 2xy &= \frac{\partial u}{\partial y}(x, y) = -\frac{\partial v}{\partial x}(x, y) = -(y^2 - y).
\end{aligned}
$$

Obtemos

$$
\begin{aligned}
2xy &= 3x + y - y^2 \\
2xy &= x + y^2 - y.
\end{aligned}
$$

Logo, $3x + y - y^2 = x + y^2 - y$. Com isso, obtemos que $x = y^2 - y$. Substituindo na equação $2xy = 3x + y - y^2$, temos

$$
\begin{aligned}
&2(y^2 - y)y = 3(y^2 - y) + y - y^2 \\
&y^3 - 2y^2 + y = 0 \\
&y(y^2 - 2y + 1) = 0 \\
&y(y - 1)^2 = 0,
\end{aligned}
$$

ou seja, $y = 0$ *ou* $y = 1$. *Como* $x = y^2 - y$,

* *se* $y = 0$, *então* $x = 0$,

* *se* $y = 1$, *então* $x = 0$.

Portanto, a função $f(z) = (x^2 + xy - xy^2) + i(xy^2 - xy)$ *possui derivada nos pontos* $z = 0$ *e* $z = i$. *Nestes pontos, temos*

$$f'(0) = \frac{\partial u}{\partial x}(0,0) + i\,\frac{\partial v}{\partial x}(0,0) = 0,$$
$$f'(i) = \frac{\partial u}{\partial x}(0,1) + i\,\frac{\partial v}{\partial x}(0,1) = 0.$$

✓

Equações de Cauchy-Riemann em coordenadas polares

Todo número complexo $z = x + i\,y$ pode ser escrito em coordenadas polares com $x = r\cos(\theta)$ e $y = r\,\text{sen}(\theta)$ (sendo $r = |z|$ e $\theta = Arg(z)$). Podemos escrever uma função de variável complexa em coordenadas polares

$$\begin{aligned} f(z) &= u(x,y) + i\,v(x,y) \\ &= u(x(r,\theta), y(r,\theta)) + i\,v(x(r,\theta), y(r,\theta)). \end{aligned}$$

Vamos determinar as equações de Cauchy-Reimann em coordenadas polares. Da relação

$$\begin{aligned} x &= r\cos(\theta), \\ y &= r\,\text{sen}(\theta), \end{aligned}$$

obtemos

$$\frac{\partial x}{\partial r} = \cos(\theta) \quad \text{e} \quad \frac{\partial x}{\partial \theta} = -\,r\,\text{sen}(\theta), \tag{2.4}$$
$$\frac{\partial y}{\partial r} = \text{sen}(\theta) \quad \text{e} \quad \frac{\partial y}{\partial \theta} = r\cos(\theta). \tag{2.5}$$

Agora como

$$u = u(x,y) = u(x(r,\theta), y(r,\theta)) \quad \text{e} \quad v = v(x,y) = v(x(r,\theta), y(r,\theta)),$$

usando a regra da cadeia, (2.4) e (2.5) obtemos

$$\frac{\partial u}{\partial r} = \frac{\partial u}{\partial x}\frac{\partial x}{\partial r} + \frac{\partial u}{\partial y}\frac{\partial y}{\partial r} = \cos(\theta)\,\frac{\partial u}{\partial x} + \operatorname{sen}(\theta)\,\frac{\partial u}{\partial y} \tag{2.6}$$

$$\frac{\partial u}{\partial \theta} = \frac{\partial u}{\partial x}\frac{\partial x}{\partial \theta} + \frac{\partial u}{\partial y}\frac{\partial y}{\partial \theta} = -\,r\operatorname{sen}(\theta)\,\frac{\partial u}{\partial x} + r\cos(\theta)\,\frac{\partial u}{\partial y} \tag{2.7}$$

$$\frac{\partial v}{\partial r} = \frac{\partial v}{\partial x}\frac{\partial x}{\partial r} + \frac{\partial v}{\partial y}\frac{\partial y}{\partial r} = \cos(\theta)\,\frac{\partial v}{\partial x} + \operatorname{sen}(\theta)\,\frac{\partial v}{\partial y} \tag{2.8}$$

$$\frac{\partial v}{\partial \theta} = \frac{\partial v}{\partial x}\frac{\partial x}{\partial \theta} + \frac{\partial v}{\partial y}\frac{\partial y}{\partial \theta} = -\,r\operatorname{sen}(\theta)\,\frac{\partial v}{\partial x} + r\cos(\theta)\,\frac{\partial v}{\partial y}. \tag{2.9}$$

Usando que $\dfrac{\partial u}{\partial x} = \dfrac{\partial v}{\partial y}$ e $\dfrac{\partial u}{\partial y} = -\,\dfrac{\partial v}{\partial x}$ (equações de Cauchy-Riemann em coordenadas x, y), substituindo em (2.6),(2.7),(2.8) e (2.9) obtemos

$$\begin{aligned}\frac{\partial u}{\partial r} &= \cos(\theta)\,\frac{\partial u}{\partial x} + \operatorname{sen}(\theta)\,\frac{\partial u}{\partial y}\\ &= \cos(\theta)\,\frac{\partial v}{\partial y} - \operatorname{sen}(\theta)\,\frac{\partial v}{\partial x}\\ &= \frac{1}{r}\,\frac{\partial v}{\partial \theta},\end{aligned}$$

e

$$\begin{aligned}\frac{\partial v}{\partial r} &= \cos(\theta)\,\frac{\partial v}{\partial x} + \operatorname{sen}(\theta)\,\frac{\partial v}{\partial y}\\ &= -\cos(\theta)\,\frac{\partial u}{\partial y} + \operatorname{sen}(\theta)\,\frac{\partial u}{\partial x}\\ &= -\,\frac{1}{r}\,\frac{\partial u}{\partial \theta},\end{aligned}$$

Portanto, as equações de Cauchy-Riemann em coordenadas polares ficam

$$\begin{aligned}\frac{\partial u}{\partial r}(r,\theta) &= \frac{1}{r}\,\frac{\partial v}{\partial \theta}(r,\theta)\\ \frac{\partial u}{\partial \theta}(r,\theta) &= -r\,\frac{\partial v}{\partial r}(r,\theta).\end{aligned}$$

Observação 2.3.2. *Nas relações*

$$\begin{aligned} x =& r\cos(\theta), \\ y =& r\,\mathrm{sen}(\theta), \end{aligned}$$

obtemos (usando que $r = r(x, y)$ e $\theta = \theta(x, y)$):
(a) derivando com relação à variável x temos

$$\begin{aligned} 1 &= \cos(\theta)\,\frac{\partial r}{\partial x} - r\,\mathrm{sen}(\theta)\,\frac{\partial \theta}{\partial x}, \\ 0 &= \mathrm{sen}(\theta)\,\frac{\partial r}{\partial x} + r\cos(\theta)\,\frac{\partial \theta}{\partial x}, \end{aligned}$$

Com isso, obtemos $\dfrac{\partial r}{\partial x} = \cos(\theta)$ *e* $\dfrac{\partial \theta}{\partial x} = -\dfrac{\mathrm{sen}(\theta)}{r}$.
(b) derivando com relação à variável y temos

$$\begin{aligned} 0 &= \cos(\theta)\,\frac{\partial r}{\partial y} - r\,\mathrm{sen}(\theta)\,\frac{\partial \theta}{\partial y}, \\ 1 &= \mathrm{sen}(\theta)\,\frac{\partial r}{\partial y} + r\cos(\theta)\,\frac{\partial \theta}{\partial y}, \end{aligned}$$

Com isso, obtemos $\dfrac{\partial r}{\partial y} = \mathrm{sen}(\theta)$ *e* $\dfrac{\partial \theta}{\partial y} = \dfrac{\cos(\theta)}{r}$.
Com isso, usando as equações de Cauchy-Riemann, (a) e (b), obtemos que nos pontos onde as equações de Cauchy-Reimann são verificadas (onde existe a derivada)

$$\begin{aligned} f'(z) &= \frac{\partial u}{\partial x}(x, y) + i\,\frac{\partial v}{\partial x}(x, y) \\ &= \left(\frac{\partial u}{\partial r}\,\frac{\partial r}{\partial x} + \frac{\partial u}{\partial \theta}\,\frac{\partial \theta}{\partial x}\right) + i\left(\frac{\partial v}{\partial r}\,\frac{\partial r}{\partial x} + \frac{\partial v}{\partial \theta}\,\frac{\partial \theta}{\partial x}\right) \\ &= \left(\cos(\theta)\,\frac{\partial u}{\partial r} - \frac{\mathrm{sen}(\theta)}{r}\,\frac{\partial u}{\partial \theta}\right) + i\left(\cos(\theta)\,\frac{\partial v}{\partial r} - \frac{\mathrm{sen}(\theta)}{r}\,\frac{\partial v}{\partial \theta}\right) \\ &= \left(\cos(\theta)\,\frac{\partial u}{\partial r} - \frac{\mathrm{sen}(\theta)}{r}\,(-r\frac{\partial v}{\partial r})\right) + i\left(\cos(\theta)\,\frac{\partial v}{\partial r} - \frac{\mathrm{sen}(\theta)}{r}\,(r\frac{\partial u}{\partial r})\right) \\ &= (\cos(\theta) - i\,\mathrm{sen}(\theta))\left(\frac{\partial u}{\partial r}(r, \theta) + i\,\frac{\partial v}{\partial r}(r, \theta)\right) \\ &= \mathrm{e}^{-i\theta}\left(\frac{\partial u}{\partial r}(r, \theta) + i\,\frac{\partial v}{\partial r}(r, \theta)\right). \end{aligned}$$

Exemplo 2.3.8. *Considere a função (em coordenadas polares) com* $z \neq 0$,

$$f(z) = \mathrm{Log}(z) = \ln(r) + i\,\theta,$$

sendo $r = |z| > 0$ *e* $\theta = \mathrm{Arg}(z)$, $-\pi < \theta \leq \pi$. *(observe que nos pontos* $z = x + i\,0$, $x < 0$, *ou* $\theta = \pi$, *função não é contínua e portanto, não possui derivada).*

Temos que $u(r,\theta) = \ln(r)$ *(parte real) e* $v(r,\theta) = \theta$ *(parte imaginária).*

(a) As derivadas parciais

$$\frac{\partial u}{\partial r}(r,\theta) = \frac{1}{r}, \quad \frac{\partial u}{\partial \theta}(r,\theta) = 0,$$
$$\frac{\partial v}{\partial r}(r,\theta) = 0 \quad \text{e} \quad \frac{\partial v}{\partial \theta}(r,\theta) = 1,$$

são contínuas $(r > 0)$.

(b) As equações de Cauchy-Riemann

$$\frac{\partial u}{\partial r}(r,\theta) = \frac{1}{r} = \frac{1}{r}\frac{\partial v}{\partial \theta}(r,\theta),$$
$$\frac{\partial u}{\partial \theta}(r,\theta) = 0 = -\,r\,\frac{\partial v}{\partial r}(r,\theta),$$

são satisfeitas em todos os pontos.

Portanto, a função $f(z) = \mathrm{Log}(z) = \ln(r) + i\,\theta$ $(z = r\,\mathrm{e}^{i\,\theta})$ *possui derivadas no conjunto* $\{z \in \mathbb{C} : z \neq x + i\,0, \text{ com } x < 0\}$ *e neste caso*

$$\begin{aligned} f'(z) &= \mathrm{e}^{-i\,\theta}\left(\frac{\partial u}{\partial r}(r,\theta) + i\,\frac{\partial v}{\partial r}(r,\theta)\right) \\ &= \mathrm{e}^{-i\,\theta}\left(\frac{1}{r} + i\,0\right) \\ &= \frac{1}{r\,\mathrm{e}^{i\,\theta}} \\ &= \frac{1}{z}. \end{aligned}$$

✓

Exemplo 2.3.9. *Vamos calcular a derivada da função* $f(z) = \sqrt{z}$, *com* $z \in \mathbb{C}$. *Podemos escrever em coordenadas polares*

$$f(z) = \sqrt{z} = \sqrt{r}\,\Big(\cos(\theta/2) + i\,\mathrm{sen}(\theta/2)\Big),$$

sendo $r = |z|$ *e* $\theta = \mathrm{Arg}(z)$. *Temos*

$$\begin{aligned} u(r,\theta) &= \sqrt{r}\cos(\theta/2) \quad \text{(parte real)}\\ v(r,\theta) &= \sqrt{r}\,\mathrm{sen}(\theta/2) \quad \text{(parte imaginária)}. \end{aligned}$$

(a) As derivadas parciais

$$\begin{aligned} \frac{\partial u}{\partial r} &= \frac{1}{2\sqrt{r}}\cos(\theta/2), & \frac{\partial u}{\partial \theta} &= -\,\frac{1}{2}\,\sqrt{r}\,\mathrm{sen}(\theta/2),\\ \frac{\partial v}{\partial r} &= \frac{1}{2\sqrt{r}}\,\mathrm{sen}(\theta/2), & \frac{\partial v}{\partial \theta} &= \frac{1}{2}\,\sqrt{r}\cos(\theta/2), \end{aligned}$$

são contínuas (com $r \neq 0$*).*
(b) As equações de Cauchy-Riemann

$$\begin{aligned} \frac{1}{r}\,\frac{\partial v}{\partial \theta} &= \frac{1}{r}\,\frac{1}{2}\,\sqrt{r}\cos(\theta/2) = \frac{1}{2\sqrt{r}}\cos(\theta/2) = \frac{\partial u}{\partial r}\\ -\,\frac{1}{r}\,\frac{\partial u}{\partial \theta} &= -\,\frac{1}{r}\,(-\,\frac{1}{2}\,\sqrt{r}\,\mathrm{sen}(\theta/2)) = \frac{1}{2\sqrt{r}}\,\mathrm{sen}(\theta/2) = \frac{\partial v}{\partial r}, \end{aligned}$$

são satisfeitas em todos os pontos (com $r\neq 0$*). Portanto, a função* $f(z) = \sqrt{z}$ *possui derivada em todos os pontos* $z \neq 0$. *Além disso,*

$$\begin{aligned} f'(z) &= (\cos(\theta) - i\mathrm{sen}(\theta))\left(\frac{\partial u}{\partial r} + i\,\frac{\partial v}{\partial r}\right)\\ &= \mathrm{e}^{-i\theta}\left(\frac{1}{2\sqrt{r}}\cos(\theta/2) + i\,\frac{1}{2\sqrt{r}}\,\mathrm{sen}(\theta/2)\right)\\ &= \frac{1}{2\sqrt{r}}\,\mathrm{e}^{-i\theta}\,\mathrm{e}^{i\theta/2}\\ &= \frac{1}{2\sqrt{r}}\,\mathrm{e}^{-i\theta/2}\\ &= \frac{1}{2\sqrt{r}\,\mathrm{e}^{i\theta/2}} \end{aligned}$$

$$= \frac{1}{2\sqrt{z}}.$$

✓

Exemplo 2.3.10. *Seja* $f(z) = z^\alpha$, *com* $\alpha \in \mathbb{C}$, $-\pi < \mathrm{Arz}(z) \leq \pi$. *Podemos escrever*

$$f(z) = z^\alpha = \mathrm{e}^{\alpha\,\mathrm{Log}(z)}.$$

Usando a regra da cadeia, obtemos

$$f'(z) = \mathrm{e}^{\alpha\,\mathrm{Log}(z)}\ \frac{\alpha}{z} = z^\alpha\ \frac{\alpha}{z} = \alpha\, z^{\alpha-1}.$$

✓

Definição 2.3.2. *(função analítica)*
(1) Uma função $f : D_f \subseteq \mathbb{C} \to \mathbb{C}$ *é analítica (ou holomorfa) no ponto* $z_0 \in D_f$ *se satisfaz as seguintes condições:*
(a) $f'(z_0)$ *existe;*
(b) Existe um $r > 0$ *tal que* $f'(z)$ *existe para todo* $z \in D_r(z_0) = \{z \in \mathbb{C} : |z - z_0| < r\}$ *(disco aberto de centro* z_0 *e raio* r*).*
(2) Uma função $f : D_f \subseteq \mathbb{C} \to \mathbb{C}$ *é analítica em um aberto* $\Omega \subseteq D_f$ *se for analítica em todos os pontos de* Ω.
(3) Se uma função $f : \mathbb{C} \to \mathbb{C}$ $(D_f = \mathbb{C})$ *é analítica, então* f *é chamada função inteira.*

Exemplo 2.3.11. *A função* $f(z) = x^2 - i\,y^2$ $(z = x + i\,y)$ *possui derivadas nos pontos* $x + y = 0$ *(ou* $z = x - i\,x$*) e nestes pontos* $f'(z) = f'(x - i\,x) = 2x$. *Mas a função não é analítica em nenhum ponto.*

Exemplo 2.3.12. *Considere a função* $f(z) = \dfrac{z^3 + z + 1}{z^2 + 1}$, *cujo domínio é* $D_f = \{z \in \mathbb{C} : z \neq i \text{ e } z \neq -i\}$ *(conjunto aberto). Temos*

$$f'(z) = \frac{(3z^2 + 1)(z^2 + 1) - (z^3 + z + 1)2z}{(z^2 + 1)^2}$$

$$= \frac{z^4 + 2z^2 - 2z + 1}{(z^2 + 1)^2}.$$

Portanto, f é analítica em D_f. Nos pontos $z = i$ e $z = -i$, a função não é contínua, de modo que $f'(i)$ e $f'(-i)$ não existem. Os pontos $z = i$ e $z = -i$ são singularidades. ✓

Uma função f tem no ponto $z_0 \in \mathbb{C}$ uma singularidade (ou z_0 é um ponto singular), quando f não é analítica em z_0 (podendo existir em qualquer disco aberto $D(z_0; r)$ pontos onde a função f seja analítica).

Exemplo 2.3.13. *Seja $f(z) = \mathrm{e}^z$, $D_f = \mathbb{C}$. Temos que $f'(z) = \mathrm{e}^z$. Portanto, f é uma função inteira.* ✓

Teorema 2.3.2. *Seja $f(z) = u(x,y) + i\,v(x,y)$. Se*

(a) As derivadas parciais $\dfrac{\partial u}{\partial x}, \dfrac{\partial u}{\partial y}, \dfrac{\partial v}{\partial x}, \dfrac{\partial v}{\partial y}$ são contínuas em um aberto $\Omega \subseteq D_f$;

(b) As equações de Cauchy-Riemann são satisfeitas em Ω.
Então f é analítica em Ω. Neste caso, a derivada nos pontos $z = x + iy \in \Omega$ é dada por

$$\begin{aligned} f'(z) &= \frac{\partial u}{\partial x}(x,y) + i\frac{\partial v}{\partial x} \\ &= \frac{\partial v}{\partial y}(x,y) - i\frac{\partial u}{\partial y}. \end{aligned}$$

Demonstração. Basta aplicar o Teorema 2.3.1 em cada ponto de Ω. □

Observação 2.3.3. *Seja $\Omega \subseteq \mathbb{C}$ um conjunto aberto. Denotaremos por $\mathcal{H}(\Omega)$ o conjunto de todas as funções analíticas em Ω.*
(a) Se $f, g \in \mathcal{H}(\Omega)$ então $f + g \in \mathcal{H}(\Omega)$ ($(f+g)(z) = f(z) + g(z)$) e $fg \in \mathcal{H}(\Omega)$ ($(fg)(z) = f(z)g(z)$), com

$$\begin{aligned} (f+g)'(z) &= f'(z) + g'(z), \\ (fg)'(z) &= f'(z)g(z) + f(z)g'(z). \end{aligned}$$

(b) Se g não se anula em Ω, então $\dfrac{f}{g} \in \mathcal{H}(\Omega)$ *e*

$$\left(\frac{f}{g}\right)' = \frac{f'(z)g(z) - f(z)g'(z)}{g^2(z)}.$$

(c) Se $f \in \mathcal{H}(\Omega)$, $f(\Omega) \subset X$ e $g \in \mathcal{H}(X)$, então $h = g \circ f \in \mathcal{H}(\Omega)$ ($h(z) = (g \circ f)(z) = g(f(z))$) (ou seja, a composta de funções analíticas é uma função analítica) e $h'(z) = g'(f(z))f'(z)$.
(d) Se $f \in \mathcal{H}(\Omega)$ for invertível, a sua inversa f^{-1} é analítica em $X = f(\Omega)$ e

$$(f^{-1})'(z) = \frac{1}{f'(f^{-1}(z))}, \ \forall\, z \in X.$$

Definição 2.3.3. *(a) Uma poligonal em $\mathbb{C}$ é uma reunião finita de segmentos de reta*

$$I_j = \{a_j(1-t) + b_j t \in \mathbb{C} : 0 \leq t \leq 1\},$$

onde $a_j, b_j \in \mathbb{C}$, $j = 1, ..., n$, satisfazendo $b_1 = a_2, ...b_{n-1} = a_n$.

(b) Um conjunto $\Omega \subseteq \mathbb{C}$ é chamado de ***conexo*** *se quaisquer dois pontos de Ω puderem ser conectados por uma poligonal contida em Ω.*

Observação 2.3.4. *Sejam f e g funções analíticas em uma* ***região*** *(ou seja, $\Omega \subseteq \mathbb{C}$ é um conjunto não vazio, aberto e conexo). Seja $z_0 \in \Omega$ com $f(z_0) = g(z_0) = 0$ e $g'(z_0) \neq 0$. Então temos que a regra de L'Hôspital [2] é válida para funções analíticas, ou seja,*

$$\lim_{z \to z_0} \frac{f(z)}{g(z)} = \frac{f'(z_0)}{g'(z_0)}.$$

De fato: como $f(z_0) = 0$ e $g(z_0) = 0$, podemos escrever

$$f(z) = \left(\frac{f(z) - f(z_0)}{z - z_0}\right)(z - z_0) \quad \text{e} \quad g(z) = \left(\frac{g(z) - g(z_0)}{z - z_0}\right)(z - z_0).$$

Logo,

$$\lim_{z \to z_0} \frac{f(z)}{g(z)} = \lim_{z \to z_0} \frac{\left(\dfrac{f(z) - f(z_0)}{z - z_0}\right)(z - z_0)}{\left(\dfrac{g(z) - g(z_0)}{z - z_0}\right)(z - z_0)}$$

[2] Guillaume François Antoine (Marquês de L'Hôspital), 1661-1704

$$= \lim_{z \to z_0} \frac{\dfrac{f(z) - f(z_0)}{z - z_0}}{\dfrac{g(z) - g(z_0)}{z - z_0}}$$

$$= \frac{f'(z_0)}{g'(z_0)}.$$

Por exemplo, vamos calcular três limites usando a regra de L'Hôspital.

(1) Considere o limite $\lim_{z \to 0} \dfrac{\operatorname{sen}(z)}{e^z - 1}$. *Temos que* $f(z) = \operatorname{sen}(z)$ *e* $g(z) = e^z - 1$ *são analíticas em* $\Omega = \mathbb{C} - \{0\}$, $f(0) = g(0) = 0$, $g'(z) = e^z$, $g'(0) = 1$. *Portanto, podemos usar a regra de L'Hôspital,*

$$\lim_{z \to 0} \frac{f(z)}{g(z)} = \lim_{z \to 0} \frac{\operatorname{sen}(z)}{e^z - 1} = \frac{f'(0)}{g'(0)} = \frac{1}{1} = 1.$$

(2) Considere as funções

$$f(z) = (x^2 - y^2 - 2xy) + i\,(x^2 - y^2 + 2xy),$$
$$g(z) = e^x[(x\cos(y) - y\operatorname{sen}(y)) + i\,(x\operatorname{sen}(y) + y\cos(y))],$$

$z = x + i\,y$. *Temos que o limite* $\lim_{z \to 0} \dfrac{f(z)}{g(z)}$ *é uma indeterminação do tipo "0/0"* ($f(0) = g(0) = 0$). *Como* f *e* g *são funções analíticas (verifique), com*

$$f'(z) = (2x - 2y) + i\,(2x + 2y)$$
$$g'(z) = e^x(x\cos(y) + \cos(y) - y\operatorname{sen}(y)) + i\,e^x(x\operatorname{sen}(y) + \operatorname{sen}(y) + y\cos(y))$$

obtemos (usando a regra de L'Hôspital)

$$\lim_{z \to 0} \frac{(x^2 - y^2 - 2xy) + i\,(x^2 - y^2 + 2xy)}{e^x[(x\cos(y) - y\operatorname{sen}(y)) + i\,(x\operatorname{sen}(y) + y\cos(y))]}$$
$$= \frac{f'(0)}{g'(0)} = \frac{0}{1} = 0.$$

(3) Vamos calcular agora $\lim_{z \to 0} (\cos(z))^{1/z^2}$.

Usando o ramo principal do logaritmo, podemos escrever

$$
\begin{aligned}
(\cos(z))^{1/z^2} &= \mathrm{e}^{\mathrm{Log}(\cos(z))^{1/z^2}} \\
&= \mathrm{e}^{(\mathrm{Log}(\cos(z)))/z^2}.
\end{aligned}
$$

Agora usando a regra de L'Hôspital, obtemos

$$
\begin{aligned}
\lim_{z\to 0} \frac{\mathrm{Log}(\cos(z))}{z^2} &= \lim_{z\to 0} \frac{\dfrac{1}{\cos(z)}(-\mathrm{sen}(z))}{2z} \\
&= \lim_{z\to 0} -\frac{1}{2\cos(z)}\frac{\mathrm{sen}(z)}{z} \\
&= -\frac{1}{2}.
\end{aligned}
$$

Portanto, $\lim\limits_{z\to 0}(\cos(z))^{1/z^2} = \mathrm{e}^{-1/2}$.

Corolário 2.3.1. *Se* $f(z) = u(u, y) + i\,v(x, y)$ *possui derivada zero em uma região* $\Omega \subseteq \mathbb{C}$ *(*Ω *é um conjunto aberto e conexo), então* f *é constante.*

Demonstração. Como

$$
\begin{aligned}
f'(z) &= \frac{\partial u}{\partial x}(x, y) + i\,\frac{\partial v}{\partial x}(x, y) \\
&= \frac{\partial v}{\partial y}(x, y) - i\,\frac{\partial u}{\partial y}(x, y) \\
&= 0,
\end{aligned}
$$

então

$$
\frac{\partial u}{\partial x}(x, y) = \frac{\partial u}{\partial y}(x, y) = \frac{\partial v}{\partial x}(x, y) = \frac{\partial v}{\partial y}(x, y) = 0
$$

em todos os pontos de Ω. Sejam $z_0 = x_0 + i\,y_0$ e $z_1 = x_1 + i\,y_1 \in \Omega$. Como Ω é conexo, existe $\gamma : [a, b] \to \mathbb{R}^2$ de classe C^1 (ou C^1 por partes) tal que $\gamma(a) = (x_0, y_0)$ e $\gamma(b) = (x_1, y_1)$. Defina $g : [a, b] \to \mathbb{R}$, por $g(t) = u(\gamma(t))$. Usando a regra da cadeia, obtemos

$$
g'(t) = \mathrm{grad}\, u(\gamma(t)).\gamma'(t) = 0,
$$

pois $\mathrm{grad}\, u = (0, 0)$ (onde $\mathrm{grad}\, u(x, y) = \big(\frac{\partial u}{\partial x}(x, y), \frac{\partial u}{\partial y}(x, y)\big)$ é o gradiente da função $u = (x, y)$, e $v_1.v_2$ denota o produto escalar no $\mathbb{R}^2$.

Logo, $g(t) = k_1$ (constante). Portanto, $u(z_0) = u(z_1)$, ou seja, $u = u(x,y)$ é constante.
De forma análoga, também obtemos que $v = v(x,y) = k_2$ é constante.
Portanto, $f(z) = u(x,y) + i\,v(x,y) = k_1 + i\,k_2$ é constante em Ω. $\square$

Definição 2.3.4. *Seja $\varphi : \Omega \subset \mathbb{R}^2 \to \mathbb{R}$, Ω conjunto aberto. Dizemos que φ é uma função harmônica se*

$$\Delta\varphi = \frac{\partial^2\varphi}{\partial x^2} + \frac{\partial^2\varphi}{\partial y^2} = 0.$$

Exemplo 2.3.14. *A função $\varphi(x,y) = x^2 - y^2$, $(x,y) \in \mathbb{R}^2$, é harmônica pois*

$$\Delta\varphi = \frac{\partial^2\varphi}{\partial x^2} + \frac{\partial^2\varphi}{\partial y^2} = 2 - 2 = 0.$$

✓

Observação 2.3.5. *Seja $f(z) = u(x,y) + i\,v(x,y)$ uma função analítica em um aberto $\Omega \subset \mathbb{C}$. Logo, as equações de Cauchy-Riemann são satisfeitas em Ω, ou seja,*

$$\frac{\partial u}{\partial x} = \frac{\partial v}{\partial y}$$
$$\frac{\partial u}{\partial y} = -\frac{\partial v}{\partial x}$$

em todos os pontos de Ω. Portanto, se as derivadas parciais de segunda ordem existirem, obtemos $\dfrac{\partial^2 u}{\partial x^2} = \dfrac{\partial^2 v}{\partial x\,\partial y}$ e $\dfrac{\partial^2 u}{\partial y^2} = -\dfrac{\partial^2 v}{\partial y\,\partial x}$. Logo,

$$\Delta u = \frac{\partial^2 u}{\partial x^2} + \frac{\partial^2 u}{\partial y^2} = 0,$$

ou seja, $u = u(x,y)$ é função harmônica.
Analogamente, também temos que

$$\Delta v = \frac{\partial^2 v}{\partial x^2} + \frac{\partial^2 v}{\partial y^2} = 0,$$

ou seja, $v = v(x,y)$ é função harmônica

Observação 2.3.6. *Se $f(z) = u(x,y) + i\,v(x,y)$ é analítica no aberto $\Omega \subset \mathbb{C}$, então as derivadas parciais das funções $u = u(x,y)$ e $v = v(x,y)$ de todas as ordens existem e são contínuas (esse resultado será demonstrado no Capítulo 3).*

Pergunta: Dada uma função $u = u(x,y)$ harmônica em um aberto Ω, existe uma função $v = v(x,y)$ também harmônica tal que a função $f(z) = u(x,y) + i\,v(x,y)$ seja uma função analítica?
Quando a função v existir, ela é denominada **conjugada harmônica** da função $u = u(x,y)$.

Por exemplo, considere a função $u(x,y) = 2x - x^3 + 3xy^2$, $(x,y) \in \mathbb{R}^2$. Temos

$$\frac{\partial u}{\partial x} = 2 - 3x^2 + 3y^2 \quad \text{e} \quad \frac{\partial u}{\partial y} = 6xy$$

$$\frac{\partial^2 u}{\partial x^2} = -\,6x \quad \text{e} \quad \frac{\partial^2 u}{\partial y^2} = 6x.$$

Portanto, $\Delta u = \dfrac{\partial^2 u}{\partial x^2} + \dfrac{\partial^2 u}{\partial y^2} = -6x + 6x = 0$, ou seja, $u = u(x,y)$ é uma função harmônica. Vamos determinar se existe $v = v(x,y)$ que satisfaz (as equações de Cauchy-Riemann)

$$\frac{\partial v}{\partial x} = -\,\frac{\partial u}{\partial y} = -\,6xy \tag{2.10}$$

$$\frac{\partial v}{\partial y} = \frac{\partial u}{\partial x} = 2 - 3x^2 + 3y^2. \tag{2.11}$$

Integrando (10) com relação à variável x obtemos

$$v(x,y) = -3x^2y + g(y).$$

Para verificar a condição (11), queremos que

$$-3x^2 + g'(y) = \frac{\partial v}{\partial y} = 2 - 3x^2 + 3y^2,$$

ou seja, a função g precisa satisfazer

$$g'(y) = 2 + 3y^2.$$

Logo, $g(y) = 2y + y^3 + C$, para qualquer $C \in \mathbb{R}$. Portanto, a função $v(x, y) = -3x^2y + y^3 + 2y$ é uma conjugada harmônica da função $u(x, y) = 2x - x^3 + 3xy^2$.
Com isso podemos construir a função

$$f(z) = u(x, y) + i\,v(x, y) = 2x - x^3 + 3xy^2 + i\,(-3x^2y + y^3 + 2y),$$

que é uma função analítica em $\mathbb{C}$ (ou seja, é uma função inteira).

Exemplo 2.3.15. *Considere a função* $u : \mathbb{R}^2 \to \mathbb{R}$, $u(x, y) = y^3 - 3x^2y$. *Temos*

(a) $\dfrac{\partial u}{\partial x}(x, y) = -6xy;$

(b) $\dfrac{\partial u}{\partial y}(x, y) = 3y^2 - 3x^2;$

(c) $\dfrac{\partial^2 u}{\partial x^2}(x, y) = -6y;$

(d) $\dfrac{\partial^2 u}{\partial y^2}(x, y) = 6y.$

Logo, $\Delta u = \dfrac{\partial^2 u}{\partial x^2}(x, y) + \dfrac{\partial^2 u}{\partial y^2}(x, y) = -6y + 6y = 0$, *ou seja,* u *é uma função harmônica. Vamos verificar se existe uma função* $v = v(x, y)$ *a conjugada harmônica de* u. *Para que isso ocorra, é preciso que as funções* v *e* u *verifiquem as equações de Cauchy-Riemann, ou seja,*

$$(i)\ \frac{\partial v}{\partial x}(x, y) = -\frac{\partial u}{\partial y}(x, y) = -3y^2 + 3x^2;$$

$$(ii)\ \frac{\partial v}{\partial y}(x, y) = \frac{\partial u}{\partial x}(x, y) = -6xy.$$

Integrando (ii) na variável y *obtemos que* $v(x, y) = -3xy^2 + h(x)$, *onde* $h : \mathbb{R} \to \mathbb{R}$ *é uma função arbitrária. Para verificar (i), temos que* $-3y^2 + 3x^2 = \dfrac{\partial v}{\partial x}(x, y) = -3y^2 + h'(x)$, *ou seja,* $h'(x) = 3x^2$. *Logo,* $h(x) = x^3 + C$, *para* $C \in \mathbb{R}$ *qualquer.*

Portanto, $v(x, y) = -3xy^2 + x^3 + C$ *é função conjugada harmônica da função* $u(x, y) = y^3 - 3x^2y$. *Portanto, a função* $f : \mathbb{C} \to \mathbb{C}$

$$\begin{aligned} f(z) &= f(x + iy) \\ &= u(x, y) + iv(x, y) \end{aligned}$$

$$= (y^3 - 3x^2y) + i(-3xy^2 + x^3 + C),$$

é uma função analítica para qualquer valor da constante $C \in \mathbb{R}$. ✓

Exercícios

(1) Determine os pontos, $z = x + i\,y$, em que a função possui derivada. Nos pontos onde existir, calcule f'.
(a) $f(z) = (x^2 - y^2 - 2x) + i\,2y(x-1)$.
(b) $f(z) = (\mathrm{e}^y + \mathrm{e}^{-y})\mathrm{sen}(x) + i(\mathrm{e}^y - \mathrm{e}^{-y})\cos(x)$.
(c) $f(z) = \dfrac{x}{x^2+y^2} - i\,\dfrac{y}{x^2+y^2}$.
(d) $f(z) = x^2y^2 + 2i\,x^2y^2$.
(e) $f(z) = \mathrm{e}^{x\,y} - \mathrm{e}^{-x\,y} + i\,x\,y$.
(f) $f(z) = 4 + x - 3(x^2 - y^2) + i\,y(1 - 6x)$.
(g) $f(z) = x(x^2 - 3y^2 + 7) + i\,y(3x^2 - y^2 + 7)$.
(h) $f(z) = \mathrm{sen}(x)\cosh(y) + i\cos(x)\,\mathrm{senh}(y)$.
(i) $f(z) = \mathrm{e}^{x^2-y^2}(\cos(2xy) + i\,\mathrm{sen}(2xy))$.
(j) $f(z) = 2x + i(-x^2 + y^2 - 2y)$.
(k) $f(z) = x^2y^2 + 3ix^2y^2$.

(2) Verifique se a função $u = u(x,y)$ é harmônica. Determine, se existir, a sua conjugada harmônica.
(a) $u(x,y) = \dfrac{x}{x^2+y^2}$.
(b) $u(x,y) = \dfrac{x^2-y^2}{(x^2+y^2)^2}$.
(c) $u(x,y) = (x\cos(y) - y\,\mathrm{sen}(y))\,\mathrm{e}^y$.
(d) $u(x,y) = \cosh(x)\cos(y)$.
(e) $u(x,y) = y^3 - 3x^2y$.
(f) $u(x,y) = \mathrm{e}^x(x\cos(y) - y\,\mathrm{sen}(y))$.

(3) Determine uma função $f(z) = u(x,y) + i(x^3 + y^3 - 3x^2y - 3xy^2)$ analítica em $\mathbb{C}$ tal que $f(0) = 0$.

(4) Seja $u_k : \mathbb{R}^2 \to \mathbb{R}$, $u_k(x,y) = x^k - y^k$, onde $k \in \mathbb{N}$. Calcule os valores de k para os quais existem funções $f_k : \mathbb{C} \to \mathbb{C}$ analíticas tais que $\mathrm{Re}(f_k(z)) = u_k(x,y)$.

(5) Seja $f(z) = u(x,y) + i\,v(x,y)$ uma função analítica em uma região $\Omega \subset \mathbb{C}$ tal que $a\,u(x,y) + b\,v(x,y) = c$, para todo os pontos $z = x + i\,y \in \Omega$, onde a, b, c são números reais com $a^2 + b^2 \neq 0$. Prove que f é constante.

O resultado se mantém verdadeiro se $a, b, c \in \mathbb{C}$?

(6) Seja $\Omega \subset \mathbb{C}$ uma região. Se $f : \Omega \to \mathbb{C}$, $f(z) = u(x,y) + i\,v(x,y)$ e $\overline{f}(z) = u(x,y) - iv(x,y)$ são analíticas em Ω, prove que f é constante em Ω.

(7) Estude a analiticidade da função $f(z) = |x^2 - y^2| + i\,|2xy|$.

(8) Verifique se a função $f(z) = |z|^4$ possui derivada no ponto $z = 0$. A função f é analítica no ponto $z = 0$?

(9) Seja $f(z) = u(x,y) + iv(x,y)$ uma função analítica em uma região $\Omega \subset, \mathbb{C}$. Prove que a função $g(z) = u(x,y) + i\,V(x,y)$ é analítica em Ω se, e somente se, $v(x,y) - V(x,y) = c$ (constante real), com $V : \Omega \to \mathbb{R}$.

(10) Seja $f(z) = u(x,y) + i\,v(x,y)$ uma função analítica em uma região $\Omega \subset \mathbb{C}$ tal que $\dfrac{\partial u}{\partial x} + i\,\dfrac{\partial v}{\partial y} = 0$ em todos os pontos de Ω. Prove que f é um polinômio de grau menor ou igual a 1.

(11) Seja $f : \Omega \subset \mathbb{C} \to \mathbb{C}$, $f(z) = u(x,y) + i\,v(x,y)$, uma função analítica. Considere $\Omega^* = \{\overline{z} \; : \; z \in \Omega\}$. Demonstre que a função $g : \Omega^* \to \mathbb{C}$, $g(z) = \overline{f(\overline{z})}$ é analítica em Ω^*.

(12) Sejam $g, h : \mathbb{R} \to \mathbb{R}$ funções de classe C^1 (ou seja, as derivadas g' e h' são funções contínuas). Considere $f : \mathbb{C} \to \mathbb{C}$ definidas por

$$f(z) = f(x + iy) = \mathrm{e}^{-x}\big(\operatorname{sen}(x) + g(x)\big) + i\mathrm{e}^{-x}\big(\cos(y) + h(y)\big).$$

Determine condições sobre as funções g e h para que f seja analítica.

(13) Prove que a função $f(z) = \mathrm{e}^{\overline{z}}$ não é analítica em nenhum ponto de $\mathbb{C}$.

(14) Se $f : \Omega \subseteq \mathbb{C} \to \mathbb{C}$, $f(z) = u(x,y) + iv(x,y)$ é uma função analítica no conjunto aberto e conexo Ω, prove que as funções

$$g(x,y) = \mathrm{e}^{u(x,y)}\cos(v(x,y)),$$
$$h(x,y) = \mathrm{e}^{u(x,y)}\mathrm{sen}(v(x,y)),$$

são funções harmônicas em Ω.

(15) Se $f : \Omega \subseteq \mathbb{C} \to \mathbb{C}$, $f(z) = u(x,y) + iv(x,y)$ é uma função analítica no conjunto aberto Ω, prove que $g(z) = -v(x,y) + iu(x,y)$ também é analítica em Ω.

(16) Seja $f : \Omega \subseteq \mathbb{C} \to \mathbb{C}$, $f(z) = u(x,y) + iv(x,y)$ uma função analítica no conjunto aberto Ω, $z_0 = x_0 + iy_0 \in \Omega$, tal que $f'(z_0) \neq 0$. Seja,

$$N_u = \{z = (x,y) \in \Omega : u(x,y) = C_1\}$$
$$N_v = \{z = (x,y) \in \Omega : v(x,y) = C_2\}$$

as curvas de nível das funções u e v respectivamente. Se $z_0 = x_0 + iy_0$ é um ponto comum de N_u e N_v, demonstre que as tangentes às duas curvas são perpendiculares.

(17) Seja Ω um conjunto aberto e conexo de $\mathbb{C}$ tal que $0 \neq \Omega$. Se $f(z) = u(r,\theta) + iv(r,\theta)$ $(z = r\mathrm{e}^{i\theta})$ é analítica em Ω, use as condições de Cauchy-Riemann em coordenadas polares para mostrar que em Ω, as funções u e v satisfazem a equação de Laplace em coordenadas polares

$$r^2\frac{\partial^2 u}{\partial r^2} + r\frac{\partial u}{\partial r} + \frac{\partial^2 u}{\partial \theta^2} = 0,$$

(supondo que as derivadas de u e v até a segunda ordem sejam contínuas).

Funções trigonométricas inversas

Teorema 2.3.3. *Sejam X e Y conjuntos abertos de $\mathbb{C}$ e $f : X \to Y$ uma função analítica e bijetora. Se $g : Y \to X$ é a função inversa de f (ou seja, $g(z) = f^{-1}(z)$), então g é analítica em $z_o \in Y$ se, e somente se, g é contínua em z_0 e $f'(g(z_0)) = w_0 \neq 0$. Neste caso,temos $g'(z_0) = \dfrac{1}{f'(g(z_0))}$.*

Demonstração. ($\Rightarrow$) Se g é analítica em z_0, então g é contínua em z_0. Como f é analítica em $g(z_0)$ e $f(g(z)) = z$, usando a Regra da Cadeia obtemos que $g'(z_0)f'(g(z_0)) = 1$. Como $f'(g(z_0)) = w_0 \neq 0$, então

$$g'(z_0) = \frac{1}{f'(g(z_0))}.$$

($\Leftarrow$) Suponha que g é contínua em z_0 e $f'(g(z_0)) = w_0 \neq 0$. Como g é uma bijeção contínua, então $\lim\limits_{z \to z_0} g(z) = g(z_0)$ e $g(z) \neq g(z_0)$. Logo,

$$\begin{aligned} w_0 &= f'(g(z_0)) \\ &= \lim_{\alpha \to g(z_0)} \frac{f(\alpha) - f(g(z_0))}{\alpha - g(z_0)} \\ &= \lim_{z \to z_0} \frac{f(g(z)) - f(g(z_0))}{g(z) - g(z_0)} \\ &= \lim_{z \to z_0} \frac{z - z_0}{g(z) - g(z_0)}. \end{aligned}$$

Logo,

$$\frac{1}{f'(g(z_0))} = \lim_{z \to z_0} \frac{g(z) - g(z_0)}{z - z_0} = g'(z_0).$$

□

Observação 2.3.7. *Funções inversas de seno e cosseno*

As funções $g(z) = \text{sen}(z)$ e $f(z) = \cos(z)$ estão definidas em $\mathbb{C}$, mas são periódicas ($f(z + 2\pi\, i) = f(z)$ e $g(z + 2\pi\, i) = g(z)$) e portanto, não são injetivas. Para que sejam bijetoras precisamos restringir as funções f e g em algum subconjunto de $\mathbb{C}$. Temos os seguintes resultados:

(1) *Seja* $Y = \{z \in \mathbb{C}: \ -\dfrac{\pi}{2} < \mathrm{Re}(z) < \dfrac{\pi}{2}\}$. *A função*

$$\begin{aligned} &g : Y \to \mathbb{C} - (-\infty, -1] \cup [1, \infty) \\ &g(z) = \mathrm{sen}(z) \end{aligned}$$

é bijetora.

(2) *Seja* $\Omega = \{z \in \mathbb{C}: \ 0 < \mathrm{Re}(z) < \pi\}$. *A função*

$$\begin{aligned} &f : \Omega \to \mathbb{C} - (-\infty, -1] \cup [1, \infty) \\ &f(z) = \cos(z) \end{aligned}$$

é bijetora.

Dado um número complexo z, vamos determinar todos os $w \in \mathbb{C}$ tal que $\mathrm{sen}(w) = z$ (notação: $w = \mathrm{arc\,sen}(z)$).

Temos que

$$z = \mathrm{sen}(w) = \frac{\mathrm{e}^{i\,w} - \mathrm{e}^{-i\,w}}{2\,i},$$

e então $\mathrm{e}^{2\,i\,w} - 2\,i\,z\,\mathrm{e}^{i\,w} - 1 = 0$. Fazendo $t = \mathrm{e}^{i\,w}$, obtemos a equação $t^2 - 2\,i\,z\,t - 1 = 0$. Logo

$$t = \frac{2\,i\,z \pm 2\sqrt{1 - z^2}}{2} = i\,z \pm \sqrt{1 - z^2}.$$

Como $t = \mathrm{e}^{i\,w}$, obtemos que

$$\mathrm{e}^{i\,w} = i\,z \pm \sqrt{1 - z^2}$$

e então

$$\begin{aligned} i\,w &= \log(i\,z \pm \sqrt{1 - z^2}) \\ &= \log(i\,(z \pm \sqrt{z^2 - 1})) \\ &= \log(i) + \log(z \pm \sqrt{z^2 - 1}) \\ &= \big(\frac{\pi}{2} + 2k\pi\big)\,i + \log(z \pm \sqrt{z^2 - 1}), \quad k \in \mathbb{Z}, \end{aligned}$$

e portanto

$$w = \big(\frac{\pi}{2} + 2\,k\,\pi\big) - i\log(z \pm \sqrt{z^2 - 1}).$$

Observe que $(z+\sqrt{z^2-1})(z-\sqrt{z^2-1}) = z^2-(z^2-1) = 1$, ou seja, $z-\sqrt{z^1-1} = (z+\sqrt{z^2-1})^{-1}$ (inverso multiplicativo). Com isso,

$$\log(z-\sqrt{z^2-1}) = \log(z+\sqrt{z^2-1})^{-1} = -\log(z+\sqrt{z^2-1}).$$

Com isso, podemos escrever

$$w = \big(\frac{\pi}{2} + 2\,k\,\pi\big) + i\log(z \pm \sqrt{z^2-1}). \tag{2.12}$$

Portanto, $w = \operatorname{arc\,sen}(z) = \left(\dfrac{\pi}{2} + 2\,k\,\pi\right) + i\log(z \pm \sqrt{z^2-1})$.

Considerando apenas o argumento principal em (2.12) e o valor principal de log, obtemos

$$\begin{aligned} w &= \frac{\pi}{2} + i\,\mathrm{Log}(z \pm \sqrt{z^2-1}) \\ &= \frac{\pi}{2} + i\,\mathrm{Log}(\zeta), \end{aligned}$$

onde $\zeta = z+\sqrt{z^2-1}$ ou $\zeta = z-\sqrt{z^2-1}$, e a notação $\sqrt{\cdot}$ denota a função raiz quadrada de um número complexo. Para definir a função inversa da função seno, definimos

$$g(z) = \begin{cases} z+\sqrt{z^2-1}, & \text{se } \operatorname{Re}(z)\operatorname{Im}(z) \geq 0 \\ z-\sqrt{z^2-1}, & \text{se } \operatorname{Re}(z)\operatorname{Im}(z) < 0, \end{cases}$$

Agora definimos a função inversa de $\operatorname{sen}(z)$ por

$$\operatorname{Arc\,sen}(z) = \frac{\pi}{2} + i\,\mathrm{Log}(g(z)).$$

Observe que se $z = x+i\,0$, com $-1 \leq x \leq 1$, então $\operatorname{Arc\,sen}(z) = \operatorname{arc\,sen}(x)$ (a função arco seno de x real). Por exemplo,

$$\begin{aligned} \operatorname{Arc\,sen}(1) &= \frac{\pi}{2} + i\,\mathrm{Log}(1) \\ &= \frac{\pi}{2} + i(\ln(1) + i\,\mathrm{Arg}(1)) \\ &= \frac{\pi}{2}. \end{aligned}$$

Agora para definir a função $\operatorname{Arc}\cos(z)$ (função inversa de cosseno complexo), basta usar que $\cos(z) = \operatorname{sen}(z + \pi/2)$ para obter

$$\operatorname{Arc}\cos(z) = \operatorname{Arc}\operatorname{sen}(z) - \frac{\pi}{2}.$$

Observe também que todas as soluções para $\cos(z) = w$ (ou seja, $w = \operatorname{arc}\cos(z)$) são

$$\operatorname{arc}\cos(z) = -i\log(z \pm \sqrt{z^2 - 1}).$$

Exercícios

(I) Calcule
   (a) $\operatorname{Arc}\operatorname{sen}(-2 - 3i)$.
   (b) $\operatorname{Arc}\operatorname{sen}(1 + i)$.
   (c) $\operatorname{Arc}\cos(-4 + 3i)$.

(II) Dado um número complexo z, determine todas as soluções w para
   (a) $\operatorname{tg}(w) = z$ (ou seja, $w = \operatorname{arc}\operatorname{tg}(z)$).
   (b) $\operatorname{senh}(w) = z$ (ou seja, $w = \operatorname{arc}\operatorname{senh}(z)$).
   (c) $\cosh(w) = z$ (ou seja, $w = \operatorname{arc}\cosh(z)$).

Capítulo 3

Integração Complexa, Teoria de Cauchy

3.1 Curvas no Plano Complexo

Sejam $a, b \in \mathbb{R}$, $a < b$. Uma curva no plano complexo é uma função

$$\begin{aligned}\gamma : [a,b] \to \mathbb{C} \\ \gamma(t) = x(t) + i\, y(t)\end{aligned}$$

cuja imagem (ou traço) é o conjunto de pontos em $\mathbb{C}$

$$C = \{z : \gamma(t) = x(t) + iy(t) : t \in [a,b]\}.$$

A representação paramétrica da curva $z = \gamma(t)$ ordena os pontos da curva γ de acordo com os valores crescentes de t: $\gamma(a)$ é o ponto inicial e $\gamma(b)$ é o ponto final (figura 3.1).

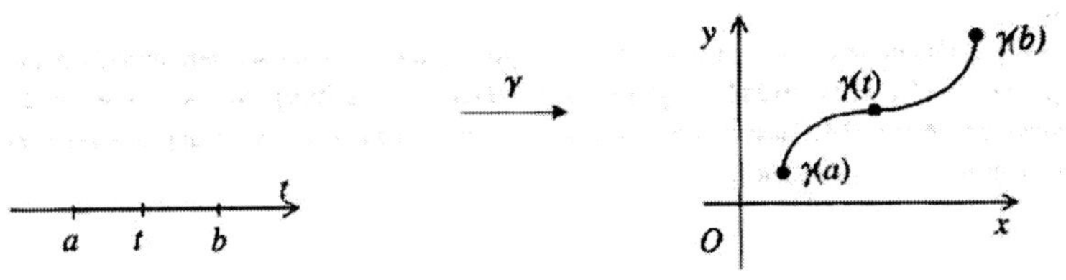

Figura 3.1: Representação geométrica da curva γ

A curva γ é contínua se, e somente se, as funções componentes $x = x(t)$ e $y = y(t)$ são contínuas. A curva γ é derivável se, e somente se, as funções $x = x(t)$ e $y = y(t)$ possuem derivadas. Neste caso, $\gamma'(t) = x'(t) + i\,y'(t)$. Se γ' for contínua em $[a, b]$, então γ é uma curva de classe C^1.

A continuidade da aplicação γ e a compacidade do intervalo $[a, b]$ garantem que o conjunto $C = \gamma([a, b]) \subset \mathbb{C}$ é compacto.

Por abuso de linguagem e desde que não resulte qualquer ambiguidade, é comum usar o termo "curva"para referir tanto a aplicação γ como ao subconjunto $C = \gamma([a, b])$ (imagem de γ) e usando o mesmo símbolo para designar a aplicação como a imagem.

Um ponto é chamado *ponto múltiplo* da curva γ se existem pontos $t_1, t_2 \in (a, b)$, $t_1 \neq t_2$, com $\gamma(t_1) = \gamma(t_2)$. Neste caso, a curva é chamada *curva não simples*. Se a curva γ não possui pontos múltiplos, ela é chamada *curva simples*, ou seja, se $\gamma(t) \neq \gamma(s)$ para todo $t, s \in [a, b]$, $t \neq s$.

Uma curva γ é **fechada** se $\gamma(a) = \gamma(b)$. Se $\gamma(a) \neq \gamma(b)$, a curva é chamada curva aberta.

Com essas definições, podemos classificar uma curva no plano complexo, $z(t) = x(y) + iy(t)$, $t \in [a, b]$, nos seguintes tipos (ver figura 3.2).

(a) curva simples e aberta;

(b) curva aberta e não simples;

(c) curva simples e fechada;

(d) curva fechada e não simples.

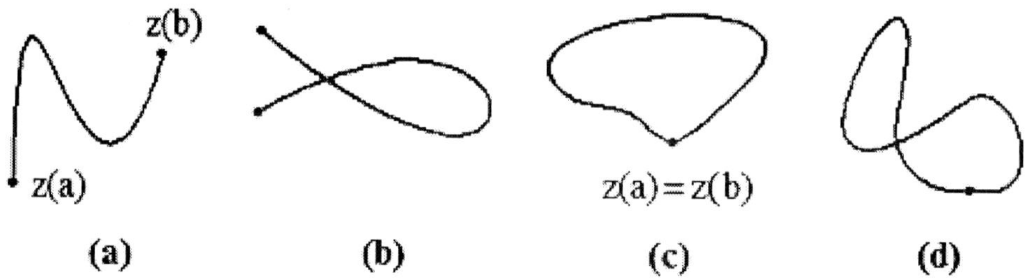

Figura 3.2: Classificação de curvas

Uma **curva de Jordan**[1] é uma curva simples fechada cujos pontos, a exceção das extremidades (ponto inicial e ponto final), sejam todos simples (como na figura 3.2(c)). Por exemplo, a curva $C : e^{i\,t} = \cos(t) +$

[1]Camille Jordan, 1838 - 1922.

$i\,\text{sen}(t)$, com $t \in [0, 2\pi]$, é uma curva de Jordan (uma curva de Jordan também é chamada de contorno).

O **Teorema da curva de Jordan** afirma o seguinte: se γ é uma curva de Jordan no plano, então ela divide o plano em três partes disjuntas dois a dois: a curva γ, $\text{Int}(\gamma)$ (a região limitada pela curva γ, ou interior γ) e $\text{Ext}(\gamma)$ (exterior de γ) com as seguintes propriedades:

(a) $\partial\text{Int}(\gamma) = \partial\text{Ext}(\gamma) =$ traço de γ;

(b) $\text{Int}(\gamma)$ é aberto, conexo e limitado;

(c) $\text{Ext}(\gamma)$ é aberto, conexo e não é limitado.

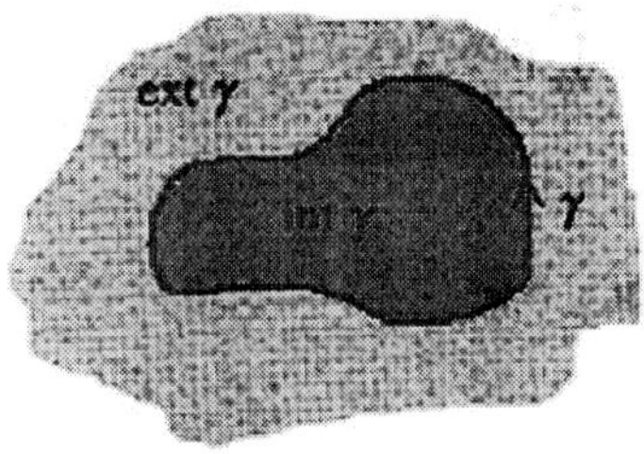

Figura 3.3: Teorema da Curva de Jordan

Por exemplo, se $\gamma(t) = e^{it} = \cos(t) + i\,\text{sen}(t)$ ($|\gamma(t)| = 1$), temos que

$$\begin{aligned} \text{Int}(\gamma) &= \{z \in \mathbb{C} : \ |z| < 1\}, \\ \text{Ext}(\gamma) &= \{z \in \mathbb{C} : \ |z| > 1\}. \end{aligned}$$

A próxima figura também é uma curva de Jordan.

Figura 3.4: Exemplo de Curva de Jordan

Dada uma curva C parametrizada por $z : [a, b] \rightarrow \mathbb{C}$ ($z(t) = x(t) + iy(t)$), o mesmo conjunto de pontos com orientação oposta será denotada por $-C$ (ver figura 3.5) e possui representação paramétrica

$$z_1 : [-b, -a] \rightarrow \mathbb{C}$$
$$z_1(t) = z(-t).$$

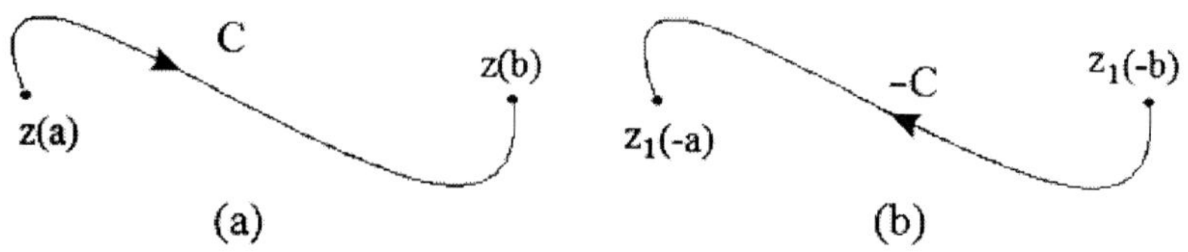

Figura 3.5: orientação oposta

Dadas duas curvas $\alpha_1 : [a, b] \rightarrow \mathbb{C}$, $\alpha_2 : [c, d] \rightarrow \mathbb{C}$ contínuas tais que $\alpha_1(b) = \alpha_2(c)$. Definimos a curva $\alpha : [a, b + d - c] \rightarrow \mathbb{C}$ por

$$\alpha(t) = \begin{cases} \alpha_1(t), & \text{se } a \leq t \leq b \\ \alpha_2(t + c - b), & \text{se } b \leq t \leq b + d - c \end{cases}$$

A curva α é a justaposição das curvas α_1 e α_2, e a imagem de α é a reunião das imagens de α_1 e α_2 e escrevemos $\alpha = \alpha_1 \cup \alpha_2$. Como $\alpha_1(b) = \alpha_2(c)$, então α é uma curva contínua.

No entanto, mesmo que α_1 e α_2 sejam curvas de classe C^1, não podemos concluir que α possua derivada no ponto $t = b$. Neste caso, dizemos que α é uma curva de classe C^1 por partes.

Sejam $\alpha_j : [a_j, b_j] \rightarrow \mathbb{C}$ ($j = 1, ..., n$) curvas de classe C^1 tais que $\alpha_1(b_1) = \alpha_2(a_2),..., \alpha_{n-1}(b_{n-1}) = \alpha_n(a_n)$. A curva $\alpha = \alpha_1 \cup ....\cup \alpha_n$ (a justaposição das curvas $\alpha_1, ..., \alpha_n$) é uma curva de classe C^1 por partes.

Exemplo 3.1.1. *(a) Temos que a curva* $C : \alpha(t) = (2\cos(t), 2\text{sen}(t))$, *com* $t \in [0, 3\pi/2]$ *é uma curva de classe* C^1 *(ver figura 3.6(a)).*
(b) A curva $C = C_1 \cup C_2 \cup C_3$, *onde*

$$C_1 : \alpha_1(t) = 3 - i\,t, \;\; t \in [0, 2],$$
$$C_2 : \alpha_2(t) = (-6t + 3) + i(2t - 2), \;\; t \in [0, 1],$$
$$C_3 : \alpha_3(t) = -3\cos(t) + 3i\,\text{sen}(t), \;\; t \in [0, \pi],$$

é uma curva de classe C^1 *por partes (as curvas* C_1,C_2 *e* C_3 *são de classe* C^1*) pois não existe derivada nos pontos* $(-3, 0)$ *e (3,-2) (ver figura 3.6(b)).* ✓

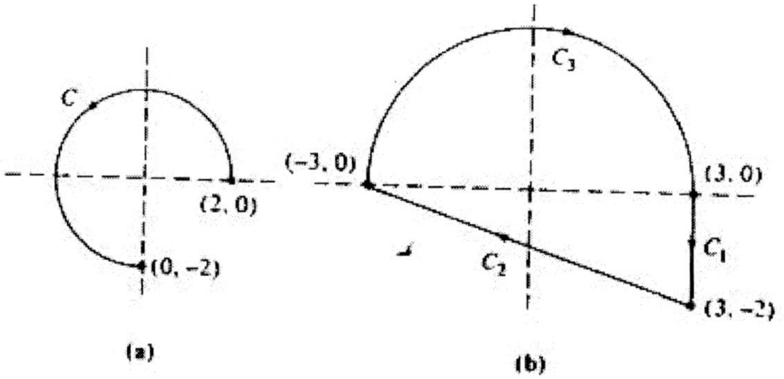

Figura 3.6: Exemplo 3.1.1:(a) curva de classe C^1 (b) curva de classe C^1 por partes

Uma curva fechada simples possui duas orientações possíveis: orientação positiva ou orientação negativa. Dada uma curva fechada simples C parametrizada por $\gamma : [a,b] \to \mathbb{C}$, dizemos que ela está orientada positivamente se para $z = \gamma(t)$ ($t \in [a,b]$) e z_0 um ponto no interior da região limitada por γ , o argumento de $\gamma(t) - z_0$ cresce de 0 a 2π com t variando de $t = a$ a $t = b$, ou de forma mais intuitiva, se um observador localizado em $\gamma(t)$ percorre a curva γ de maneira a deixar o interior da região limitada por γ sempre a sua esquerda.

Por exemplo, se $\Omega_1 = \{z \in \mathbb{C} : |z| \leq 1\}$, a sua fronteira $\partial\Omega_1 = \{z \in \mathbb{C} : |z| = 1\}$ pode ser parametrizada com orientação positiva pela curva $\gamma(t) = \mathrm{e}^{it} = \cos(t) + i\mathrm{sen}(t)$, $t \in [0, 2\pi]$ (neste caso, o sentido da curva é o sentido anti-horário).

Se a fronteira de um conjunto for formada por mais de uma curva fechada simples temos que tomar cuidado para parametrizar com a orientação positiva. Por exemplo, se $\Omega_2 = \{z \in \mathbb{C} : 1 \leq |z| \leq 2\}$ a sua fronteira $\partial\Omega_2 = \{z \in \mathbb{C} : |z| = 1\} \cup \{z \in \mathbb{C} : |z| = 2\}$ pode ser parametrizada com orientação positiva pelas curvas $\gamma_1(t) = \mathrm{e}^{-it} = \cos(t) - i\mathrm{sen}(t)$ (sentido horário) e $\gamma_2(t) = 2\mathrm{e}^{it} = 2\cos(t) + 2i\mathrm{sen}(t)$ (sentido anti-horário), ambas com $t \in [0, 2\pi]$.

Definição 3.1.1. *Seja $\Omega \subset \mathbb{C}$ um conjunto aberto.*
(a) Dizemos que Ω é conexo se dados quaisquer dois pontos $z_0, z_1 \in \Omega$ podem ser ligados por uma curva de classe C^1 (ou C^1 por partes).
(b) Dizemos que Ω é simplesmente conexo se
   (i) Ω for conexo;

(ii) se dado qualquer curva γ simples fechada contida em Ω, o interior da região limitada por γ ($\mathrm{Int}(\gamma)$) está contido em Ω.

(Grosso modo, um conjunto simplesmente conexo em $\mathbb{C}$ não apresenta buracos). Por exemplo, a região limitada pela curva C do Exemplo 3.1.1(b) é um conjunto simplesmente conexo.

Exemplo 3.1.2. *(a) O conjunto $R = \{z \in \mathbb{C} : 1 < |z-1| < 3\}$ é aberto conexo, mas não é simplesmente conexo.*
(b) O conjunto $\Omega = \{z \in \mathbb{C} : |z| < 1\}$ é aberto, conexo e simplesmente conexo. Mas $X = \{z \in \mathbb{C} : 0 < |z| < 1\}$ é conexo e não é simplesmente conexo (observe que a região limitada pela curva $|z| = 1/2$ não está contida em X). ✓

3.2 Integração Complexa

Definição 3.2.1. *Seja $f : [a,b] \to \mathbb{C}$ $(a, b \in \mathbb{R})$, $f(t) = u(t) + i\,v(t)$ contínua (ou seja, as funções $u, v : [a,b] \to \mathbb{R}$ são ambas contínuas). Definimos a integral de f em $[a,b]$ por*

$$\int_a^b f(t)\,dt = \int_a^b u(t)\,dt + i\int_a^b v(t)\,dt.$$

Exemplo 3.2.1. *Seja $f(t) = t^2 + i\,\mathrm{e}^t$, com $t \in [0,1]$. Logo,*

$$\begin{aligned}\int_0^1 f(t)\,dt &= \int_0^1 (t^2 + i\,\mathrm{e}^t)\,dt \\ &= \int_0^1 t^2\,dt + i\int_0^1 \mathrm{e}^t\,dt \\ &= \left.\frac{t^3}{3}\right|_0^1 + i\left(\mathrm{e}^t\big|_0^1\right) \\ &= \frac{1}{3} + i\,(\mathrm{e} - 1).\end{aligned}$$

✓

Propriedades operatórias: Sejam $f, g : [a, b] \to \mathbb{C}$ funções contínuas, $f(t) = u_1(t) + i\,v_1(t)$ e $g(t) = u_2(t) + i\,v_2(t)$. Temos as seguintes propriedades:

$$(1)\quad \operatorname{Re}\int_a^b f(t)\,dt = \int_a^b \operatorname{Re}(f(t))\,dt$$

$$\text{e}\ \operatorname{Im}\int_a^b f(t)\,dt = \int_a^b \operatorname{Im}(f(t))\,dt.$$

$$(2)\quad \int_a^b (f(t)+g(t))\,dt = \int_a^b f(t)\,dt + \int_a^b g(t)\,dt.$$

$$(3)\quad \int_a^b \lambda\, f(t)\,dt = \lambda \int_a^b f(t)\,dt,\quad \lambda \in \mathbb{C}.$$

$$(4)\quad \left|\int_a^b f(t)\,dt\right| \leq \int_a^b |f(t)|\,dt.$$

Vamos fazer a demonstração da propriedade (4). Como

$$\int_a^b f(t)\,dt = \int_a^b u(t)\,dt + i\int_a^b v(t)\,dt$$

é um número complexo, então podemos escrever na forma polar $re^{i\theta} = \int_a^b f(t)\,dt$. Logo,

$$\begin{aligned}\left|\int_a^b f(t)\,dt\right| &= r\\ &= e^{-i\theta}\int_a^b f(t)\,dt\\ &= \int_a^b e^{-i\theta} f(t)\,dt.\end{aligned}$$

Agora, como $\left|\int_a^b f(t)\,dt\right|$ é um número real e $|\operatorname{Re}(z)| \leq |z|$ (para todo $z \in \mathbb{C}$), então

$$\left|\int_a^b f(t)\,dt\right| = \operatorname{Re}\left(\int_a^b e^{-i\theta} f(t)\,dt\right)$$

$$
\begin{aligned}
&= \int_a^b \mathrm{Re}(\mathrm{e}^{-i\theta} f(t))dt \\
&\leq \int_a^b |\mathrm{Re}(\mathrm{e}^{-i\theta} f(t))|\, dt \\
&\leq \int_a^b |\mathrm{e}^{-i\theta} f(t)|\, dt \\
&= \int_a^b |\mathrm{e}^{-i\theta}|\, |f(t)|\, dt \\
&= \int_a^b |f(t)|\, dt.
\end{aligned}
$$

✓

Definição 3.2.2. *Sejam* $f : D_f \subset \mathbb{C} \to \mathbb{C}$ *uma função contínua e* $\mathbf{C} = \{z(t) = x(t) + i\,y(t) : t \in [a,b]\}$ *com a função* $z(t) = x(t) + i\,y(t)$ *de classe* C^1 *(ou seja,* $z'(t) = x'(t) + i\,y'(t)$ *contínua), com* $z(t) \in D_f$*. A integral de linha complexa (ou integral de contorno, ou integral curvilínea) de* f *ao longo de* $\mathbf{C}$ *é definida por*

$$\int_{\mathbf{C}} f(z)\,dz = \int_a^b f(z(t))\,z'(t)\,dt.$$

Observe que, se $f(z) = u(x,y) + i\,v(x,y)$, então

$$
\begin{aligned}
f(z(t))z'(t) &= \big(u(z(t)) + i\,v(z(t))\big)(x'(t) + i\,y'(t)) \\
&= u(z(t))\,x'(t) - v(z(t))\,y'(t) \\
&\quad + i\,\big(u(z(t))\,y'(t) + v(z(t))\,x'(t)\big) \\
&= U(t) + i\,V(t).
\end{aligned}
$$

Lembrando que $x'(t) = \dfrac{dx}{dt}(t)$ e $y'(t) = \dfrac{dy}{dt}(t)$, podemos escrever (usando a notação de integral de linha de campo vetorial real)

$$
\begin{aligned}
\int_{\mathbf{C}} f(z)\,dz &= \int_a^b f(z(t)\,z'(t)dt \\
&= \int_a^b [u(z(t))\,x'(t) - v(z(t))\,y'(t)]\,dt
\end{aligned}
$$

$$
\begin{aligned}
&+ i \int_a^b [u(z(t))\, y'(t) + v(z(t))\, x'(t)]\, dt \\
&= \int_{\mathbf{C}} (u\, dx - v\, dy) + i \int_{\mathbf{C}} (v\, dx + u\, dy).
\end{aligned}
$$

Observação 3.2.1. *Se* $\mathbf{C}$ *é uma curva fechada (ou seja,* $z(a) = z(b)$*), usamos a notação*

$$\oint_{\mathbf{C}} f(z)\, dz$$

para denotar a integral de linha complexa de f *ao longo da curva* $\mathbf{C}$.

Exemplo 3.2.2. *Considere* $f(z) = |z|$ *e* $\mathbf{C}$*:* $z(t) = t - \dfrac{3i}{2}\, t$, $t \in [-2, 0]$. *Temos*

$$
\begin{aligned}
\int_{\mathbf{C}} f(z)\, dz &= \int_{-2}^{0} |z(t)|\, z'(t) dt \\
&= \int_{-2}^{0} \sqrt{t^2 + \frac{9}{4} t^2}\, (1 - \frac{3i}{2}) dt \\
&= (1 - 3i/2) \int_{-2}^{0} \sqrt{\frac{13}{4} t^2}\, dt \\
&= (1 - 3i/2)\, \frac{\sqrt{13}}{2} \int_{-2}^{0} |t|\, dt \\
&= (1 - 3i/2)\, \frac{\sqrt{13}}{2} \int_{-2}^{0} -t\, dt \\
&= (\frac{2 - 3i}{2})\, \frac{\sqrt{13}}{2} \left(\frac{-t^2}{2} \Bigg|_{-2}^{0} \right) = \frac{\sqrt{13}}{2} (2 - 3i).
\end{aligned}
$$

✓

Exemplo 3.2.3. *Seja* $f(z) = x^2 + i\, y$ *e* $\mathbf{C} : z(t) = t + i\, t^2$, $t \in [0, 1]$. *Temos*

$$
\begin{aligned}
\int_{\mathbf{C}} f(z)\, dz &= \int_0^1 (t^2 + i\, t^2)(1 + 2i\, t)\, dt \\
&= \int_0^1 [(t^2 - 2t^3) + i\, (t^2 + 2t^3)]\, dt
\end{aligned}
$$

$$
\begin{aligned}
&= \int_0^1 (t^2 - 2t^3)\,dt + i\int_0^1 (t^2 + 2t^3)\,dt \\
&= \left(\frac{t^3}{3} - \frac{2}{4}t^4\Big|_0^1\right) + i\left(\frac{t^3}{3} + \frac{2t^4}{4}\Big|_0^1\right) \\
&= -\frac{1}{6} + \frac{5}{6}i.
\end{aligned}
$$

✓

Exemplo 3.2.4. *Considere a função* $f(z) = (x^2 + y^2) + i\,x\,y$ *e a curva* $\mathbf{C} : z(t) = \cos(t) + i\,\mathrm{sen}(t) = \mathrm{e}^{i\,t}$, $t \in [0, 2\pi]$ *(observe que* $z(0) = 1 = z(2\pi)$*, ou seja, curva fechada). Temos*

$$
\begin{aligned}
&\oint_{\mathbf{C}} f(z)dz \\
&= \int_0^{2\pi} f(z(t))\,z'(t)\,dt \\
&= \int_0^{2\pi} (1 + i\cos(t)\mathrm{sen}(t))(-\,\mathrm{sen}(t) + i\cos(t))\,dt \\
&= \int_0^{2\pi} [(-\,\mathrm{sen}(t) - \cos^2(t)\mathrm{sen}(t)) + i(\cos(t) - \cos(t)\,\mathrm{sen}^2(t))]\,dt \\
&= \int_0^{2\pi} (-\,\mathrm{sen}(t) - \cos^2(t)\mathrm{sen}(t))\,dt \\
&+ i\int_0^{2\pi} (\cos(t) - \cos(t)\mathrm{sen}^2(t))\,dt \\
&= \left(\cos(t) + \frac{\cos^3(t)}{3}\Big|_0^{2\pi}\right) + i\left(\mathrm{sen}(t) - \frac{\mathrm{sen}^3(t)}{3}\Big|_0^{2\pi}\right) = 0.
\end{aligned}
$$

✓

Exemplo 3.2.5. *Considere a função* $f(z) = \overline{z}$ *e a curva* $C : z(t) = \cos(t) + i\,\mathrm{sen}(t) = \mathrm{e}^{i\,t}$, $t \in [0, 2\pi]$ *(curva fechada). Temos*

$$
\begin{aligned}
\oint_C f(z)dz &= \int_0^{2\pi} [\cos(t) - i\,\mathrm{sen}(t)][-\mathrm{sen}(t) + i\cos(t)]\,dt \\
&= \int_0^{2\pi} \mathrm{e}^{-i\,t}\,i\,\mathrm{e}^{i\,t}\,dt
\end{aligned}
$$

$$= \int_0^{2\pi} i\,dt$$
$$= 2\pi\, i.$$

✓

Propriedades operatórias da integral de linha complexa

(1) Sejam $f, g : \Omega \to \mathbb{C}$ duas funções contínuas e C uma curva de classe C^1, $C \subset \Omega$ e $\lambda \in \mathbb{C}$. Então

$$\int_C [\lambda f(z) + g(z)]\, dz = \lambda \int_C f(z)\, dz + \int_C g(z)\, dz.$$

(2) Se $C = C_1 \cup C_2$ (justaposição de C_1 com C_2, ou seja, o ponto final de C_1 é igual ao ponto inicial de C_2) então

$$\int_{C_1 \cup C_2} f(z)\, dz = \int_{C_1} f(z)\, dx + \int_{C_2} f(z)\, dz.$$

(3) $\left| \int_C f(z)\, dz \right| \leq \int_C |f(z)|\, |dz|$. De fato, se C é a curva dada por $z(t) = x(t) + i\, y(t)$, com $t \in [a, b]$, $z'(t) = x'(t) + i\, y'(t)$, temos

$$\begin{aligned} \left| \int_C f(z)\, dz \right| &= \left| \int_a^b f(z(t))\, z'(t)\, dt \right| \\ &\leq \int_a^b |f(z(t))\, z'(t)\, dt| \\ &= \int_a^b |f(z(t))||z'(t)|\, dt \\ &= \int_C |f(z)||dz|, \end{aligned}$$

e observe que

$$\int_C |dz| = \int_a^b |z'(t)|\, dt = \int_a^b \sqrt{(x'(t))^2 + (y'(t))^2}\, dt$$

é o comprimento da curva C.

Teorema 3.2.1. *Seja* $f : D_f \subset \mathbb{C} \to \mathbb{C}$ *uma função contínua e sejam* $w_0, w_1 \in D_f$. *Sejam* C_1 *e* C_2 *duas curvas em* D_f*, dadas por* $z_1 : [a,b] \to \mathbb{C}$ *e* $z_2 : [c,d] \to \mathbb{C}$ *respectivamente.*
(a) Se $w_0 = z_1(a) = z_2(c)$ *(*C_1 *e* C_2 *possuem o mesmo ponto inicial) e* $w_1 = z_1(b) = z_2(d)$ *(*C_1 *e* C_2 *possuem o mesmo ponto final), e* C_1 *e* C_2 *possuem a mesma imagem (ou seja, existe* $h : [a,b] \to [c,d]$, $h(a) = c$, $h(b) = d$ *e* $h'(t) > 0$*, tal que* $z_2(t) = z_1(h(t))$*. Então*

$$\int_{C_2} f(z)\,dz = \int_{C_1} f(z)\,dz.$$

(b) Se $w_0 = z_1(a) = z_2(d)$ *(o ponto inicial de* C_1 *é igual ao ponto final de* C_2*) e* $w_1 = z_1(b) = z_2(c)$ *(o ponto final de* C_1 *é igual ao ponto inicial de* C_2*), e* C_1 *e* C_2 *possuem a mesma imagem (ou seja, existe* $g : [a,b] \to [c,d]$, $g(a) = d$, $g(b) = c$ *e* $g'(t) < 0$*, tal que* $z_2(t) = z_1(g(t))$*. Então*

$$\int_{C_2} f(z)\,dz = -\int_{C_1} f(z)\,dz.$$

Neste caso, denotamos $C_2 = -C_1$*. Logo,* $\displaystyle\int_{-C} f(z)\,dz = -\int_{C} f(z)\,dz.$

Demonstração. Vamos demonstrar (a). O caso (b) é análogo. Vamos usar o Teorema de Mudança de Variáveis. Temos

$$\begin{aligned}
\int_{C_2} f(z)\,dz &= \int_c^d f(z_2(t))\,z_2'(t)\,dt \\
&= \int_c^d f(z_1(h(t)))\,z_1'(h(t))\,h'(t)\,dt \quad (\text{fazendo } r = h(t)) \\
&= \int_a^b f(z_1(r))\,z_1'(r)\,dr \\
&= \int_{C_1} f(z)\,dz.
\end{aligned}$$

□

Exemplo 3.2.6. *Considere a função* $f(z) = x + iy^2$ $(z = x + i\,y)$
(a) Considere as curvas

$$C_1 : \; z_1(t) = t + 2i\,t, \quad t \in [0,2]$$

$$C_2: \ z_2(t) = t^2 + 2i\,t^2, \quad t \in [0, \sqrt{2}].$$

(Observe que as duas curvas descrevem o segmento de reta $z = x + 2i\,x$ *entre os pontos* 0 *e* $2+4i$ *e* $z_2(t) = z_1(h(t)))$ *sendo* $h(t) = t^2$. *Logo,*

$$\int_{C_2} f(z)\,dz = \int_{C_1} f(z)\,dz = \int_0^2 (t + 4i\,t^2)(1+2i)\,dt = -\frac{13}{6} + \frac{7}{3}i.$$

(b) Agora, se C_3: $z_3(t) = -t - 2it = z_1(-t)$, *com* $t \in [-2, 0]$, *então*

$$\int_{C_3} f(z)\,dz = -\int_{C_1} f(z)\,dz = \frac{13}{6} - \frac{7}{3}i.$$

✓

Exemplo 3.2.7. *Vamos calcular a integral da função* $f(z) = \mathrm{Re}(z)$ *sobre a curva* $K = C_1 \cup C_2 \cup C_3$ *formada pelo triângulo de vértices* $(0,0)$, $(1,0)$ *e* $(1,1)$ *(orientada no sentido anti-horário, figura 3.7).*

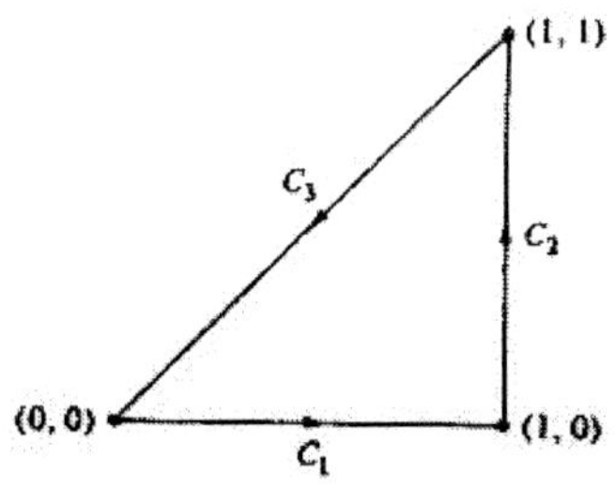

Figura 3.7: Exemplo 3.2.7

Podemos parametrizar as curvas C_1, C_2 *e* C_3 *por*

$$C_1: \ z_1(t) = t, \ 0 \le t \le 1;$$
$$C_2: \ z_2(t) = 1 + it, \ 0 \le t \le 1;$$
$$\tilde{C}_3: \ z_3(t) = t + it, \ 0 \le t \le 1,$$

e observe que $C_3 = -\tilde{C}_3$. *Logo,*

$$\oint_K f(z)\,dz = \int_{C_1} f(z)\,dz + \int_{C_2} f(z)\,dz + \int_{C_3} f(z)\,dz$$

$$\begin{aligned}
&= \int_{C_1} f(z)\,dz + \int_{C_2} f(z)\,dz - \int_{\tilde{C}_3} f(z)\,dz \\
&= \int_0^1 t\,dt + \int_0^1 i\,dt - \int_0^1 t\,(1+i)\,dt \\
&= \frac{t^2}{2}\bigg|_0^1 + i\,t\bigg|_0^1 - (1+i)\,\frac{t^2}{2}\bigg|_0^1 \\
&= \frac{i}{2}.
\end{aligned}$$

✓

Exemplo 3.2.8. *Vamos calcular a integral* $\oint_\gamma \frac{1}{z-a}\,dz$, *onde a curva* $\gamma(t) = a + r\,e^{it}$, $0 \le t \le 2\pi$ *(e* $r > 0$*) (ou seja,* γ *é o conjunto* $|z-a| = r$*) (orientado na sentido anti-horário). Temos*

$$\begin{aligned}
\oint_\gamma \frac{1}{z-a}\,dz &= \int_0^{2\pi} \frac{1}{a + re^{it} - a}\, ire^{it}\,dt \\
&= \int_0^{2\pi} \frac{ire^{it}}{re^{it}}\,dt \\
&= \int_0^{2\pi} i\,dt \\
&= 2\pi\, i.
\end{aligned}$$

✓

Exercícios

[1] Calcule $\int_\gamma |z|\,dz$, onde γ é a curva $\gamma(t) = 3e^{it}$, com $t \in [0, 3\pi/2]$.

[2] Calcule $\int_\gamma \text{Log}(z)\,dz$, onde $\gamma(t) = re^{it}$, com $0 \le t \le \pi/2$ e $r > 0$.

[3] Seja γ a circunferência de raio 1 e centro na origem (orientada no sentido anti-horário). Calcule as integrais:

$$(a)\ \oint_\gamma \frac{1}{|z|}\,dz; \quad (b)\ \oint_\gamma \frac{1}{z^2}\,dz; \quad (c)\ \oint_\gamma \frac{1}{|z^2|}\,dz.$$

[4] Seja γ_1 o segmento de reta que une os pontos $z_0 = 0$ e $z_1 = 1$, e seja γ_2 o segmento de reta que une os pontos $z_1 = 1$ e $z_2 = 1 + i$. Considere $\gamma = \gamma_1 \cup \gamma_2$ (ou seja, a justaposição de γ_1 e γ_2). Calcule as integrais:

$$(a) \int_\gamma (2z + 1)\, dz; \quad (b) \int_\gamma (\overline{z})^2\, dz.$$

[5] Sejam $\gamma_1(t) = e^{it}$ com $-\pi/2 \leq t \leq \pi/2$, e $\gamma_2(t) = (-1 + 2i)t$ com $0 \leq t \leq 1$. Calcule:

$$(a) \int_{\gamma_1} \left(\frac{(\overline{z})^2}{2} + |z|^2 \right) dz; \quad (b) \int_{\gamma_2} \left(\frac{(\overline{z})^2}{2} + |z|^2 \right) dz.$$

[6] Determine se o conjunto é simplesmente conexo.
(a) $\Omega = \{z \in \mathbb{C} : |z - 4| \geq |z|\}$.
(b) $X = \{z \in \mathbb{C} : \mathrm{Re}(1/z) \leq 1/2\}$.

[7] Seja γ a curva que é a justaposição dos segmentos de reta que unem os pontos $z_0 = 0$ a $z_1 = 1$ e $z_1 = 1$ a $z_2 = 1 + i$. Calcule $\int_\gamma f(z)\, dz$ nos casos:

$$(a)\ f(z) = 2z + 1; \quad (b)\ f(z) = \bar{z}.$$

3.3 Teoria Integral de Cauchy

Na seção anterior estudamos a integração de funções complexas contínuas. Nesta seção vamos estudar a integração de funções analíticas. A família de tais funções é mais restrita, mas possui muitas propriedades em que é possivel desenvolver uma teoria poderosa e que possui muitas aplicações.

Teorema 3.3.1. *Seja $f : D_f \subseteq C \to \mathbb{C}$ uma função. Suponha que:*
(1) f é analítica em uma região simplesmente conexa $\mathcal{R} \subset D_f$.
(2) C é uma curva de Jordan (ou seja, C é uma curva simples e fechada) inteiramente contida em $\mathcal{R}$.

Nestas condições temos que $\oint_C f(z)\, dz = 0$.

Demonstração. Seja $f(z) = u(x,y) + i\,v(x,y)$. Se f é analítica em $\mathcal{R}$ então as equações de Cauchy-Riemann são satisfeitas em todos os pontos de $\mathcal{R}$, ou seja,

$$\frac{\partial u}{\partial x} = \frac{\partial v}{\partial y},$$
$$\frac{\partial u}{\partial y} = -\frac{\partial v}{\partial x}.$$

Podemos escrever (ver a observação depois da Definição 3.2.2)

$$\oint_C f(z)\,dz = \oint_C (u\,dx - v\,dy) + i\oint_C (v\,dx + u\,dy).$$

Como $\mathcal{R}$ é simplesmente conexo, então a região Ω que é limitada pela curva C está contido em $\mathcal{R}$. Portanto, podemos aplicar o Teorema de Green e usando as equações de Cauchy-Riemann,

$$\begin{aligned}\oint_C (u\,dx - v\,dy) &= \int_\Omega\!\int\left(-\frac{\partial v}{\partial x} - \frac{\partial u}{\partial y}\right) dA\\ &= \int_\Omega\!\int\left(-\frac{\partial v}{\partial x} + \frac{\partial v}{\partial x}\right) dA = 0,\end{aligned}$$

e também

$$\begin{aligned}\oint_C (v\,dx + u\,dy) &= \int_\Omega\!\int\left(\frac{\partial u}{\partial x} - \frac{\partial v}{\partial y}\right) dA\\ &= \int_\Omega\!\int\left(\frac{\partial u}{\partial x} - \frac{\partial u}{\partial x}\right) dA = 0.\end{aligned}$$

Portanto, $\oint_C f(z)\,dz = 0$. □

Teorema 3.3.2. *Com as mesmas condições do teorema anterior. Sejam $z_1, z_2 \in \mathcal{R}$ (simplesmente conexo), C_1 e C_2 duas curvas simples ligando z_0 e z_1 tal que $C = C_1 \cup (-C_2)$ seja uma curva simples e fechada. Então*

$$\int_{C_2} f(z)\,dz = \int_{C_1} f(z)\,dz.$$

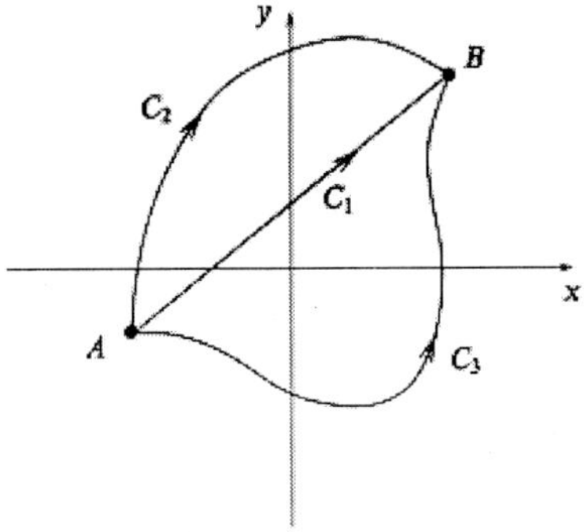

Figura 3.8: Teorema 3.3.2: Independência do caminho

Demonstração. Como $C = C_1 \cup (-C_2)$ é uma curva simples e fechada, então pelo teorema anterior temos

$$\begin{aligned} 0 = \oint_C f(z)\,dz &= \oint_{C_1 \cup C_2} f(z)\,dz \\ &= \int_{C_1} f(z)\,dz + \int_{-C_2} f(z)\,dz \\ &= \int_{C_1} f(z)\,dz - \int_{C_2} f(z)\,dz, \end{aligned}$$

e portanto, $\displaystyle\int_{C_1} f(z)\,dz = \int_{C_2} f(z)\,dz$, ou seja, a integral de f só depende dos pontos z_0 e z_1. □

Observação 3.3.1. *Sabemos do Teorema Fundamental do Cálculo que se a função $f : [a,b] \to \mathbb{R}$ possui primitiva (ou seja, se existe uma função $F : [a,b] \to \mathbb{R}$ derivável tal que $F'(x) = f(x)$) então $\displaystyle\int_a^b f(x)\,dx = F(b) - F(a)$. Essa relação possui resultado análogo para **funções analíticas**. Usando o Teorema 3.3.2, se $f : D_f \subset \mathbb{C} \to \mathbb{C}$ é analítica em uma região simplesmente conexa $\mathcal{R} \subset D_f$, então a integral $\displaystyle\int_C f(z)\,dz$ independe da curva C ligando os pontos z_1 e $z_2 \in \mathcal{R}$. Neste caso, podemos simplesmente escrever $\displaystyle\int_{z_1}^{z_2} f(z)\,dz$. Com isso, se $w \in \mathcal{R}$, podemos* *definir* $F(w) = \int_{z_1}^{w} f(z)\,dz$. *A função* F *é uma primitiva de* f *(ou seja,* $F'(w) = f(w)$ *e observe que* F *é analítica em* $\mathcal{R}$*).*

Formalmente temos o seguinte resultado.

Teorema 3.3.3. *Suponha que*
(1) $\mathcal{R}$ *é uma região simplesmente conexa de* $\mathbb{C}$.
(2) $z_1 \in \mathcal{R}$.
(3) f *é uma função analítica em* $\mathcal{R}$.
Para todo $z \in \mathcal{R}$, *podemos definir a função* $F(z) = \int_{z_1}^{z} f(w)\,dw$. *Temos que* $F'(z) = f(z)$.

Demonstração. Vamos demonstrar que $\lim_{h\to 0} \dfrac{F(z+h) - F(z)}{h} = f(z)$, ou equivalente, que para todo $\varepsilon > 0$, existe $\delta > 0$ tal que se $|h| < \delta$ implica $\left|\dfrac{F(z+h) - F(z)}{h} - f(z)\right| < \varepsilon$. Temos,

$$
\begin{aligned}
&\frac{F(z+h) - F(z)}{h} \\
&= \frac{1}{h}\int_{z_1}^{z+h} f(w)\,dw - \frac{1}{h}\int_{z_1}^{z} f(w)\,dw \\
&= \frac{1}{h}\left(\int_{z_1}^{z} f(w)\,dw + \int_{z}^{z+h} f(w)\,dw\right) - \frac{1}{h}\int_{z_1}^{z} f(w)\,dw \\
&= \frac{1}{h}\int_{z}^{z+h} f(w)\,dw \\
&= \frac{1}{h}\int_{z}^{z+h} [f(w) - f(z) + f(z)]\,dw \\
&= \frac{1}{h}\int_{z}^{z+h} [f(w) - f(z)]\,dw + \frac{1}{h}\int_{z}^{z+h} f(z)\,dw \\
&= \frac{1}{h}\int_{z}^{z+h} [f(w) - f(z)]\,dw + f(z).
\end{aligned}
$$

Logo, $\dfrac{F(z+h) - F(z)}{h} - f(z) = \dfrac{1}{h}\int_{z}^{z+h} [f(w) - f(z)]\,dw$. Agora, como f é analítica em $\mathcal{R}$, então f é contínua em $\mathcal{R}$. Portanto, dado $\varepsilon > 0$

existe $\delta > 0$ tal que se $|w - z| < \delta$ implica $|f(w) - f(z)| < \varepsilon$. Com isso, obtemos

$$\begin{aligned}\left|\frac{F(z+h)-F(z)}{h} - f(z)\right| &= \frac{1}{|h|}\left|\int_z^{z+h} [f(w)-f(z)]\,dw\right| \\ &\leq \frac{1}{|h|}\int_z^{z+h} |f(w)-f(z)|\,|dw| \\ &\leq \frac{1}{|h|}\int_z^{z+h} \varepsilon\,|dw| \\ &= \frac{\varepsilon}{|h|}\int_z^{z+h} |dw| \\ &= \frac{\varepsilon}{|h|}\,|h| = \varepsilon.\end{aligned}$$

(Observe que $|h| = \displaystyle\int_z^{z+h} |dw|$ é o comprimento do segmento de reta ligando os pontos z e $z+h$). Portanto, $\displaystyle\lim_{h\to 0} \frac{F(z+h)-F(z)}{h} = f(z)$, ou seja, $F'(z) = f(z)$.

Agora, se G é outra primitiva de f em $\mathcal{R}$, então

$$\frac{d}{dz}\Big(G(z) - F(z)\Big) = G'(z) - F'(z) = f(z) - f(z) = 0,$$

e como $\mathcal{R}$ é simplesmente conexa, então $G(z) - F(z) = k$ (constante), ou seja, $G(z) = F(z) + k$.

Com isso, se G é qualquer primitiva de f em $\mathcal{R}$ (simplesmente conexo) e $z_1, z_2 \in \mathcal{R}$, então $\displaystyle\int_{z_1}^{z_2} f(z)\,dz = G(z_2) - G(z_1)$. De fato, temos que $G(z) = F(z) + k = \displaystyle\int_{z_1}^{z} f(w)\,dw + k$. Logo, $G(z_1) = \displaystyle\int_{z_1}^{z_1} f(w)\,dw + k = k$ e

$$G(z_2) = \int_{z_1}^{z_2} f(w)\,dw + k = \int_{z_1}^{z_2} f(w)\,dw + G(z_1),$$

e portanto, $G(z_2) - G(z_1) = \displaystyle\int_{z_1}^{z_2} f(w)\,dw$. □

Exemplo 3.3.1. *Seja* $f(z) = \mathrm{e}^{z+1}$*,* $D_f = \mathbb{C}$ *(simplesmente conexo). Observe que* $F(z) = \mathrm{e}^{z+1}$ *é uma primitiva de* f*. Logo*

$$\int_0^{i\pi} \mathrm{e}^{z+1}\,dz = F(i\pi) - F(0) = \mathrm{e}^{1+i\pi} - \mathrm{e} = -\mathrm{e} - \mathrm{e} = -2\mathrm{e}.$$

✓

Exemplo 3.3.2. *Vamos calcular* $\oint_C \frac{1}{z}\,dz$*, onde* $C : |z| = 1$ *(*$C : z(t) = \mathrm{e}^{it} = \cos(t) + i\,\mathrm{sen}(t)$*,* $t \in [0, 2\pi]$*).*
Observe que $F(z) = \mathrm{Log}(z)$ *NÃO é uma primitiva de* $f(z) = 1/z$*, pois* $F'(-1)$ *não existe (a função* $F(z) = \mathrm{Log}(z)$ *não é contínua em* $z = -1$*, veja o Exemplo 2.2.10). Usando a definição, temos*

$$\oint_C \frac{1}{z}\,dz = \int_0^{2\pi} \frac{1}{\mathrm{e}^{it}}\, i\,\mathrm{e}^{it}\,dt = \int_0^{2\pi} i\,dt = 2\pi\, i.$$

Considerando agora a curva $C_1 : z(t) = (\cos(t)+2) + i\,\mathrm{sen}(t) = 2+\mathrm{e}^{it}$*,* $t \in [0, 2\pi]$*. Neste caso, a região limitada pela curva* C_1 *está contida na região* $\mathcal{R} = \{z = x + i\,y : x > 0\}$ *(simplesmente conexo) e nesta região* $F'(z) = \frac{1}{z} = f(z)$*. Logo,* $\oint_{C_1} \frac{1}{z}\,dz = 0.$ ✓

Observação 3.3.2. *Também usando a definição, temos que a integral* $\oint_C \frac{1}{z-a}\,dx = 2\pi\, i$*, sendo* C *a curva* $|z - a| = r$*,* $z(t) = a + r\,\mathrm{e}^{it}$*,* $t \in [0, 2\pi]$*,* $a \in \mathbb{C}$ *(orientada no sentido anti-horário).*

Observação 3.3.3. *A região contida entre duas circunferências concêntricas é chamada de anel circular. Por exemplo,* $A = \{z = x + i\,y : 1 \leq |z| \leq 2\} = \{z = x + i\,y : 1 \leq x^2 + y^2 \leq 4\}$ *(veja figura 3.9).*

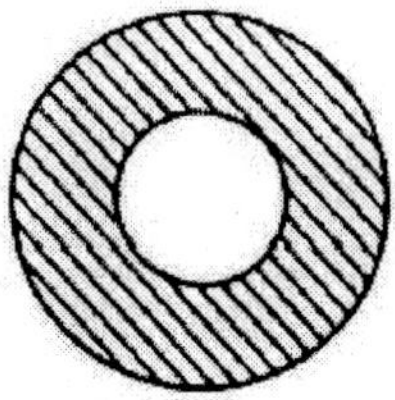

Figura 3.9: Anel circular

Em geral, a região limitada por duas curvas fechadas simples (ou C^1 por partes), uma das quais está contida inteiramente no interior da região limitada pela outra, é chamada uma região anelar (ver figura 3.10). Mais precisamente, se C_1 e C_2 são duas curvas fechadas simples tal que C_2 está contido no $\text{Int}(C_1)$, *então o conjunto de pontos comuns entre* $\text{Int}(C_1)$ *e o* $\text{Ext}(C_2)$ *é a região anelar determinada por C_1 e C_2*

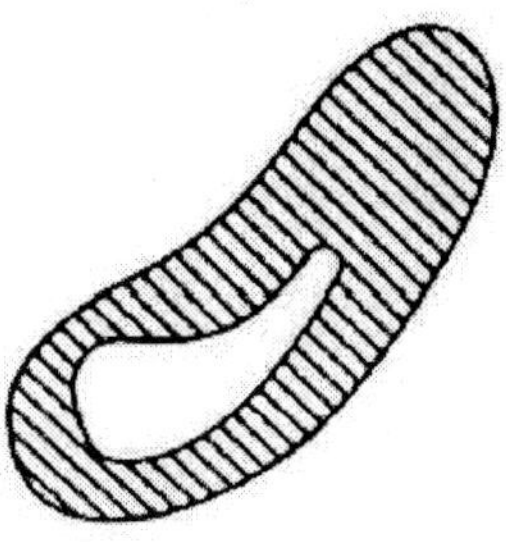

Figura 3.10: Região anelar

Por exemplo, se $\Omega_1 = \{z \in \mathbb{C} : -3 \leq \text{Re}(z) \leq 3 \ \text{ e } \ -3 \leq \text{Im}(z) \leq 3\}$ *e* $\Omega_2 = \{z \in \mathbb{C} : |z| \leq 1\}$, *então $\Omega = \Omega_1 - \Omega_2$ é uma região anelar.*

Teorema 3.3.4. *Suponha que a função $f = f(z)$ seja analítica em uma região anelar Ω, com $\partial\Omega = C \cup K$ (região anelar), sendo C e K duas curvas fechadas simples com a mesma orientação e $C \cap K = \emptyset$ (figura 3.11(a)). Então*

$$\oint_C f(z)\, dz = \oint_K f(z)\, dz.$$

Demonstração. Na figura 3.11(b), considere as curvas $C = C_1 \cup C_2$, $K = K_1 \cup K_2$, Π e Γ são duas curvas ligando C e K.

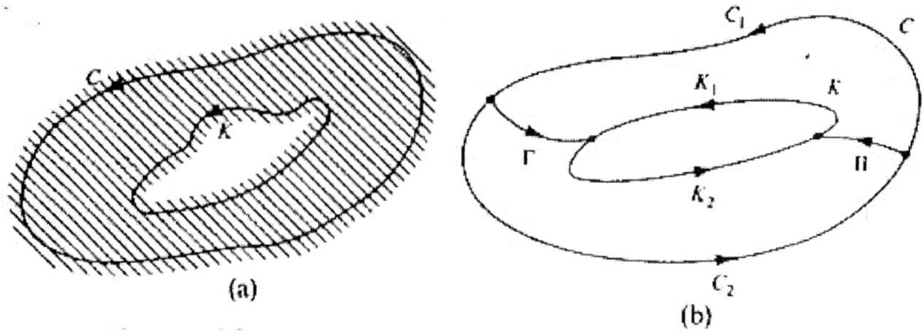

Figura 3.11: Teorema 3.3.4

Agora considere as duas curvas fechadas

$$C_1 \cup \Gamma \cup (-K_1) \cup (-\Pi),$$

$$C_2 \cup \Pi \cup (-K_2) \cup (-\Gamma),$$

(ambas curvas C^1 por partes). Como f é analítica, temos

$$\oint_{C_1 \cup \Gamma \cup (-K_1) \cup (-\Pi)} f(z)dz = 0 \quad \text{e} \quad \oint_{C_2 \cup \Pi \cup (-K_2) \cup (-\Gamma)} f(z)\, dz = 0.$$

Logo,

$$\begin{aligned} 0 &= \oint_{C_1 \cup \Gamma \cup (-K_1) \cup (-\Pi)} f(z)dz + \oint_{C_2 \cup \Pi \cup (-K_2) \cup (-\Gamma)} f(z)\, dz \\ &= \int_{C_1} f(z)\, dz + \int_{\Gamma} f(z)\, dz - \int_{K_1} f(z)\, dz - \int_{\Pi} f(z)\, dz \\ &+ \int_{C_2} f(z)\, dz + \int_{\Pi} f(z)\, dz - \int_{K_2} f(z)\, dz - \int_{\Gamma} f(z)\, dz \\ &= \int_{C_1 \cup C_2} f(z)\, dz - \int_{K_1 \cup K_2} f(z)\, dz \\ &= \oint_C f(z)dz - \oint_K f(z)\, dz. \end{aligned}$$

Portanto, $\oint_C f(z)\, dz = \oint_K f(z)\, dz.$ □

Exemplo 3.3.3. *Vamos calcular a integral* $\oint_C \frac{1}{z-i}\,dz$ *onde* C *é a curva fechada simples que é a fronteira do polígono de vértices* $10/3$, $5i/2$, $(-5+5i)/2$, $-5/2$ *e* $-3i/4$ *(ver figura 3.12), orientada no sentido anti-horário.*

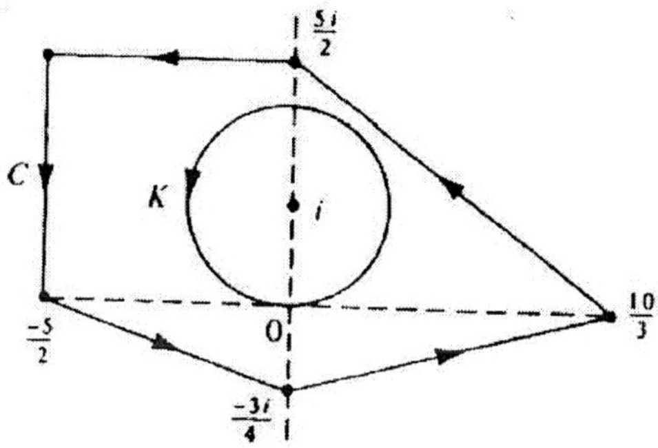

Figura 3.12: Exemplo 3.3.3

Usando o Teorema 3.3.4 podemos calcular a integral utilizando uma curva mais simples, por exemplo, a curva

$$K : |z-i| = 1 \quad (z(t) = \cos(t) + i\,(\text{sen}(t)+1) = \mathrm{e}^{i\,t} + i,\ t \in [0, 2\pi]).$$

Logo,

$$\begin{aligned}
\oint_C f(z)\,dz = \oint_K f(z)\,dz &= \oint_K \frac{1}{\mathrm{e}^z - i}\,dz \\
&= \int_0^{2\pi} \frac{1}{\mathrm{e}^{i\,t} + i - i}\, i\,\mathrm{e}^{i\,t}\,dt \\
&= \int_0^{2\pi} i\,dt \\
&= 2\,\pi\,i.
\end{aligned}$$

✓

Vejamos, agora, como podemos proceder com a integração sobre uma curva γ, no caso em que a função a ser integrada não é necessariamente analítica em todo o interior da região limitado por γ. Considere um contorno γ e n contornos $\gamma_1, \gamma_2, ..., \gamma_n$ satisfazendo as seguintes propriedades:

(1) cada γ_j está contido no interior de γ;

(2) se $j_1 \neq j_2$ então γ_{j_1} está contido no exterior de γ_{j_2}.

Seja Ω a região obtida do interior de γ eliminando-se cada γ_j bem como o seu interior. Note que a fronteira de Ω é a reunião dos contornos $\gamma, \gamma_1, \gamma_2, ..., \gamma_n$ ($\partial\Omega = \gamma \cup \gamma_1 \cup \gamma_2 ... \cup \gamma_n$) (veja figura 3.13). O conjunto Ω é uma região anelar múltipla.

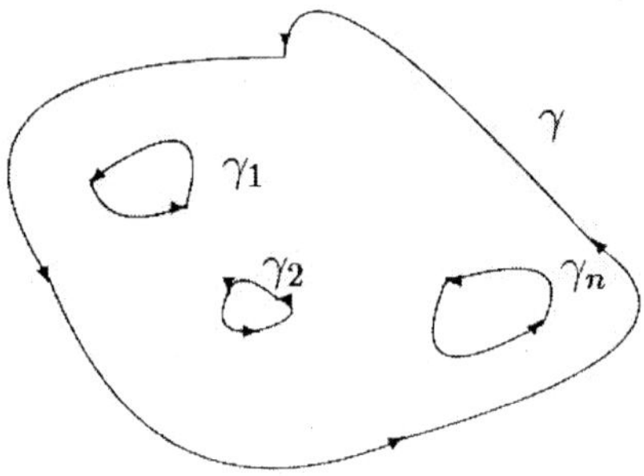

Figura 3.13: Região anelar múltipla

Por exemplo, sejam $\gamma(t) = 10e^{it}$ ($|z| = 10$), $\gamma_1(t) = e^{it}$ ($|z| = 1$), $\gamma_2(t) = 5 + e^{it}$ ($|z-5| = 1$) e $\gamma_3(t) = 5i + e^{it}$ ($|z - 5i| = 1$, com $t \in [0, 2\pi]$. Então o conjunto Ω cuja fronteira é $\partial\Omega = \gamma \cup \gamma_1 \cup \gamma_2 \cup \gamma_3$ é uma região anelar múltipla.

Teorema 3.3.5. *(Teorema da região anelar múltiplas) Suponha que $C, K_1, K_2, ..., K_n$ são $n+1$ curvas simples fechadas orientadas no sentido anti-horário tais que*

(a) Todas as curvas $K_1, ..., K_n$ estão no $\text{Int}(C)$;

(b) Cada K_j está no $\text{Ext}(K_s)$ para todo $s \neq j$.

Seja $\Omega \subset \mathbb{C}$ cuja fronteira é $\partial\Omega = C \cup K_1 ... \cup K_n$. Se f é uma função analítica definida em Ω, então

$$\oint_C f(z)\,dz = \oint_{K_1} f(z)\,dz + \oint_{K_2} f(z)\,dz + ... + \oint_{K_n} f(z)\,dz.$$

Demonstração. A prova deste teorema requer o uso de conceitos topológicos que não são estudados neste livro. Vamos fazer um caso simples para uma visualização.

Considere a região Ω limitada pelas curvas $C, K_1, K_2, ..., K_n$ (ou seja, $\partial\Omega = C \cup K_1 \cup K_2 \cup ... \cup K_n$. Considere $n+1$ curvas simples $\Gamma_0, \Gamma_1, ..., \Gamma_n$

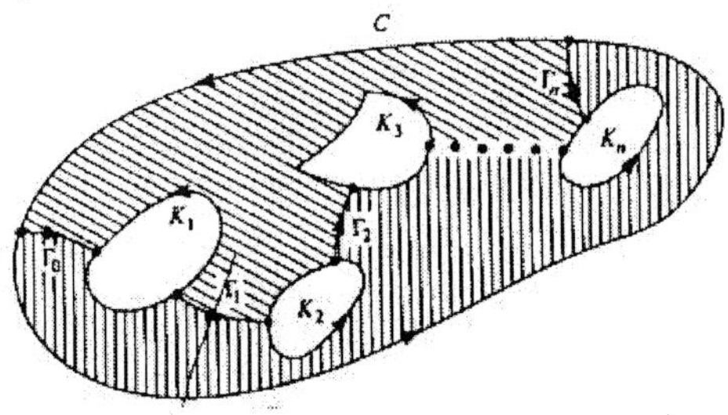

Figura 3.14: Teorema 3.3.5

(sendo que Γ_0 conecta C e K_1, Γ_1 conecta K_1 e K_2,..., Γ_n conecta K_n a C, e $\Gamma_i \cap \Gamma_j = \emptyset$ (se $i \neq j$) (veja figura 3.14). A região Ω ficou separada em duas partes simplesmente conexas. A fronteira de cada uma dessas partes é uma curva fechada simples e como f é analítica, a integral de f ao longo de cada uma dessas curvas orientadas no sentido anti-horário se anula. Somando as duas integrais (fazendo de forma análoga ao Teorema 3.3.4), observamos que o resultado ao longo da curva C (no sentido anti-horário) e das K_j (todas no sentido horário) (ou seja $0 = \oint_C f(z)\,dz + \oint_{-K_1} f(z)dz + ... + \oint_{-K_n} f(z)dz$). Ao revertermos a orientação das integrais sobre as curvas K_j, obtemos o resultado

$$\oint_C f(z)\,dz = \oint_{K_1} f(z)\,dz + \oint_{K_2} f(z)\,dz + ... + \oint_{K_n} f(z)\,dz.$$

□

Exemplo 3.3.4. *Vamos calcular* $\oint_{|z|=4} \left(\frac{4}{z+1} + \frac{3}{z+2i}\right)dz$, *onde a curva* $C : |z| = 4$ *orientada no sentido anti-horário (ver figura 3.15).*

Considere as duas curvas K_1 *e* K_2*:*

$$K_1: \ |z+1| = 1, \quad z_1(t) = -1 + e^{it} \ \ t \in [0, 2\pi],$$
$$K_2: \ |z+2i| = 1, \quad z_2(t) = -2i + e^{it} \ \ t \in [0, 2\pi].$$

Usando o Teorema 3.3.5, obtemos

$$\oint_{|z|=4} \left(\frac{4}{z+1} + \frac{3}{z+2i}\right)dz$$

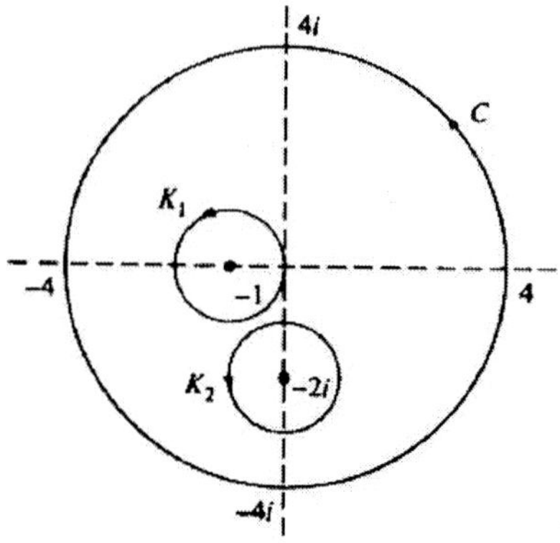

Figura 3.15: Exemplo 3.3.4

$$= \oint_{K_1} \left(\frac{4}{z+1} + \frac{3}{z+2i} \right) dz + \oint_{K_2} \left(\frac{4}{z+1} + \frac{3}{z+2i} \right) dz.$$

$$= \oint_{K_1} \frac{4}{z+1}\, dz + \oint_{K_1} \frac{3}{z+2i}\, dz$$

$$+ \oint_{K_2} \frac{4}{z+1}\, dz + \oint_{K_2} \frac{3}{z+2i}\, dz.$$

Agora temos que

(1) $\oint_{K_1} \frac{3}{z+2i}\, dz = 0$, *pois a função* $g(z) = 3/(z+2i)$ *é analítica na região limitada pela curva* K_1, *e* $\oint_{K_2} \frac{4}{z+1}\, dz = 0$, *pois a função* $h(z) = 4/(z+1)$ *é analítica na região limitada pela curva* K_2,

(2) Calculando pela definição

$$\oint_{K_1} \frac{4}{z+1}\, dz = 4 \int_0^{2\pi} \frac{1}{-1 + e^{it} + 1}\, i\, e^{it}\, dt = 4.2\pi\, i = 8\pi\, i$$

$$\oint_{K_2} \frac{3}{z+2i}\, dz = 3 \int_0^{2\pi} \frac{1}{-2i + e^{it} + 2i}\, i\, e^{it}\, dt = 3.2\pi\, i = 6\pi\, i.$$

Portanto, $\oint_{|z|=4} \left(\frac{4}{z+1} + \frac{3}{z+2i} \right) dz = 14\,\pi\, i.$ ✓

Exemplo 3.3.5. *Vamos calcular* $\displaystyle\oint_{\gamma} \frac{1}{z(z^2+1)}\,dz$, *onde* γ *é a elipse* $x^2 + \dfrac{y^2}{4} = 1$ *(orientada no sentido anti-horário).*

Usando frações parciais podemos escrever

$$f(z) = \frac{1}{z(z^2+1)} = \frac{A}{z} + \frac{B}{z+i} + \frac{C}{z-i} = \frac{1}{z} - \frac{1}{2}\frac{1}{z+i} - \frac{1}{2}\frac{1}{z-i}.$$

Considere as curvas

$$\begin{aligned} \gamma_1 &: \ |z| = r, \\ \gamma_2 &: \ |z-i| = r, \\ \gamma_3 &: \ |z+i| = r, \end{aligned}$$

com $r > 0$ *suficientemente pequeno para que* $\gamma_j \cap \gamma_k = \emptyset$ *(se* $j \neq k$*. A função* $f(z) = \dfrac{1}{z(z^2+1)}$ *é analítica na região* Ω, *com* $\partial\Omega = \gamma \cup \gamma_1 \cup \gamma_2 \cup \gamma_3$ *(figura 3.16).*

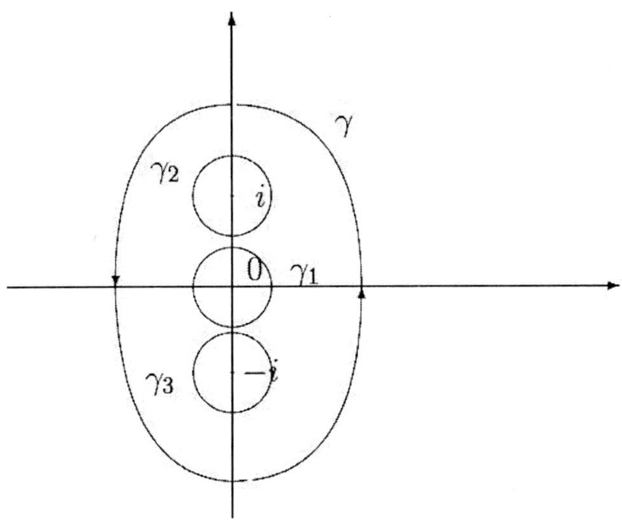

Figura 3.16: Exemplo 3.3.5

Portanto, pelo Teorema 3.3.5, temos

$$\oint_{\gamma} \frac{1}{z(z^2+1)}\,dz = \oint_{\gamma_1} \frac{1}{z(z^2+1)}\,dz + \oint_{\gamma_2} \frac{1}{z(z^2+1)}\,dz + \oint_{\gamma_3} \frac{1}{z(z^2+1)}\,dz.$$

Agora temos,

(a) $\displaystyle\oint_{\gamma_1} \frac{1}{z(z^2+1)}\,dz = \oint_{\gamma_1} \frac{1}{z}\,dz - \frac{1}{2}\oint_{\gamma_1} \frac{1}{z+i}\,dz - \frac{1}{2}\oint_{\gamma_1} \frac{1}{z-i}\,dz.$

Pelo Exemplo 3.2.8 temos que $\displaystyle\oint_{\gamma_1} \frac{1}{z}\,dz = 2\pi\, i$. *Também temos que* $\displaystyle\oint_{\gamma_1} \frac{1}{z+i}\,dz = 0$ *e* $\displaystyle\oint_{\gamma_1} \frac{1}{z-i}\,dz = 0$, *pois as funções* $g_1(z) = \dfrac{1}{z+i}$ *e* $g_2(z) = \dfrac{1}{z-i}$ *são analíticas na região limitada por* γ_1.

Logo, $\displaystyle\oint_{\gamma_1} \frac{1}{z(z^2+1)}\,dz = 2\pi\, i.$

(b) $\displaystyle\oint_{\gamma_2} \frac{1}{z(z^2+1)}\,dz = \oint_{\gamma_2} \frac{1}{z}\,dz - \frac{1}{2}\oint_{\gamma_2} \frac{1}{z+i}\,dz - \frac{1}{2}\oint_{\gamma_2} \frac{1}{z-i}\,dz.$

Pelo Exemplo 3.2.8 temos que $\displaystyle\oint_{\gamma_2} \frac{1}{z-i}\,dz = 2\pi\, i$. *Além disso, também temos* $\displaystyle\oint_{\gamma_2} \frac{1}{z+i}\,dz = 0$ *e* $\displaystyle\oint_{\gamma_2} \frac{1}{z}\,dz = 0.$

Logo, $\displaystyle\oint_{\gamma_2} \frac{1}{z(z^2+1)}\,dz = -\frac{1}{2}\,2\pi\, i = -\pi\, i.$

(c) $\displaystyle\oint_{\gamma_3} \frac{1}{z(z^2+1)}\,dz = \oint_{\gamma_3} \frac{1}{z}\,dz - \frac{1}{2}\oint_{\gamma_3} \frac{1}{z+i}\,dz - \frac{1}{2}\oint_{\gamma_3} \frac{1}{z-i}\,dz.$

Pelo Exemplo 3.2.8 temos que $\displaystyle\oint_{\gamma_3} \frac{1}{z+i}\,dz = 2\pi\, i$. *Além disso, também temos* $\displaystyle\oint_{\gamma_3} \frac{1}{z-i}\,dz = 0$ *e* $\displaystyle\oint_{\gamma_3} \frac{1}{z}\,dz = 0.$

Logo, $\displaystyle\oint_{\gamma_3} \frac{1}{z(z^2+1)}\,dz = -\frac{1}{2}\,2\pi\, i = -\pi\, i.$

Portanto,

$$\begin{aligned}&\oint_{\gamma} \frac{1}{z(z^2+1)}\,dz \\ &= \oint_{\gamma_1} \frac{1}{z(z^2+1)}\,dz + \oint_{\gamma_2} \frac{1}{z(z^2+1)}\,dz + \oint_{\gamma_3} \frac{1}{z(z^2+1)}\,dz\end{aligned}$$

$$= 2\pi i - \pi i - \pi i$$
$$= 0.$$

✓

Exemplo 3.3.6. *Vamos calcular* $\displaystyle\oint_C \frac{2i}{z^2+1}\,dz$*, onde* C *é a curva* $|z-1| = 6$*, orientada no sentido positivo (neste caso, sentido anti-horário).*

Usando frações parciais, podemos escrever

$$\frac{2i}{z^2+1} = \frac{2i}{(z-i)(z+i)} = \frac{1}{z-i} - \frac{1}{z+i}.$$

Observe que ambas as singuraliadades ($z = i$ *e* $z = -i$) *do integrando estão no* $\mathrm{Int}(C)$. *Escolhendo as curvas*

$$C_1 : \ |z-i| = \frac{1}{2}$$
$$C_2 : \ |z+i| = \frac{1}{2},$$

temos, usando o Teorema 3.3.5,

$$\begin{aligned}
\oint_C \frac{2i}{z^2+1}\,dz &= \oint_C \frac{2i}{(z-i)(z+i)}dz = \oint_C \left(\frac{1}{z-i} - \frac{1}{z+i}\right) dz \\
&= \oint_{C_1} \left(\frac{1}{z-i} - \frac{1}{z+i}\right) dz + \oint_{C_2} \left(\frac{1}{z-i} - \frac{1}{z+i}\right) dz \\
&= \oint_{C_1} \frac{1}{z-i}\,dz - \oint_{C_1} \frac{1}{z+i}\,dz \\
&\quad + \oint_{C_2} \frac{1}{z-i}\,dz - \int_{C_2} \frac{1}{z+i}\,dz.
\end{aligned}$$

Vamos calcular as quatro integrais separadamente.

(1) $\displaystyle\oint_{C_1} \frac{1}{z+i}\,dz = 0$ *(pois a função* $g(z) = 1/(z+i)$ *é analítica na região limitada por* C_1*).*

(2) $\displaystyle\oint_{C_2} \frac{1}{z-i}\,dz = 0$*, pois a função* $h(z) = 1/(z-i)$ *é analítica na região limitada por* C_2*.*

(3) Usando a definição (veja Exemplo 3.2.8), obtemos que

$$\oint_{C_1} \frac{1}{z-i}\, dz = 2\pi\, i \quad \text{e} \quad \oint_{C_2} \frac{1}{z+i}\, dz = 2\,\pi\, i.$$

Portanto, usando (1), (2) e (3), obtemos $\displaystyle\oint_C \frac{2i}{z^2+1}\, dz = 0.$ ✓

Teorema 3.3.6. *(Fórmula Integral de Cauchy)*[2] *Suponha que*
(a) $f = f(z)$ *é uma função analítica em uma região simplesmente conexa* Ω;
(b) $z_0 \in \Omega$ *e* C *é qualquer curva fechada simples contida em* Ω, *com* $z_0 \in \mathrm{Int}(C)$ *(*C *envolve* z_0 *uma vez no sentido positivo).*

Então, nestas condições, temos

$$f(z_0) = \frac{1}{2\pi\, i} \oint_C \frac{f(z)}{z - z_0}\, dz. \tag{3.1}$$

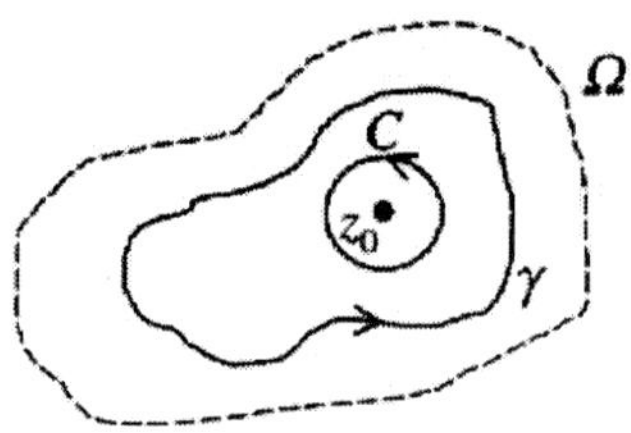

Figura 3.17: Fórmula Integral de Cauchy

Para usar a fórmula (3.1), devemos tomar cuidado para distinguir entre a função $f(z)$ (que por hipótese é analítica em Ω) e a função $\dfrac{f(z)}{z-z_0}$ que possui uma singularidade no ponto z_0 que está em $\mathrm{Int}(C)$. A fórmula é válida com a curva C orientada no sentido positivo. Naturalmente, se C possui orientação negativa (ou seja, no sentido horário), um sinal negativo deve ser introduzido.

Observe que a fórmula Integral de cauchy (3.1) estabelece que o conhecimento dos valores de uma função sobre uma curva (fechada

[2] Augustin - Louis Cauchy, 1789-1857.

simples) determina os valores dessa função em qualquer ponto que está no interior da região limitada pela curva.

Demonstração. Podemos escrever

$$\begin{aligned}\oint_C \frac{f(z)}{z-z_0}\,dz &= \oint_C \frac{f(z)-f(z_0)+f(z_0)}{z-z_0}\,dz\\ &= \oint_C \frac{f(z)-f(z_0)}{z-z_0}\,dz + \oint_C \frac{f(z_0)}{z-z_0}\,dz.\end{aligned}$$

Usando a definição e o Teorema 3.3.5 temos

$$\oint_C \frac{f(z_0)}{z-z_0}\,dz = f(z_0)\oint_{|z-z_0|=r} \frac{1}{z-z_0}\,dz = f(z_0)\,2\pi\,i.$$

Agora, usando que f é contínua, dado $\varepsilon > 0$ existe $\delta > 0$ tal que

$$|z-z_0| < \delta \quad \text{implica} \quad |f(z)-f(z_0)| < \varepsilon.$$

Seja $0 < \lambda < \delta$ e considere a curva (orientada positivamente) $C_1 : \ |z-z_0| = \lambda$. Então para $z \in C_1$, obtemos

$$\left|\frac{f(z)-f(z_0)}{z-z_0}\right| = \frac{|f(z)-f(z_0)|}{|z-z_0|} < \frac{\varepsilon}{\lambda}.$$

Também vamos usar que o comprimento de C_1 é $2\,\pi\,\lambda$. Usando o Teorema 3.3.5, temos

$$\begin{aligned}\left|\oint_C \frac{f(z)-f(z_0)}{z-z_0}\,dz\right| &= \left|\oint_{C_1} \frac{f(z)-f(z_0)}{z-z_0}\,dz\right|\\ &\le \oint_{C_1} \frac{|f(z)-f(z_0)|}{|z-z_0|}\,|dz|\\ &\le \frac{\varepsilon}{\lambda}\oint_{C_1} |dz|\\ &= \frac{\varepsilon}{\lambda}\,2\,\pi\,\lambda\\ &= 2\,\pi\,\varepsilon.\end{aligned}$$

Como a estimativa acima é verdadeira para qualquer $\varepsilon > 0$, segue que $\displaystyle\oint_C \frac{f(z)-f(z_0)}{z-z_0}\,dz = 0$. Portanto, $\displaystyle\oint_C \frac{f(z)}{z-z_0}\,dz = 2\,\pi\,i\,f(z_0)$, ou seja,

$$f(z_0) = \frac{1}{2\,\pi\,i}\oint_C \frac{f(z)}{z-z_0}\,dz.$$

□

Exemplo 3.3.7. *Vamos calcular a integral* $\displaystyle\oint_C \frac{z^2}{z-i}\,dz$*, sendo* C *a curva* $|z| = 2$ *orientada no sentido positivo.*

Vamos usar a Fómula Integral de Cauchy com $f(z) = z^2$ *(que é analítica em* $\mathbb{C}$*) e* $z_0 = i$*. Logo,*

$$\oint_C \frac{z^2}{z-i}\,dz = 2\pi\, i f(i) = 2\pi\, i\,(i)^2 = -\,2\pi\, i.$$

✓

Exemplo 3.3.8. *Considere a curva* C*,* $|z-2| = 5$*. Vamos calcular*

$$\oint_C \frac{e^{2z}\cos(z)}{z(z-\pi)}\,dz.$$

Observe que a função $f(z) = \dfrac{e^{2z}\cos(z)}{z(z-\pi)}$ *possui singularidades nos pontos* $z = 0$ *e* $z = \pi$ *e que ambos estão no interior da região limitada pela curva* C*. Considere as curvas (orientadas no sentido positivo)*

$$\begin{aligned} C_1 &: \ |z| = 1 \\ C_2 &: \ |z-\pi| = 1. \end{aligned}$$

Usando o Teorema 3.3.5, obtemos

$$\oint_C \frac{e^{2z}\cos(z)}{z(z-\pi)}\,dz = \oint_{C_1} \frac{e^{2z}\cos(z)}{z(z-\pi)}\,dz + \oint_{C_2} \frac{e^{2z}\cos(z)}{z(z-\pi)}\,dz.$$

Considere agora as funções

$$h(z) = \frac{e^{2z}\cos(z)}{z-\pi} \quad \text{e} \quad g(z) = \frac{e^{2z}\cos(z)}{z}$$

e observe que a função h *é analítica na região limitada pela curva* C_1 *e que a função* g *é analítica na região limitada pela curva* C_2*. Logo,*

$$\begin{aligned} (A) \ \oint_{C_1} \frac{e^{2z}\cos(z)}{z(z-\pi)}\,dz &= \oint_{C_1} \frac{h(z)}{z}\,dz \\ &= 2\,\pi\, i h(0) \end{aligned}$$

$$= 2\pi\, i \frac{1}{-\pi} = -\,2\,i,$$

$$(B) \oint_{C_2} \frac{e^{2z}\cos(z)}{z(z-\pi)}\, dz = \oint_{C_2} \frac{g(z)}{z-\pi}\, dz$$
$$= 2\pi\, i g(\pi)$$
$$= 2\pi\, i\big(-\frac{e^{2\pi}}{\pi}\big)$$
$$= -\,2e^{2\pi}\, i.$$

Portanto,

$$\oint_C \frac{e^{2z}\cos(z)}{z(z-\pi)}\, dz = \oint_{C_1} \frac{e^{2z}\cos(z)}{z(z-\pi)}\, dz + \oint_{C_2} \frac{e^{2z}\cos(z)}{z(z-\pi)}\, dz$$
$$= \oint_{C_1} \frac{h(z)}{z}\, dz + \oint_{C_2} \frac{g(z)}{z-\pi}\, dz$$
$$= -\,2i - 2e^{2\pi} i$$
$$= -\,(2 + 2e^{2\pi})\, i.$$

✓

Exemplo 3.3.9. *Considere a integral* $\oint_C \frac{e^z}{z}\, dz$*, onde* C *é a curva* $|z| = 1$ *(orientada no sentido anti-horário).*
(1) Usando a definição, seja $z(t) = e^{i\,t} = \cos(t) + i\,\text{sen}(t)$*,* $t \in [0, 2\pi]$*, temos*

$$\oint_C \frac{e^z}{z}\, dz = \int_0^{2\pi} \frac{e^{e^{it}}}{e^{i\,t}}\, i\, e^{i\,t}\, dt$$
$$= i \int_0^{2\pi} e^{\cos(t) + i\,\text{sen}(t)}\, dt$$
$$= i \int_0^{2\pi} e^{cos(t)}\big(\cos(\text{sen}(t)) + i\,\text{sen}(\cos(t))\big)\, dt$$
$$= -\int_0^{2\pi} e^{\cos(t)}\text{sen}(\text{sen}(t))\, dt + i \int_0^{2\pi} e^{\cos(t)}\cos(\text{sen}(t))\, dt.$$

(2) Agora usando a Fórmula Integral de Cauchy, com $f(z) = e^z$ *e* $z_0 = 0$*, obtemos*

$$\oint_C \frac{e^z}{z}\, dz = 2\pi\, i f(0) = 2\pi\, i.$$

Com isso, usando (1) e (2), e a igualdade entre dois números complexos, obtemos

$$\int_0^{2\pi} e^{\cos(t)} \operatorname{sen}(\operatorname{sen}(t))\, dt = 0,$$
$$\int_0^{2\pi} e^{\cos(t)} \cos(\operatorname{sen}(t))\, dt = 2\pi.$$

✓

Teorema 3.3.7. *(Fórmula Integral de Cauchy - Caso Geral) Suponha que*
(a) $f = f(z)$ *é uma função analítica em uma região simplesmente conexa* Ω*;*
(b) $z_0 \in \Omega$ *e* C *é qualquer curva fechada simples contida em* Ω*, com* $z_0 \in \operatorname{Int}(C)$ *(*C *envolve* z_0 *uma única vez no sentido positivo).*

Então para $n = 0, 1, 2, 3, ...$*, a derivada* $f^{(n)}(z_0)$ *existe e é dada pela fórmula*

$$f^{(n)}(z_0) = \frac{n!}{2\pi i} \oint_C \frac{f(z)}{(z - z_0)^{n+1}}\, dz. \tag{3.2}$$

Demonstração. Vamos demonstrar o resultado para $n = 1$, ou seja,

$$f'(z_0) = \frac{1}{2\pi i} \oint_C \frac{f(z)}{(z - z_0)^2}\, dz.$$

Para isso, vamos utilizar o seguinte resultado: Se $f = f(z)$ é uma função contínua em um conjunto fechado e limitado $K \subset \mathbb{C}$, então f é limitada (ou seja, existe uma constante $M > 0$ tal que $|f(z)| \leq M$ para todo $z \in K$).

Agora como o ponto z_0 pertence ao interior da região limitada pela curva C , podemos escolher $\gamma_r : |z - z_0| = r$ (com a orientação positiva), com r suficientemente pequeno tal que γ_r esteja contida no $\operatorname{Int}(C)$. Logo, pelo Teorema 3.3.5, $\displaystyle\oint_C \frac{f(z)}{z - z_0} fz = \oint_{\gamma_r} \frac{f(z)}{z - z_0}\, dz.$

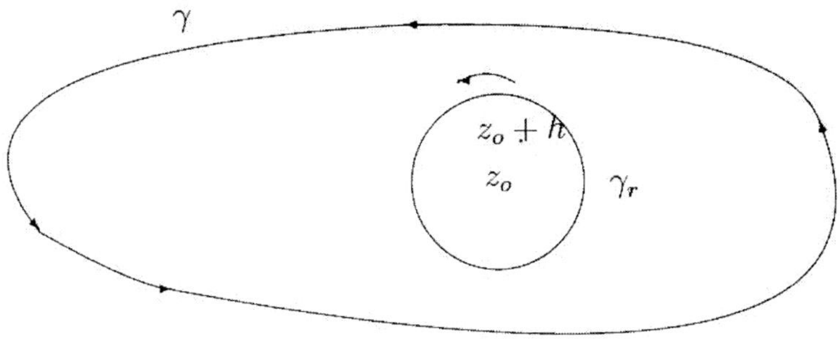

Figura 3.18: Fórmula Integral de Cauchy - Caso geral

Por definição, temos que $f'(z_0) = \lim_{h \to 0} \dfrac{f(z_0 + h) - f(z_0)}{h}$ $(h \in \mathbb{C})$. Vamos provar que

$$\lim_{h \to 0} \left(\frac{f(z_0 + h) - f(z_0)}{h} - \frac{1}{2\pi\, i} \oint_{\gamma_r} \frac{f(z)}{(z - z_0)^2}\, dz \right) = 0.$$

Temos, usando a Fórmula Integral de Cauchy,

$$\begin{aligned}
&\frac{f(z_0 + h) - f(z_0)}{h} - \frac{1}{2\pi\, i} \oint_{\gamma_r} \frac{f(z)}{(z - z_0)^2}\, dz \\
&= \frac{1}{h} \left(\frac{1}{2\pi\, i} \oint_{\gamma_r} \frac{f(z)}{z - z_0 - h}\, dz - \frac{1}{2\pi\, i} \oint_{\gamma_r} \frac{f(z)}{z - z_0}\, dz \right) \\
&- \frac{1}{2\pi\, i} \oint_{\gamma_r} \frac{f(z)}{(z - z_0)^2}\, dz \\
&= \frac{1}{2\pi\, i\, h} \oint_{\gamma_r} f(z) \left(\frac{1}{z - z_0 - h} - \frac{1}{z - z_0}\, dz \right) - \frac{1}{2\pi\, i} \oint_{\gamma_r} \frac{f(z)}{(z - z_0)^2}\, dz \\
&= \frac{1}{2\pi\, i\, h} \oint_{\gamma_r} \frac{f(z)\, h}{(z - z_0 - h)(z - z_0)}\, dz - \frac{1}{2\pi\, i} \oint_{\gamma_r} \frac{f(z)}{(z - z_0)^2}\, dz \\
&= \frac{1}{2\pi\, i} \oint_{\gamma_r} \left(\frac{f(z)}{(z - z_0 - h)(z - z_0)} - \frac{f(z)}{(z - z_0)^2} \right) dz \\
&= \frac{1}{2\pi\, i} \oint_{\gamma_r} \frac{f(z)\, h}{(z - z_0 - h)(z - z_0)^2}\, dz
\end{aligned}$$

$$= \frac{h}{2\pi\, i} \oint_{\gamma_r} \frac{f(z)}{(z - z_0 - h)(z - z_0)^2}\, dz.$$

Logo,

$$\left| \frac{h}{2\pi\, i} \oint_{\gamma_r} \frac{f(z)}{(z - z_0 - h)(z - z_0)^2}\, dz \right| \leq \frac{|h|}{2\pi} \oint_{\gamma_r} \frac{|f(z)|}{|z - z_0 - h||z - z_0|^2}\, |dz|.$$

Vamos usar agora que
* $|f(z)| \leq M$,
* $|z - z_0 - h| \geq |z - z_0| - |h|$.
Tomando $|h| < r/2$, temos que, em γ_r, $|z - z_0 - h| \geq |z - z_0| - |h| > r - \frac{r}{2} = \frac{r}{2}$. Logo,

$$\begin{aligned} \frac{|h|}{2\pi} \oint_{\gamma_r} \frac{|f(z)|}{|z - z_0 - h|\, |z - z_0|^2}\, |dz| &\leq \frac{|h|}{2\pi} \oint_{\gamma_r} M\, \frac{2}{r} \frac{1}{r^2} |dz| \\ &= \frac{M\, |h|}{\pi r^3} \oint_{\gamma_r} |dz| \\ &= \frac{M\, |h|}{\pi r^3}\, 2\pi\, r \\ &= \frac{2M}{r^3}\, |h| \to 0 \end{aligned}$$

quando $h \to 0$. Portanto,

$$f\,'(z_0) = \frac{1}{2\pi\, i} \oint_C \frac{f(z)}{(z - z_0)^2}\, dz.$$

□

Uma importante consequência do Teorema 3.3.7 é que ele garante que a função f possui derivada em todos os pontos $z_0 \in \Omega$ (que é aberto), ou seja, f é analítica em Ω e possui derivadas de todas as ordens, que também são funções analíticas.

Exemplo 3.3.10. *Vamos calcular* $\oint_C \frac{z^3 + \mathrm{e}^z}{(z + \pi\, i)^3}$, *onde* C *é a curva* $|z| = 7\,\mathrm{e}^t = 7(\cos(t) + i\,\mathrm{sen}(t))$, $t \in [0, 2\pi]$.

Aplicando o Teorema 3.3.7 com $f(z) = z^3 + e^z$, $z_0 = -\pi i$ *e* $n = 2$. *Como* f *é uma função inteira,* $f'(z) = 3z^2 + e^z$, $f''(z) = 6z + e^z$, *temos que*

$$\begin{aligned}\oint_C \frac{z^3 + e^z}{(z + \pi i)^3} &= \oint_C \frac{f(z)}{(z + \pi i)^3}\, dz \\ &= \frac{2\pi i}{2!} f''(-\pi i) \\ &= 12\pi^2 - 2\pi i.\end{aligned}$$

✓

Exemplo 3.3.11. *Vamos calcular a integral* $\oint_C \frac{1}{z^3 (z-2)^2}\, dz$, *onde* C *é a curva* $|z - 1| = 3$ *(orientada no sentido anti-horário).*

Inicialmente, observe que as singularidades $z = 2$ *e* $z = 0$ *estão no interior da região limitada pela curva* C. *Vamos isolar cada singularidade considerando as curvas (todas orientadas no sentido anti-horário)*

$$\begin{aligned}C_1 &: \ |z| = 1/2 \\ C_2 &: \ |z - 2| = 1/2.\end{aligned}$$

Considerando as funções $h(z) = \frac{1}{(z-2)^2}$ *e* $g(z) = \frac{1}{z^3}$. *Podemos escrever*

$$\begin{aligned}\oint_C \frac{1}{z^3 (z-2)^2}\, dz &= \oint_{C_1} \frac{1}{z^3 (z-2)^2}\, dz + \oint_{C_2} \frac{1}{z^3 (z-2)^2}\, dz \\ &= \oint_{C_1} \frac{h(z)}{z^3}\, dz + \oint_{C_2} \frac{g(z)}{(z-2)^2}\, dz,\end{aligned}$$

Agora usando o Teorema 3.3.7 (Fórmula Integral de Cauchy), obtemos:
(1) Como $h(z) = \frac{1}{(z-2)^2}$ *é analítica na região limitada pela curva* C_1, *usando* $z_0 = 0$, $n = 2$, $h'(z) = -2(z-2)^{-3}$ *e* $h''(z) = 6(z-2)^{-4}$,

$$\oint_{C_1} \frac{h(z)}{z^3}\, dz = \frac{2\pi i}{2!} h''(0) = \frac{2\pi i}{2}\frac{3}{8} = \frac{3\pi i}{8}.$$

(2) Como $g(z) = \frac{1}{z^3}$ *é analítica na região limitada pela curva* C_2, *usando* $z_0 = 2$, $n = 1$, $g'(z) = -3z^{-4}$,

$$\oint_{C_2} \frac{g(z)}{(z-2)^2}\, dz = 2\pi\, i\, g'(2) = 2\pi\, i(-3/16) = -\frac{3\pi\, i}{8}.$$

Portanto,

$$\begin{aligned}\oint_C \frac{1}{z^3\,(z-2)^2}\, dz &= \oint_{C_1} \frac{1}{z^3\,(z-2)^2}\, dz + \oint_{C_2} \frac{1}{z^3\,(z-2)^2}\, dz \\ &= \oint_{C_1} \frac{h(z)}{z^3}\, dz + \oint_{C_2} \frac{g(z)}{(z-2)^2}\, dz \\ &= \frac{3\pi\, i}{8} - \frac{3\pi\, i}{8} = 0.\end{aligned}$$

✓

Exemplo 3.3.12. *Vamos calcular a integral* $\oint_C \frac{(z^2-1)\mathrm{e}^z}{z^3-5z^2+6z}\, dz$ *, onde* C *é a curva* $|z-4| = 3$ *(orientada no sentido anti-horário).*
Observe que podemos escrever

$$\oint_C \frac{(z^2-1)\mathrm{e}^z}{z^3-5z^2+6z}\, dz = \oint_C \frac{(z^2-1)\mathrm{e}^z}{z(z-2)(z-3)}\, dz.$$

Agora observe que as singularidades $z = 2$ *e* $z = 3$ *estão no interior da região limitada pela curva* C *(o ponto* $z = 0$ *é uma singularidade mas não está no interior da região limitada pela curva* C*). Considere as curvas*

$$\begin{aligned} C_1 &: \ |z-2| = r_1, \\ C_2 &: \ |z-3| = r_2, \end{aligned}$$

onde r_1 *e* r_2 *são tais que as curvas* C_1 *e* C_2 *sejam disjuntas. Considere também as funções*

$$h(z) = \frac{(z^2-1)\mathrm{e}^z}{z(z-3)} \quad \text{e} \quad g(z) = \frac{(z^2-1)\mathrm{e}^z}{z(z-2)}.$$

A função h *é analítica na região limitada pela curva* C_1*, e a função* g *é analítica na região limitada pela curva* C_2*. Logo,*

$$\oint_C \frac{(z^2-1)\mathrm{e}^z}{z(z-2)(z-3)}\, dz = \oint_{C_1} \frac{(z^2-1)\mathrm{e}^z}{z(z-2)(z-3)}\, dz$$

$$
\begin{aligned}
&+ \oint_{C_2} \frac{(z^2-1)\mathrm{e}^z}{z(z-2)(z-3)}\, dz \\
&= \oint_{C_1} \frac{h(z)}{z-2}\, dz + \oint_{C_2} \frac{g(z)}{z-3}\, dz \\
&= 2\pi\, i\, h(2) + 2\pi\, i\, g(3) \\
&= (\frac{16\pi}{3}\, \mathrm{e}^3 - 3\pi\, \mathrm{e}^2) i.
\end{aligned}
$$

✓

Exemplo 3.3.13. *Calcule* $\oint_C \frac{z+1}{z^3(z-1)} dz$ *onde* $C : |z| = 3$ *é o contorno percorrido no sentido anti-horário. Se tomarmos os contornos*

$$
\begin{aligned}
C_1 &: |z| = r_1, \\
C_2 &: |z-1| = r_2,
\end{aligned}
$$

com r_1 *e* r_2 *tais que* C_1 *e* C_2 *sejam disjuntas, então*

$$
\begin{aligned}
\oint_C \frac{z+1}{z^3(z-1)} dz &= \oint_{C_1} \frac{z+1}{z^3(z-1)} dz + \oint_{C_2} \frac{z+1}{z^3(z-1)} dz \\
&= \oint_{C_1} \frac{h(z)}{z^3} dz + \oint_{C_2} \frac{g(z)}{z-1} dz,
\end{aligned}
$$

onde $h(z) = \dfrac{z+1}{z-1}$ *e* $g(z) = \dfrac{z+1}{z^3}$. *Temos* $h''(z) = \dfrac{4}{(z-1)^3}$.

Usando a Fórmula de Cauchy para derivada, calculamos

$$
\oint_{C_1} \frac{h(z)}{z^3} dz = \frac{2\pi\, i}{2!} h''(0) = \pi\, i h''(0) = -\, 4\pi\, i.
$$

Agora,

$$
\oint_{C_2} \frac{g(z)}{z-1} dz = 2\pi\, i g(1) = 4\pi\, i.
$$

Portanto,

$$
\oint_C \frac{z+1}{z^3(z-1)} dz = -4\pi\, i + 4\pi\, i = 0.
$$

✓

Exemplo 3.3.14. *Vamos calcular a integral* $\oint_C \frac{e^{\pi z/2}}{z^3 - iz^2 + z - i}\, dz$, *onde a curva* C *é formada pelos lados do quadrado de vértices nos pontos* $\pm 2 \pm 2i$ *e é orientada no sentido anti-horário (figura 3.19).*

Podemos escrever, usando frações parciais,

$$f(z) = \frac{e^{\pi z/2}}{z^3 - iz^2 + z - i} = \frac{e^{\pi z/2}}{(z-i)^2(z+i)}$$

Considere as curvas

$$C_1 : |z - i| = \delta,$$
$$C_2 : |z + i| = \delta,$$

onde $\delta > 0$ *é suficientemente pequeno para que as curvas* C_1 *e* C_2 *sejam disjuntas (figura 3.19).*

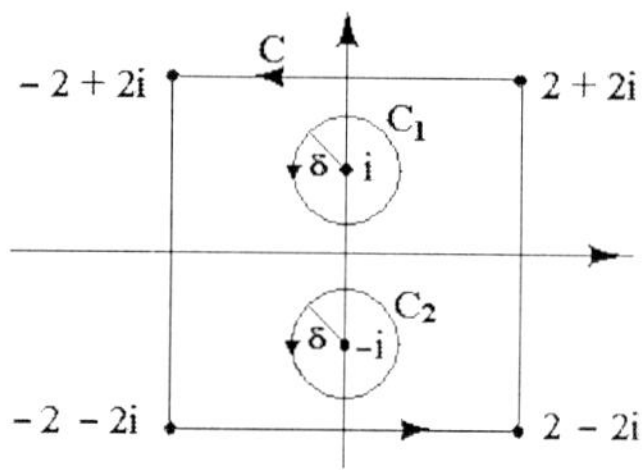

Figura 3.19: Exemplo 3.3.14

Podemos escrever, pelo Teorema 3.3.5,

$$\begin{aligned}\oint_C \frac{e^{\pi z/2}}{z^3 - iz^2 + z - i}\, dz &= \oint_{C_1} \frac{e^{\pi z/2}}{(z-i)^2(z+i)}\, dz \\ &\quad + \oint_{C_2} \frac{e^{\pi z/2}}{(z-i)^2(z+i)}\, dz \\ &= \oint_{C_1} \frac{g(z)}{(z-i)^2}\, dz + \oint_{C_2} \frac{h(z)}{(z+i)}\, dz,\end{aligned}$$

onde $g(z) = \frac{e^{\pi z/2}}{(z+i)}$ *e* $h(z) = \frac{e^{\pi z/2}}{(z-i)^2}$. *Temos que* g *é analítica na região limitada pela curva* C_1 *e* h *é analítica na região limitada pela curva* C_2.

Agora usando a Fórmula Integral de Cauchy:

(a) Temos $\displaystyle\oint_{C_1} \frac{g(z)}{(z-i)^2}\,dz = 2\pi\, i\, g'(i)$.

Como $g'(z) = \dfrac{\frac{\pi}{2}\mathrm{e}^{\pi\, z/2}(z+i) - \mathrm{e}^{\pi\, z/2}}{(z+i)^2}$ *e* $g'(i) = \dfrac{\pi+i}{4}$, *então*

$$\oint_{C_1} \frac{g(z)}{(z-i)^2}\,dz = 2\pi\, ig'(i) = 2\pi\, i\big(\frac{\pi+i}{4}\big) = -\frac{\pi}{2} + \frac{\pi^2}{2}\, i.$$

(b) Temos $\displaystyle\oint_{C_2} \frac{h(z)}{(z-i)^2}\,dz = 2\pi\, ih(-i) = 2\pi\, i\,\frac{i}{4} = -\frac{\pi}{2}$.

Portanto,

$$\begin{aligned}
\oint_C \frac{\mathrm{e}^{\pi z/2}}{z^3 - iz^2 + z - i}\,dz &= \oint_{C_1} \frac{\mathrm{e}^{\pi z/2}}{z^3 - iz^2 + z - i}\,dz \\
&\quad + \oint_{C_2} \frac{\mathrm{e}^{\pi z/2}}{z^3 - iz^2 + z - i}\,dz \\
&= \oint_{C_1} \frac{g(z)}{(z-i)^2}\,dz + \oint_{C_2} \frac{h(z)}{(z+i)}\,dz \\
&= 2\pi\, i\, g'(i) + 2\pi\, i\, h(-i) \\
&= -\pi + \frac{\pi^2}{2}\, i.
\end{aligned}$$

✓

Teorema 3.3.8. *(Desigualdade de Cauchy) Seja f uma função analítica no disco $D_r(z_0)$ e suponha que existe $M > 0$ tal que $|f(z)| \leq M$ em $|z - z_0| = r$. Então, para todo $n \in \mathbb{N}$, $|f^{(n)}(z)| \leq M\dfrac{n!}{r^n}$.*

Demonstração. Pela Fórmula Integral de Cauchy, se $C : |z - z_0| = r$ (orientada positivamente), temos

$$f^{(n)}(z_0) = \frac{n!}{2\pi\, i}\oint_C \frac{f(z)}{(z-z_0)^{n+1}}\,dz.$$

Logo,

$$|f^{(n)}(z_0)| \leq \frac{n!}{2\pi}\oint_C \frac{|f(z)|}{|z-z_0|^{n+1}}\,|dz|$$

$$
\begin{aligned}
&\leq \frac{n!}{2\pi} \frac{M}{r^{n+1}} \oint_C |dz| \\
&= \frac{n!}{2\pi} \frac{M}{r^{n+1}} 2\pi\, r \\
&= M\, \frac{n!}{r^n}.
\end{aligned}
$$

□

Teorema 3.3.9. *(Teorema de Liouville[3]) Seja $f : \mathbb{C} \to \mathbb{C}$ uma função inteira e limitada. Então f é constante.*

Demonstração. Como f é limitada, existe $M > 0$ tal que $|f(z)| \leq M$ para todo $z \in \mathbb{C}$. Seja $z_0 \in \mathbb{C}$ arbitrário e considere $\gamma(t) = z_0 + r\, e^{it}$ ($t \in [0, 2\pi]$ e $r > 0$ qualquer). Usando a Fórmula Integral de Cauchy, temos que

$$
f'(z_0) = \frac{1}{2\pi\, i} \oint_\gamma \frac{f(z)}{(z - z_0)^2}\, dz.
$$

Logo,

$$
\begin{aligned}
|f'(z_0)| &\leq \frac{1}{2\pi} \oint_\gamma \frac{|f(z)|}{|z - z_0|^2} |dz| \quad (\textit{usando que } |z - z_0| = r) \\
&\leq \frac{1}{2\pi} \oint_\gamma \frac{M}{r^2} |dz| \\
&= \frac{M}{2\pi\, r^2} \oint_\gamma |dz| \\
&= \frac{M}{2\pi\, r^2}\, 2\pi\, r \\
&= \frac{M}{r}.
\end{aligned}
$$

Como $r > 0$ é arbitrário, fazendo $r \to \infty$ obtemos que $|f'(z_0)| = 0$. Logo, $f'(z_0) = 0$ para qualquer $z_0 \in \mathbb{C}$. Portanto, f é constante. □

Teorema 3.3.10. *(Teorema Fundamental da Álgebra) Se $p(z) = a_n z^n n + \ldots + a_1 z + a_0 \in \mathcal{P}(\mathbb{C})$, com $n \geq 1$, então $p(z)$ possui pelo menos uma raiz complexa.*

---

[3]Joseph Liouville, 1809-1882.

Demonstração. Pelo Exemplo 2.2.12, Capítulo 2, temos que $\lim_{z\to\infty} p(z) = \infty$, ou seja, para $|z| > r$ temos que

$$|p(z)| \geq \frac{|a_n|}{n}\,|z|^n. \tag{3.3}$$

Suponha que não existe nenhum número complexo w com $p(w) = 0$. Então a função $f(z) = \dfrac{1}{p(z)}$ é uma função inteira. Logo, usando (3.3) dado $M > 0$ existe $r > 0$ tal que se $|z| > r$, então $|p(z)| \geq M$. Portanto, $|f(z)| = \dfrac{1}{|p(z)|} \leq \dfrac{1}{M}$ se $|z| > r$.

Como o disco $D_r[0] = \{z \in \mathbb{C} : |z| \leq r\}$ é fechado e limitado (ou seja, compacto), a função contínua $|f(z)|$ é limitada em $D_r[0]$, ou seja, existe uma constante $C > 0$ tal que $|f(z)| \leq C$ (com $z \in D_r[0]$).

Seja $C_1 = \max\{1/M, C\}$. Logo, $|f(z)| \leq C_1$ para todo $z \in \mathbb{C}$. Pelo Teorema de Liouville, temos que f é constante, o que é uma contradição pois o polinômio $p(z)$ não é constante.

Portanto, existe algum número complexo w tal que $p(w) = 0$. □

Exemplo 3.3.15. *Seja $f : \mathbb{C} \to \mathbb{C}$ uma função analítica tal que sua parte real satisfaz $\mathrm{Re}(f(z)) \leq M$ uma constante positiva ($M > 0$). Então f é constante em $\mathbb{C}$.*

De fato, como a função f é inteira, definindo $g(z) = \mathrm{e}^{f(z)}$, temos que g também é uma função inteira. Além disso, temos

$$|g(z)| = \mathrm{e}^{\mathrm{Re}(f(z))} \leq \mathrm{e}^{M}.$$

Logo, pelo Teorema de Liouville, a função g é constante, ou seja, $g(z) = \mathrm{e}^{f(z)} = C$ (constante). Portanto, f também é uma constante em $\mathbb{C}$. ✓

Exemplo 3.3.16. *Vamos verificar que $\dfrac{1}{2\pi i}\displaystyle\oint_{|z|=3} \frac{\mathrm{e}^{zt}}{z^2+1}\,dz = \mathrm{sen}(t)$, com $t \in \mathbb{R}$, com a curva $|z| = 3$ no sentido anti-horário. De fato, usando frações parciais, podemos escrever*

$$\frac{1}{z^2+1} = \frac{1}{(z-i)(z+i)} = \frac{1}{2i}\left(\frac{1}{z-i} - \frac{1}{z+i}\right).$$

Logo,

$$\frac{1}{2\pi i}\oint_{|z|=3}\frac{e^{zt}}{z^2+1}\,dz = \frac{1}{2\pi i}\frac{1}{2i}\left(\oint_{|z|=3}\frac{e^{zt}}{z-i}\,dz - \oint_{|z|=3}\frac{e^{zt}}{z+i}\,dz\right).$$

Como a função $f(z) = e^{zt}$ é uma função inteira, então pela Fórmula Integral de Cauchy temos

$$\frac{1}{2\pi i}\oint_{|z|=3}\frac{e^{zt}}{z-i}\,dz = f(i) = e^{it}$$
$$\frac{1}{2\pi i}\oint_{|z|=3}\frac{e^{zt}}{z+i}\,dz = f(-i) = e^{-it}.$$

Portanto,

$$\begin{aligned}\frac{1}{2\pi i}\oint_{|z|=3}\frac{e^{zt}}{z^2+1}\,dz &= \frac{1}{2\pi i}\frac{1}{2i}\left(\oint_{|z|=3}\frac{e^{zt}}{z-i}\,dz - \oint_{|z|=3}\frac{e^{zt}}{z+i}\,dz\right)\\ &= \frac{1}{2i}(e^{it} - e^{-it})\\ &= \operatorname{sen}(t).\end{aligned}$$

✓

Teorema 3.3.11. *(Morera)* [4] *Suponha que f seja contínua em uma região simplesmente conexa Ω e que $\oint_\gamma f(z)\,dz = 0$ para toda curva simples fechada γ contida em Ω. Então f é analítica em Ω.*

Demonstração. Seja $z_0 \in \Omega$ um ponto fixado. Se $w \in \Omega$, sejam γ_1 e γ_2 duas curvas simples ligando z_0 e w. Logo, $\gamma = \gamma_1 \cup (-\gamma_2)$ é uma curva fechada simples em Ω. Pela hipótese, obtemos

$$0 = \oint_\gamma f(z)\,dz = \int_{\gamma_1} f(z)\,dz - \int_{\gamma_2} f(z)\,dz,$$

ou seja, $\int_{\gamma_1} f(z)\,dz = \int_{\gamma_2} f(z)\,dz$. Com isso, obtemos que o valor da integral $\int_{z_0}^{w} f(z)\,dz$ é independente da curva ligando z_0 e w. Portanto,

[4] Giacento Morera, 1856 - 1909

podemos definir a função F em Ω por

$$F(w) = \int_{z_0}^{w} f(z)\,dz.$$

Fazendo a mesma demonstração do Teorema 3.3.3, obtemos que $F'(w) = f(w)$. Logo, F é analítica em Ω. Pela Fórmula Integral de Cauchy temos que f também é analítica. □

Teorema 3.3.12. *(Teorema do Valor Médio) Seja $f = f(z)$ uma função analítica em $\Omega = \{z \in \mathbb{C} : |z - z_0| \leq r\}$. Então*

$$f(z_0) = \frac{1}{2\pi}\int_0^{2\pi} f(z_0 + re^{it})\,dt.$$

Demonstração. Aplicando a Fórmula Integral de Cauchy com a curva $\gamma(t) = z_0 + re^{it}$, com $t \in [0, 2\pi]$, obtemos

$$\begin{aligned} f(z_0) &= \frac{1}{2\pi i}\oint_\gamma \frac{f(z)}{z - z_0}\,dz \\ &= \frac{1}{2\pi i}\int_0^{2\pi} \frac{f(z_0 + re^{it})\,ire^{it}}{z_0 + re^{it} - z_0}\,dt \\ &= \frac{1}{2\pi i}\int_0^{2\pi} f(z_0 + re^{it})i\,dt \\ &= \frac{1}{2\pi}\int_0^{2\pi} f(z_0 + re^{it})\,dt. \end{aligned}$$

□

Exemplo 3.3.17. *Seja $f : \mathbb{C} \to \mathbb{C}$ uma função analítica e limitada. Se w_0 e $w_1 \in \mathbb{C}$ são dois números complexos quaisquer, então*

$$\lim_{r\to\infty} \oint_{|z|=r} \frac{f(z)}{(z - w_0)(z - w_1)}\,dz = 0.$$

De fato, como f é limitada então $|f(z)| \leq M$ para todo $z \in \mathbb{C}$ (onde $M > 0$ é uma constante). Logo, usando que $|z - w| \geq |z| - |w|$, então se $|z| = r$ temos

$$\left|\frac{f(z)}{(z - w_0)(z - w_1)}\right| \leq \frac{|f(z)|}{|z - w_0||z - w_1|}$$

$$
\begin{aligned}
&\leq \frac{M}{|z-w_0||z-w_1|}\\
&\leq \frac{M}{(|z|-|w_0|)(|z|-|w_1|)}\\
&= \frac{M}{(r-|w_0|)(r-|w_1|)}.
\end{aligned}
$$

Logo,

$$
\begin{aligned}
\left|\oint_{|z|=r} \frac{f(z)}{(z-w_0)(z-w_1)}\,dz\right| &\leq \oint_{|z|=r} \frac{|f(z)|}{|z-w_0||z-w_1|}|dz|\\
&\leq \frac{M}{(r-|w_0|)(r-|w_1|)} \oint_{|z|=r} |dz|\\
&= \frac{2\pi r M}{(r-|w_0|)(r-|w_1|)}.
\end{aligned}
$$

Como $\lim_{r\to\infty} \frac{2\pi r M}{(r-|w_0|)(r-|w_1|)} = 0$, *então obtemos*

$$
\lim_{r\to\infty} \oint_{|z|=r} \frac{f(z)}{(z-w_0)(z-w_1)}\,dz = 0,
$$

para quaisquer w_0 *e* w_1.

Com isso, podemos demonstrar o Teorema de Liouville, pois se w_0 *e* w_1 *são dois números complexos quaisquer (fixado), então existe* $r > 0$ *tal que* $|w_0| < r$ *e* $|w_1| < r$. *Agora, aplicando a Fórmula Integral de Cauchy, obtemos*

$$
\begin{aligned}
&\oint_{|z|=r} \frac{f(z)}{(z-w_0)(z-w_1)}\,dz\\
&= \oint_{|z|=r} \frac{f(z)}{w_0-w_1}\left(\frac{1}{z-w_0} - \frac{1}{z-w_1}\right) dz\\
&= \frac{1}{w_0-w_1}\left(\oint_{|z|=r} \frac{f(z)}{z-w_0}\,dz - \oint_{|z|=r} \frac{f(z)}{z-w_1}\,dz\right)\\
&= \frac{f(w_0)-f(w_1)}{w_0-w_1}.
\end{aligned}
$$

Logo,

$$
0 = \lim_{r\to\infty} \oint_{|z|=r} \frac{f(z)}{(z-w_0)(z-w_1)}\,dz = \frac{f(w_0)-f(w_1)}{w_0-w_1},
$$

ou seja, $f(w_0) = f(w_1)$ *para quaisquer* $w_0, w_1 \in \mathbb{C}$. *Portanto,* f *é constante.* ✓

Exemplo 3.3.18. *Seja* $p(z) = a_n z^n + ... + a_1 z + a - 0$ *(com* $a_n \neq 0$*) um polinômio de grau* n *e* γ *uma curva fechada simples (orientada no sentido positivo) que contém na região limitada por ela todas as raízes* $\alpha_1, \alpha_2, ..., \alpha_n$ *de* p. *Vamos calcular* $\oint_\gamma \frac{zp'(z)}{p(z)}\,dz$ *e* $\oint_\gamma \frac{z^2 p'(z)}{p(z)}\,dz$.
Pelo Corolário 1.4.1, podemos escrever $p(z) = a_n(z-\alpha_1)...(z-\alpha_n)$. *Com isso, temos*

$$\mathrm{Log}(p(z)) = \mathrm{Log}(a_n) + \mathrm{Log}(z-\alpha_1) + ... + \mathrm{Log}(z-\alpha_n).$$

Derivando a expressão, obtemos

$$\frac{p'(z)}{p(z)} = \frac{1}{z-\alpha_1} + ... + \frac{1}{z-\alpha_n},$$

e portanto,

$$\frac{zp'(z)}{p(z)} = \frac{z}{z-\alpha_1} + ... + \frac{z}{z-\alpha_n}.$$

Usando a fórmula integral de Cauchy, obtemos

$$\begin{aligned}\oint_\gamma \frac{zp'(z)}{p(z)}\,dz &= \oint_\gamma \frac{z}{z-\alpha_1}dz + ... + \oint_\gamma \frac{z}{z-\alpha_n}dz\\ &= 2\pi\alpha_1 + ...2\pi i\alpha_n\\ &= 2\pi i(\alpha_1 + ... + \alpha_n).\end{aligned}$$

Também temos

$$\begin{aligned}\oint_\gamma \frac{z^2p'(z)}{p(z)}\,dz &= \oint_\gamma \frac{z^2}{z-\alpha_1}dz + ... + \oint_\gamma \frac{z^2}{z-\alpha_n}dz\\ &= 2\pi\alpha_1^2 + ...2\pi i\alpha_n^2\\ &= 2\pi i(\alpha_1^2 + ... + \alpha_n^2).\end{aligned}$$

✓

Exercícios

[**1**] Calcule a integral $\oint_C f(z)\,dz$, para $f = f(z)$ dada e sobre a curva C (orientada positivamente).

(a) $f(z) = \dfrac{3z^4}{(z+i)(z-6i)^2}$, $C : |z| = 10$.

(b) $f(z) = \dfrac{1}{(z+i)z^4}$, $C : |z-i| = 3/2$.

(c) $f(z) = \dfrac{e^{2z} - z^2}{z\,(z-2)^3}$, $C : |z-1| = 3$.

(d) $f(z) = \dfrac{\operatorname{sen}(z)}{(z - \frac{\pi}{4})(z-1)^2}$, $C : |z| = 2$.

(e) $f(z) = \dfrac{z+1-e^z}{z(z+3)}$, $C : |z-i| = 4$.

(f) $f(z) = \dfrac{\operatorname{Log}(z^2+2)}{(3z-2)^2}$, $|z| = 1$.

(g) $f(z) = \dfrac{z^2-3z+4}{z^2-4z+3}$, $C : |z-i| = 3$.

(h) $f(z) = \dfrac{1+\operatorname{sen}(z)}{e^z\,z^2(z-1)}$, $C : |z-1| = 5$.

(i) $f(z) = \dfrac{\cos(z)}{z\,(z+3i)^6}$, $C : |z+i| = 3/2$.

(j) $f(z) = \dfrac{1}{z^2+2z-3}$, $C : |z| = 2$

(k) $f(z) = \dfrac{\operatorname{Log}(z+3)}{z(z^2+9)}$, $C : |z| = 2$.

(l) $f(z) = \dfrac{e^z}{z^2-2iz+3}$, $C : |z| = 5$.

(m) $f(z) = \dfrac{1}{(z^2-2z+5)(z-1)}$,
C o quadrado de vétices nos pontos $-4i, 4, 4i, -4$.

(n) $f(z) = \dfrac{\operatorname{sen}(\pi z^2) + \cos(\pi z^2)}{z^2 - 3z + 2}$, $C : |z| = 5$.

(o) $f(z) = \dfrac{\cos(2\pi z)}{2z^2 + 7z - 4}$,

C o quadrado de vértices nos pontos $1 + i, -1 + i, -1 - i, 1 - i$.

(p) $f(z) = \dfrac{\operatorname{sen}(z)}{z^4}$, $C : |z| = 1$.

[2] (a)Calcule a integral $\displaystyle\oint_C \frac{e^{kz}}{z}\, dz$, $C : |z| = 1$ e $k \in \mathbb{R}$.

(b)Use a parte (a) para calcular o valor da integral $\displaystyle\int_0^{\pi} e^{k\cos(t)} \cos(k \operatorname{sen}(t))\, dt$.

[3] Calcule a integral $\displaystyle\oint_C \frac{e^z}{z^2 + 4}\, dz$, nos casos

(a) $C : |z| = 4$; (b) $C : |z - 2i| = 2$.

[4] Calcule $\displaystyle\oint_C \frac{e^z}{z^2 + a^2}\, dz$, sendo $a \in \mathbb{R}$, $a > 0$, nos casos

(a) $C : |z| = 2a$;

(b) $C : |z - ai| = a$.

[5] Calcule $\displaystyle\oint_\gamma \frac{e^{\alpha z}}{z^{n+1}}\, dz$, sendo $\alpha \in \mathbb{C}$ fixado, $n \in \mathbb{N}$ e $\gamma(t) = e^{it}$ com $t \in [0, 2\pi]$.

[6] Sejam γ uma curva fechada simples (orientada positivamente) e $p(z)$ um polinômio de grau n cujas raízes (todas) estão no interior da região limitada pela curva γ. Prove que $\displaystyle\oint_\gamma \frac{p'(z)}{p(z)}\, dz = 2n\pi i$.

[7] Calcule $\displaystyle\oint_\gamma \frac{2 + 3\operatorname{sen}(\pi z)}{z(z-2)^2} dz$, onde a curva γ é o quadrado de vértices nos pontos $3 + 3i$, $3 - 3i$, $-3 + 3i$ e $-3 - 3i$ (orientada positivamente).

[8] Calcule $\displaystyle\oint_\gamma \frac{e^z}{z^2(z^2 + 2z + 2)} dz$, nos casos

(a) γ a circunfêrencia $|z| = 1$;

(b) γ a circunfêrencia $|z| = 3$;

em ambos os casos, γ orientada positivamente.

[9] Seja γ a fronteira do quadrado de vértices nos pontos $2+2i$, $-2+2i$, $-2 - 2i$ e $2 - 2i$ orientada no sentido anti-horário. Calcule as seguintes integrais.

$$(a)\ \oint_\gamma \frac{e^{-z}}{z-\frac{\pi}{2}}\,dz.$$

$$(b)\ \oint_\gamma \frac{\cos(z)}{z(z^2+8)}\,dz.$$

$$(c)\ \oint_\gamma \frac{\cosh(z)}{z^4}\,dz.$$

[10] Calcule a integral $\displaystyle\oint_\gamma \frac{\operatorname{sen}(\pi z^2)+\cos(\pi z^2)}{z^2-3z+2}\,dz$, onde γ é a elipse $|z-1|+|z+2|=8$ orientada no sentido anti-horário.

[11] (a) Calcule $\displaystyle\oint_\gamma \frac{\cos(z)}{z}\,dz$, onde $\gamma(t)=e^{it}$, $t\in[0,2\pi]$.

(b) Use (a) para determinar o valor da integral

$$\int_0^{2\pi} \cos(\cos(t))\cosh(\operatorname{sen}(t))\,dt.$$

Capítulo 4

Série de Taylor e Série de Laurent

4.1 Sequências e Séries de Números Complexos

Nesta seção vamos introduzir sequências e séries de números complexos. As noções básicas de convergência, divergência e limite para sequências e séries de números complexos são muito semelhantes às mesmas noções que no caso de números reais.

Definição 4.1.1. *Uma* ***sequência*** *de números complexos é uma função* $f : \mathbb{N} \to \mathbb{C}$ *que pode ser denotada por*

$$f(1), f(2), ..., f(n), ...$$

Outra notação: $z_n = f(n)$, $\{z_n\} = \{z_1, z_2, ..., z_n, ...\}$.

Os números $z_1, z_2, ...$ são chamados os *termos* da sequência; em particular, o termo z_n é chamado *termo geral*

Exemplo 4.1.1. *A aplicação* $f : \mathbb{N} \to \mathbb{C}$ *definida por* $f(n) = (-1)^n + \dfrac{i}{n}$ *define a sequência*

$$z_1 = -1 + i,$$

$$\begin{aligned}
z_2 &= 1 + \frac{i}{2},\\
z_3 &= -1 + \frac{i}{3},\\
&\vdots\\
z_n &= (-1)^n + \frac{i}{n}.
\end{aligned}$$

✓

Uma sequência $\{z_n\}$ de números complexos é *convergente* se existe um número complexo L tal que para todo $\varepsilon > 0$ existe $M > 0$ tal que se $n > M$ implica $|z_n - L| < \varepsilon$, e usaremos a notação $\lim\limits_{n\to\infty} z_n = L$.

Uma sequência que não é convergente, é chamada sequência *divergente.*

Teorema 4.1.1. *Considere uma sequência de números complexos $\{z_n\}$, $z_n = x_n + i\,y_n$. Então $\lim\limits_{n\to\infty} z_n = a + i\,b$ se, e somente se, $\lim\limits_{n\to\infty} x_n = a$ e $\lim\limits_{n\to\infty} y_n = b$.*

Demonstração. ($\Leftarrow$) Se $z = x + iy$, então $|x| \leq |z|$ e $|y| \leq |z|$, e também $|z| \leq |x| + |y|$. Com isso, temos

$$|z_n - (a + ib)| = |(x_n - a) + i(y_n - a)| \leq |x_n - a| + |y_n - b|,$$

e portanto, se $\lim x_n = a$ e $\lim y_n = b$, então $\lim z_n = a + ib$.
($\Rightarrow$) Também temos

$$|x_n - a| \leq |(x_n - a) + i(y_n - b)| \quad \text{e} \quad |y_n - b| \leq |(x_n - a) + i(y_n - b)|.$$

Logo, se $\lim z_n = a + ib$, então $\lim x_n = a$ e $\lim y_n = b$. □

Exemplo 4.1.2. *Considere a sequência $\{z_n\}$, $z_n = \dfrac{(-1)^n}{n} + i\cos(1/n)$. Temos $x_n = \mathrm{Re}(z_n) = (-1)^n/n$ e $\mathrm{Im}(z_n) = \cos(1/n)$. Como*

$$\begin{aligned}
\lim_{n\to\infty} x_n &= \lim_{n\to\infty} \frac{(-1)^n}{n} = 0\\
\lim_{n\to\infty} y_n &= \lim_{n\to\infty} \cos(1/n) = \cos(0) = 1,
\end{aligned}$$

obtemos que $\lim\limits_{n\to\infty} z_n = i$. ✓

Exemplo 4.1.3. *Considere a sequência* $z_n = \dfrac{2n-i}{n+3i}$. *Podemos escrever*

$$\begin{aligned} z_n &= \frac{2n-i}{n+3i} \\ &= \frac{2n-i}{n+3i}.\frac{n-3i}{n-3i} \\ &= \frac{2n^2-3}{n^2+9} - \frac{7n}{n^2+9}i \\ &= x_n + iy_n, \end{aligned}$$

onde

$$\begin{aligned} x_n &= \mathrm{Re}(z_n) = \frac{2n^2-3}{n^2+9} \to 2, \text{ com } n \to \infty, \\ y_n &= \mathrm{Im}(z_n) = -\frac{7n}{n^2+9} \to 0, \text{ com } n \to \infty. \end{aligned}$$

Portanto, $z_n = \dfrac{2n-i}{n+3i} = \dfrac{2n^2-3}{n^2+9} - \dfrac{7n}{n^2+9}i \to 2 + i0 = 2.$ ✓

Definição 4.1.2. *Uma sequência* $\{z_n\}$ *de números complexos é chamada sequência de Cauchy se para todo* $\varepsilon > 0$ *existir* $n_0 \in \mathbb{N}$ *tal que se* $m, n \in \mathbb{N}$, $m > n > n_0$ *implica* $|z_m - z_n| < \varepsilon$.

Teorema 4.1.2. *(Princípio da Convergência de Cauchy) Uma sequência de números complexos* $\{z_n\}$ *é convergente se, e somente se, para todo* $\varepsilon > 0$ *existe* $n_0 \in \mathbb{N}$ *(que em geral depende de* ε*) tal que* $|z_m - z_n| < \varepsilon$ *para todo* $m > n > n_0$ *(ou seja, se* $\{z_n\}$ *é sequência de Cauchy).*

Demonstração. ($\Rightarrow$) Se $\{z_n\}$ é convergente, seja $z = \lim z_n$. Para todo $\varepsilon > 0$ existe $n_0 \in \mathbb{N}$ tal que se $n > n_0$ então $|z_n - z| < \varepsilon/2$. Se $m > n > n_0$, então

$$|z_m - z_n| \leq |z_m - z| + |z_n - z| < \varepsilon/2 + \varepsilon/2 = \varepsilon,$$

e portanto, $\{z_n\}$ é sequência de Cauchy.
($\Leftarrow$) Seja $z_n + i\,y_n$. Se para todo $\varepsilon > 0$ existe $n_0 \in \mathbb{N}$ tal que se $m > n > n_0$ temos $|z_m - z_n| < \varepsilon$, então

$$|x_m - x_n| \leq |z_m - z_n| < \varepsilon,$$

$$|y_m - y_n| \leq |z_m - z_n| < \varepsilon.$$

Portanto, $\{x_n\}$ e $\{y_n\}$ são sequências de Cauchy de números reais. Logo, $\{x_n\}$ e $\{y_n\}$ são convergentes (ou seja, $\lim x_n = a$ e $\lim y_n = b$). Com isso, obtemos que $\lim z_n = a + b\,i$, ou seja, $\{z_n\}$ é convergente. $\square$

Exemplo 4.1.4. *Seja* $z_n = \dfrac{n + ni + i}{n}$. *Podemos escever*

$$z_n = 1 + i\big(1 + \frac{1}{n}\big).$$

Como $\mathrm{Re}(z_n) = 1$ *e* $\mathrm{Im}(z_n) = 1 + \dfrac{1}{n} \to 1$ *quando* $n \to \infty$, *então*

$$\lim_{n\to\infty} z_n = 1 + i.$$

✓

Definição 4.1.3. *Uma sequência* $\{z_n\}$ *de números complexos tem limite infinito (*$\lim z_n = \infty$ *ou* $z_n \to \infty$*) quando* $|z_n| \to \infty$ *(*$\{|z_n|\}$ *é uma sequência de números reais), ou seja, quando para todo* $M > 0$ *existir* $n_0 \in \mathbb{N}$ *tal que se* $n \in \mathbb{N}$, $n \geq n_0$ *implica* $|z_n| > M$.

Exemplo 4.1.5. *Considere* $z_n = (1+i)^n$ *(veja figura 4.1). Podemos escrever, na forma polar,*

$$(1+i) = \sqrt{2}\bigg(\cos(\pi/4) + i\,\mathrm{sen}(\pi/4)\bigg).$$

Logo,

$$z_n = (1+i)^n = (\sqrt{2})^n\bigg(\cos(n\pi/4) + i\,\mathrm{sen}(n\pi/4)\bigg).$$

Como $|z_n| = (\sqrt{2})^n$, *temos que* $\lim\limits_{n\to\infty} |z_n| = \infty$.

✓

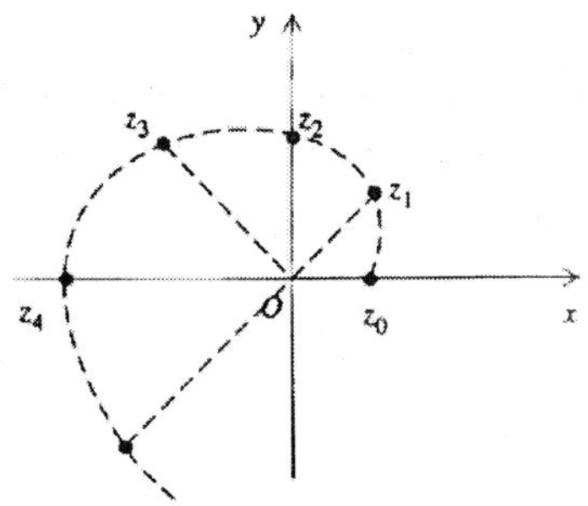

Figura 4.1: Exemplo 4.1.5

Séries de Números Complexos

Definição 4.1.4. *Seja $\{z_n\}$ uma sequência de números complexos. Considere a seguinte sequência $\{S_n\}$ definida por*

$$\begin{aligned} S_1 &= z_1, \\ S_2 &= z_1 + z_2, \\ &\vdots \\ S_n &= z_1 + z_2 + \ldots + z_n. \end{aligned}$$

Se o limite da sequência $\{S_n\}$ existe, é chamado uma série infinita ou uma série de números complexos. Assim, a série é a soma de todos os termos de uma sequência infinita

$$\sum_{n=1}^{\infty} z_n = z_1 + z_2 + \ldots + z_n + \ldots.$$

e por definição

$$\lim_{n \to \infty} S_n = \sum_{n=1}^{\infty} z_n.$$

Os números $z_1, z_2, \ldots$ são chamados de termos da série. Já S_1,S_2,..., S_n... são chamadas de *somas parciais* da série e a sequência $\{S_n\}$ é chamada sequência das somas parciais da série $\sum_{n=1}^{\infty} z_n$.

Temos que a série $\sum_{n=1}^{\infty} z_n$ é convergente se, e somente se, a sequência das somas parciais $\{S_n\}$ for convergente, ou seja, se $\lim_{n\to\infty} S_n = S$. Uma série não convergente é chamada divergente .

Exemplo 4.1.6. *Considere a sequência* $\left\{\dfrac{5i}{2^n}\right\}$. *Temos*

$$S_1 = \frac{5i}{2}$$
$$S_2 = 5i\left(\frac{1}{2} + \frac{1}{2^2}\right)$$
$$\vdots$$
$$S_n = 5i\left(\frac{1}{2} + \frac{1}{2^2} + \dots + \frac{1}{2^n}\right).$$

Como $\sum_{n=1}^{\infty} \dfrac{1}{2^n} = 1$, *então*

$$\sum_{n=1}^{\infty} \frac{5i}{2^n} = 5i.$$

✓

Se cada elemento da série $\sum_{n=1}^{\infty} z_n$ poder ser escrito na forma $z_n = x_n + i\,y_n$, então podemos escrever a soma parcial S_n como

$$S_n = \mathrm{Re}(S_n) + \mathrm{Im}(S_n)\,i$$

onde

$$\mathrm{Re}(S_n) = \sum_{k=1}^{n} x_k = \sum_{k=1}^{n} \mathrm{Re}(z_n) \quad \text{e} \quad \mathrm{Im}(S_n) = \sum_{k=1}^{n} y_k = \sum_{k=1}^{n} \mathrm{Im}(z_n).$$

Teorema 4.1.3. *Suponha que* $\sum z_n$ *é uma série com soma parcial*

$$S_n = \mathrm{Re}(S_n) + i\,\mathrm{Im}(S_n).$$

Então a série converge se, e somente se, as sequências $\{\mathrm{Re}(S_n)\}$ *e* $\{\mathrm{Im}(S_n)\}$ *são ambas convergentes.*

Demonstração. ($\Rightarrow$) Seja $\{S_n\}$ a sequência das somas parciais da série $\sum z_n$. Se $\{S_n\}$ é convergente, então existe $S = a + i\,b$ tal que $S = \lim S_n$, ou seja, para todo $\varepsilon > 0$ existe $n_0 \in \mathbb{N}$ tal que se $n > n_0$ então $|S_n - S| < \varepsilon$. Com isso, para $n > n_0$ obtemos

$$|\text{Re}(S_n) - \text{Re}(S)| \leq |S_n - S| < \varepsilon,$$
$$|\text{Im}(S_n) - \text{Im}(S)| \leq |S_n - S| < \varepsilon.$$

Portanto, $\lim \text{Re}(S_n)$ e $\lim \text{Im}(S_n)$ existem, ou seja, as séries de números reais $\sum \text{Re}(S_n)$ e $\sum \text{Im}(S_n)$ são convergentes.

($\Leftarrow$) Se $\text{Re}(S_n) = \sum_{k=1}^{n} x_k$ e $\text{Im}(S_n) = \sum_{k=1}^{n} y_k$ são sequências de números reais convergentes, então existem $a, b \in \mathbb{R}$ tais que $a = \lim \text{Re}(S_n) = \sum_{k=1}^{\infty} x_k$ e $b = \lim \text{Im}(S_n) = \sum_{k=1}^{\infty} y_k$. Para todo $\varepsilon > 0$, existe $n_0 \in \mathbb{N}$ tal que se $n > n_0$

$$|\text{Re}(S_n) - a| < \varepsilon/2,$$
$$|\text{Im}(S_n) - b| < \varepsilon/2.$$

Logo,

$$\begin{aligned} |S_n - (a + ib)| &= |(\text{Re}(S_n) - a) + i(\text{Im}(S_n) - b)| \\ &\leq |\text{Re}(S_n) - a| + |\text{Im}(S_n) - b| \\ &< \varepsilon/2 + \varepsilon/2 = \varepsilon. \end{aligned}$$

Portanto, $\lim S_n = a + b\,i$. Logo, a série de números complexos $\sum z_n$ é convergente, e neste caso

$$\sum_{n=1}^{\infty} z_n = \sum_{n=1}^{\infty} x_n + i \sum_{n=1}^{\infty} y_n.$$

□

Exemplo 4.1.7. *Considere a sequência de números complexos $\{z_n\}$, sendo $z_n = \dfrac{1}{n^2} + \dfrac{(-1)^n}{n} i$, e considere a série $\sum_{n=1}^{\infty} z_n$. Como*

$$\text{Re}(S_n) = \sum_{k=1}^{n} \frac{1}{k^2} \to \sum_{k=1}^{\infty} \frac{1}{k^2} \quad \text{(convergente)}$$

$$\operatorname{Im}(S_n) = \sum_{k=1}^{n} \frac{(-1)^k}{k} \to \sum_{k=1}^{\infty} \frac{(-1)^k}{k} \quad \text{(convergente)}$$

temos que $\sum_{n=1}^{\infty} z_n = \sum_{n=1}^{\infty} \left(\frac{1}{n^2} + \frac{(-1)^n}{n} i \right)$ *é convergente e*

$$\sum_{n=1}^{\infty} \left(\frac{1}{n^2} + \frac{(-1)^n}{n} i \right) = \sum_{n=1}^{\infty} \frac{1}{n^2} + i \sum_{n=1}^{\infty} \frac{(-1)^n}{n}.$$

✓

Teorema 4.1.4. *Se a série* $\sum_{n=1}^{\infty} z_n$ *é convergente, então* $\lim_{n\to\infty} z_n = 0$.

Demonstração. Como a série $\sum z_n$ é convergente, então existe S tal que $S = \lim S_n$ (onde $S_n = \sum_{k=1}^{n} z_k$). Logo,

$$S_n - S_{n-1} = \sum_{k=1}^{n} z_k - \sum_{k=1}^{n-1} z_k = z_n.$$

Com isso, obtemos

$$\begin{aligned} \lim z_n &= \lim(S_n - S_{n-1}) \\ &= \lim S_n - \lim S_{n-1} \\ &= S - S \\ &= 0. \end{aligned}$$

□

A recíproca do Teorema 4.1.4 não é verdadeira. Por exemplo, se $z_n = \frac{1+i}{n}$, temos que $\lim_{n\to\infty} z_n = 0$, mas a série $\sum_{n=1}^{\infty} \frac{1+i}{n}$ é divergente, pois $\sum_{n=1}^{\infty} \frac{1}{n}$ é divergente.

Definição 4.1.5. *Uma série* $\sum z_n$ *é* ***absolutamente convergente*** *se* $\sum |z_n|$ *é convergente. A série* $\sum z_n$ *é* ***condicionalmente convergente*** *se* $\sum z_n$ *converge e* $\sum |z_n|$ *é divergente.*

Teorema 4.1.5. *Se* $\sum |z_n|$ *é convergente, então* $\sum z_n$ *é convergente.*

Demonstração. Seja $\{S_n^*\}$ e $\{S_n\}$ as sequências das somas parciais de $\sum |z_n|$ e $\sum z_n$ respectivamente. Como $\{S_n^*\}$ é convergente, pelo Princípio da Convergência de Cauchy, existe $n_0 \in \mathbb{N}$ tal que para $m > n > n_0$ temos $|S_m^* - S_n^*| < \varepsilon$, ou seja,

$$|S_m^* - S_n^*| = \big||z_{n+1}| + ... + |z_m|\big| = |z_{n+1}| + ... + |z_m| < \varepsilon.$$

Com isso, obtemos

$$\begin{aligned}|S_m - S_n| &= |z_{n+1} + ... + z_m| \\ &\leq |z_{n+1}| + ... + |z_m| < \varepsilon.\end{aligned}$$

Portanto, $\{S_n\}$ é convergene (pelo Príncipio da Convergência de Cauchy), ou seja, $\sum z_n$ é convergente. □

Exemplo 4.1.8. *Considere a série* $\sum_{n=1}^{\infty}(-1)^n\frac{1+i}{n}$. *Temos que,*

(a) $\sum_{n=1}^{\infty}\left|(-1)^n\frac{1+i}{n}\right| = \sum_{n=1}^{\infty}\frac{\sqrt{2}}{n}$ *é divergente.*

(b) Mas, podemos escrever

$$\sum_{n=1}^{\infty}(-1)^n\frac{1+i}{n} = \sum_{n=1}^{\infty}\left(\frac{(-1)^n}{n} + i\frac{(-1)^n}{n}\right).$$

Temos que a parte real e a parte imaginária são $\sum_{n=1}^{\infty}\frac{(-1)^n}{n}$ *que é convergente. Portanto, a série* $\sum_{n=1}^{\infty}(-1)^n\frac{1+i}{n}$ *é convergente. Logo, a série é condicionalmente convergente.* ✓

Exemplo 4.1.9. *Considere a série* $\sum_{n=1}^{\infty}\frac{i^n}{n^2}$. *Temos que*

$$\sum_{n=1}^{\infty}\left|\frac{i^n}{2^n}\right| = \sum_{n=1}^{\infty}\frac{1}{n^2}$$

é uma série convergente. Portanto, a série $\sum_{n=1}^{\infty} \frac{i^n}{n^2}$ *é absolutamente convergente. Logo,* $\sum_{n=1}^{\infty} \frac{i^n}{n^2}$ *é convergente.* ✓

Observação 4.1.1. *Resumo de testes para série de números reais.*

(1) ***Teste da Razão****: Seja* $\sum a_n$ *uma série de termos positivos* $a_n \in \mathbb{R}$*, tal que* $\lim_{n\to\infty} \frac{a_{n+1}}{a_n} = r$.

(a) Se $r < 1$ *a série é convergente.*
(b) Se $r > 1$ *a série é divergente.*

(2) ***Teste da Raiz****: Seja* $\sum a_n$ *uma série de termos não negativos e suponha que* $\lim_{n\to\infty} \sqrt[n]{a_n} = r$.

(a) Se $r < 1$ *a série converge.*
(b) se $r > 1$ *a série diverge.*

(3) ***Teste da Integral****: Seja* $\sum a_n$ *uma série de termos não negativos e suponha que* $a_n = f(n)$ *onde* f *é uma função não negativa, decrescente para* $x \geq 1$.

(a) Se a integral $\int_1^{\infty} f(x)\, dx$ *for convergente, então a série* $\sum a_n$ *é convergente.*

(b) Se a integral $\int_1^{\infty} f(x)\, dx$ *for divergente, então a série* $\sum a_n$ *é divergente (veja o Apêndice sobre integrais impróprias).*

(4) ***Teste da Comparação****: Sejam* $\sum a_n$ *e* $\sum b_n$ *duas séries de termos não negativos tal que* $a_n \leq b_n$.

(a) Se $\sum b_n$ *é convergente, então* $\sum a_n$ *é convergente.*
(b) Se $\sum a_n$ *for divergente, então* $\sum b_n$ *é divergente.*

(5) ***Teste da série alternada****: Uma série da forma* $\sum (-1)^n a_n$ *onde* $a_n \geq 0$ *para todo* n *é chamada série alternada. Se forem satisfeitas ambas as condições*

(a) $\lim_{n\to\infty} a_n = 0$,

(b) $a_{n+1} \leq a_n$,
então a série converge.

(6) ***Teste limite da comparação:*** *Sejam* $\sum a_n$ *e* $\sum b_n$ *duas séries com* $a_n \geq 0$ *e* $b_n > 0$.

(i) Se $\lim\limits_{n\to\infty} \dfrac{a_n}{b_n} = 0$ *e* $\sum b_n$ *é convergente, então* $\sum a_n$ *é convergente.*

(ii) Se $\lim\limits_{n\to\infty} \dfrac{a_n}{b_n} = L$, *com* $0 < L < \infty$, *então* $\sum a_n$ *e* $\sum b_n$ *tem a mesma natureza (ou seja, ou ambas são convergentes ou ambas são divergentes).*

(iii) Se $\lim\limits_{n\to\infty} \dfrac{a_n}{b_n} = \infty$ *e* $\sum b_n$ *é divergente, então* $\sum a_n$ *é divergente*

Exemplo 4.1.10. *Considere a série* $\displaystyle\sum_{n=1}^{\infty} \frac{e^{n^2 i}\operatorname{sen}(n^2)}{n^2}$. *Temos que* $|\operatorname{sen}(n^2)| \leq 1$ *e* $|e^{n^2 i}| = 1$. *Com isso, obtemos*

$$\left|\frac{e^{n^2 i}\operatorname{sen}(n^2)}{n^2}\right| \leq \frac{1}{n^2}.$$

Portanto, pelo critério da comparação a série $\displaystyle\sum_{n=1}^{\infty} \left|\frac{e^{n^2 i}\operatorname{sen}(n^2)}{n^2}\right|$ *é convergente. Logo, a série* $\displaystyle\sum_{n=1}^{\infty} \frac{e^{n^2 i}\operatorname{sen}(n^2)}{n^2}$ *é absolutamente convergente, e então* $\displaystyle\lim_{n\to\infty} \frac{e^{n^2 i}\operatorname{sen}(n^2)}{n^2} = 0$. ✓

Exercícios

[1] Verifique se as sequências são convergentes ou divergentes.

$$(a)\ z_n = \frac{1}{n} + \frac{n}{n+1} i,$$

$$(b)\ z_n = \frac{n + i(n+1)}{2n+2},$$

$$(c)\ z_n = \frac{2^n}{n!} + \frac{n}{2^n} i,$$

$$(d)\ z_n = \sqrt[n]{2} + i\,\text{sen}(1/n).$$

[2] Determine os valores de $z \in \mathbb{C}$ para os quais os seguintes limites existem.

$$(a)\ \lim_{n\to\infty} \left(\frac{z}{n}\right)^n.$$

$$(b)\ \lim_{n\to\infty} z^n.$$

[3] Se $\sum x_n$ e $\sum y_n$ são séries de números reais absolutamente convergentes, prove que a série de números complexos $\sum(x_n + iy_n)$ é absolutamente convergente.

[4] Verifique se as seguintes séries são convergentes ou absolutamente convergentes.

$$(a)\ \sum_{n=1}^{\infty} \frac{n+i}{(n-1)!},$$

$$(b)\ \sum_{n=1}^{\infty} \frac{(-i)^n}{2n^2},$$

$$(c)\ \sum_{n=1}^{\infty} \left[\cos\left(\frac{n\pi}{2}\right) + i\,\text{sen}\left(\frac{n\pi}{2}\right)\right].$$

[5] Sejam $\{z_n\}$ e $\{w_n\}$ sequências de números complexos tais que $\sum_{n=1}^{\infty} |z_n|^2$ e $\sum_{n=1}^{\infty} |w_n|^2$ sejam convergentes. Prove que a série $\sum_{n=1}^{\infty} (z_n - w_n)$ é convergente.

[6] Seja $\{z_n\}$ uma sequência de números complexos com $\text{Re}(z_n) \geq 0$ (para todo n). Se $\sum_{n=1}^{\infty} z_n$ e $\sum_{n=1}^{\infty} z_n^2$ são convergentes, prove que $\sum_{n=1}^{\infty} |z_n|^2$ é convergente.

[7] Determine para quais valores de $z \in \mathbb{C}$ a série $\sum_{n=1}^{\infty} nz^n$ é convergente.

4.2 Séries de Potências

Uma **série de potências** é uma série infinita da forma

$$\sum_{n=0}^{\infty} a_n(z-z_0)^n = a_0 + a_1(z-z_0) + a_2(z-z_0)^2 + a_3(z-z_0)^3 + \dots \quad (4.1)$$

onde os coeficientes a_n são números complexos e z_0 é um número complexo fixado (chamado o **centro** da série).

Dizemos que a série de potências (4.1) converge no ponto $z = z_1$ se, e somente se, a série

$$\sum_{n=0}^{\infty} a_n(z_1-z_0)^n$$

que é uma série de números complexos, converge. Caso contrário, a série em (4.1) é divergente no ponto z_1.

Se $\displaystyle\sum_{n=0}^{\infty} a_n(z_1-z_0)^n$ é convergente, isto significa que a sequência das somas parciais $\{S_n\}$, $S_n = \displaystyle\sum_{k=0}^{n} a_k(z_1-z_0)^k$, é convergente (ou seja, $\lim S_n = S = \displaystyle\sum_{n=0}^{\infty} a_n(z_1-z_0)^n$). Logo, para todo $\varepsilon > 0$ existe n_0 (que depende de ε e de z_1) tal que se $n > n_0$

$$\begin{aligned} |S_n - S| &= \left| \sum_{k=0}^{\infty} a_k(z_1-z_0)^k - \sum_{k=0}^{n} a_k(z_1-z_0)^k \right| \\ &= \left| \sum_{k=n+1}^{\infty} a_k(z_1-z_0)^k \right| \\ &< \varepsilon. \end{aligned}$$

Exemplo 4.2.1. *Considere a série de potências* $\displaystyle\sum_{n=1}^{\infty} \frac{z^n}{n^2}$.

(a) No ponto $z = i$, obtemos a série $\displaystyle\sum_{n=1}^{\infty} \frac{i^n}{n^2}$, *que é absolutamente convergente, e portanto, convergente.*

(b) No ponto $z = 3$, obtemos a série $\displaystyle\sum_{n=1}^{\infty} \frac{3^n}{n^2}$ *que é divergente.* ✓

Definição 4.2.1. *Dizemos que uma série de potências $\sum a_n(z - z_0)^n$ converge uniformemente em um conjunto Ω se para todo $\varepsilon > 0$ existe $n_0 \in \mathbb{N}$ tal que*

$$\left| \sum_{k=0}^{\infty} a_k(z - z_0)^k - \sum_{k=0}^{n-1} a_k(z - z_0)^k \right| < \varepsilon$$

para todo $n > n_0$ e todo $z \in \Omega$, ou equivalentemente,

$$\left| \sum_{k=n}^{\infty} a_k(z - z_0)^k \right| < \varepsilon,$$

para todo $n > n_0$ e todo $z \in \Omega$.

Teorema 4.2.1. *Seja* $\displaystyle\sum_{n=0}^{\infty} a_n(z - z_0)^n$ *uma série de potências tal que para todo n tenhamos $|a_n(z - z_0)^n| \leq b_n$ para todo $z \in \Omega$, onde* $\displaystyle\sum_{n=0}^{\infty} b_n$ *é convergente. Então,* $\displaystyle\sum_{n=0}^{\infty} a_n(z - z_0)^n$ *é uniformemente convergente em Ω.*

Demonstração. Dado $\varepsilon > 0$, existe n_0 tal que

$$\left| \sum_{k=0}^{\infty} b_k - \sum_{k=0}^{n} b_k \right| = \sum_{k=n+1}^{\infty} b_k < \varepsilon$$

para todo $n > n_0$. Assim, se $n > n_0$ e todo $z \in \Omega$ temos

$$\left| \sum_{k=0}^{\infty} a_k(z - z_0)^k - \sum_{k=0}^{n} a_k(z - z_0)^k \right| = \left| \sum_{k=n+1}^{\infty} a_k(z - z_0)^k \right|$$

$$\le \sum_{k=n+1}^{\infty} |a_k(z-z_0)^k|$$
$$\le \sum_{k=n+1}^{\infty} b_k$$
$$< \varepsilon,$$

ou seja, a série de potências converge uniformemente em Ω. □

Exemplo 4.2.2. *A série de potências*

$$\sum_{n=0}^{\infty} z^n = \frac{1}{1-z}$$

converge se $|z| < 1$.
(a) Se $0 < r < 1$, *então a convergência é uniforme em* $\overline{D(0;r)} = \{z \in \mathbb{C} : |z| \le r\}$, *pois se* $|z| \le r$, *então*

$$|z^n| = |z|^n \le r^n = b_n.$$

Como a série $\sum b_n$ *é convergente (pois* $0 < r < 1$*), então pelo Teorema 4.2.1, a série de potências* $\sum z^n$ *converge uniformemente em* $D(0;r)$.
(b) A convergência não é uniforme em $D(0;1) = \{z \in \mathbb{C} : |z| < 1\}$. *Se* $S_n = \sum_{k=0}^{n} z^n = 1 + z + ... + z^n$, *então*

$$(1-z)S_n = 1 - z^{n+1}$$

ou seja, $S_n = \dfrac{1}{1-z} - \dfrac{z^{n+1}}{1-z}$. *Portanto, para todo* $\varepsilon > 0$ *existe* $n_0 \in \mathbb{N}$ *tal que se* $n \ge n_0$ *temos*

$$\varepsilon > \left| S_n - \sum_{k=0}^{\infty} z^k \right|$$
$$= \left| \frac{1}{1-z} - \frac{z^{n+1}}{1-z} - \frac{1}{1-z} \right|$$
$$= \left| \frac{z^{n+1}}{1-z} \right|$$

$$= \frac{|z|^{n+1}}{|1-z|}, \tag{4.2}$$

ou seja, se $|z|^{n+1} < \varepsilon\,|1-z|$*. Logo (como* $|z|<1$*)*

$$n+1 > \frac{\ln(\varepsilon|1-z|)}{\ln(|z|)}.$$

Observe que à medida que consideramos valores de z *próximos da fronteira (ou seja,* $|z| \to 1$*) temos que tomar* n_0 *cada vez maiores para que (4.2) seja válida para todo* $n \geq n_0$*.* ✓

Associado a cada série de potências

$$\sum_{n=0}^{\infty} a_n(z-z_0)^n$$

existe um único r, com $0 \leq r \leq \infty$, chamado **raio de convergência** da série, tal que (Teorema de Cauchy-Hadamard[1])
(a) Se $r=0$, a série de potência converge somente no seu centro $z=z_0$, e diverge em todos os outros pontos do plano complexo.

(b) Se $0<r<\infty$, então a série de potências converge absolutamente para todo z com $|z-z_0|<r$ e diverge para todo z com $|z-z_0|>r$. Se $0 \leq r' < r$, a convergência é uniforme no disco fechado $\overline{D_{r'}} = \{z : |z-z_o| \leq r'\}$. Além do mais, se $|z-z_o|>r$ a série $\displaystyle\sum_{n=0}^{\infty} a_n\,(z-z_o)^n$ diverge.

(c) Se $r=\infty$, então a série converge absolutamente para todo $z \in \mathbb{C}$
De fato: Seja

$$D = \{z \in \mathbb{C} : \sum_{n=0}^{\infty} a_n\,(z-z_o)^n \text{ converge absolutamente}\}.$$

Se $D=\{z_o\}$ então temos (a). Se $D \neq \{z_o\}$ então existe $z_1 \in D, z_1 \neq z_o$. Coloque $r_o = |z_1 - z_o| > 0$. Como $\sum_{n=0}^{\infty} a_n\,(z_1-z_o)^n$ converge, o seu

[1] Jacques Hadamard, 1865-1963

termo geral tende a zero e é, portanto, limitado. Assim, existe $M > 0$ tal que $|a_n (z_1 - z_o)^n| \leq M$ para todo n. Se $0 \leq r' < r_o$ e $|z - z_o| \leq r'$ então

$$|a_n (z - z_o)^n| = \left| \frac{z - z_o}{z_1 - z_o} \right|^n |a_n (z_1 - z_o)^n| \leq M \left(\frac{r'}{r_o} \right)^n \tag{4.3}$$

Como $0 \leq \frac{r'}{r_o} < 1$, vemos que $\sum_{n=0}^{\infty} |a_n (z - z_o)^n|$ converge. Logo, $z \in D$.

Note que por (4.3) a série $\sum_{n=0}^{\infty} a_n (z - z_o)^n$ converge uniformemente em $\overline{D_{r'}}$. Para ver isto, basta notar que o último membro de (4.3) independe de $z \in \overline{D_{r'}}$. Veja que mostramos que $\overline{D_{r'}} \subset D$ para todo $r' < |z_1 - z_0|$ onde $z_1 \in D$, $z_1 \neq z_0$. Agora, se todos os discos centrados em z_o estiverem contidos em D então teremos $D = \mathbb{C}$ e com o que já foi demonstrado, obteremos (c). Por outro lado, se isto não acontecer então existirá $r > 0$ tal que

$$\begin{gathered} D(z_0; r) = \{z : |z - z_o| < r\} \subset D \\ \text{e } D(z_0; s) \not\subset D \text{ para todo } s > r. \end{gathered} \tag{4.4}$$

As estimativas feitas em (4.3) com $r = r_0$ mostram as duas primeiras afirmativas de (b). Quanto à terceira, basta ver que se $|z - z_o| > r$, então se a série $\sum_{n=0}^{\infty} a_n (z - z_o)^n$ for convergente, seria possível encontrar $M' > 0$ tal que $|a_n (z - z_o)^n| \leq M'$ para todo n e, assim, para todo z' satisfazendo $r < |z' - z_o| < |z - z_o|$, teríamos

$$\left|a_n (z' - z_o)^n\right| = \left| \frac{z' - z_o}{z - z_o} \right|^n |a_n (z - z_o)^n| \leq M' \left| \frac{z' - z_o}{z - z_o} \right|^n.$$

Como

$$\left| \frac{z' - z_0}{z - z_0} \right| < 1$$

a série $\sum_{n=0}^{\infty} a_n (z' - z_o)^n$ convergiria absolutamente e, portanto, $z' \in D$. Mas, segue que $\overline{D_s} \subset D$ onde $s = |z_1 - z_o|$, que contradiz (4.4) pois $s > r$. ✓

O círculo $|z - z_0| = r$ é chamado o *círculo de convergência* da série de potências.

O raio de convergência de uma série de potências pode ser determinado pelos dois resultados a seguir.

Teorema 4.2.2. *Considere a série de potências* $\sum_{n=0}^{\infty} a_n(z-z_0)^n$ *e suponha que*

$$r = \lim_{n\to\infty} \frac{|a_n|}{|a_{n+1}|}$$

exista, $0 \leq r \leq \infty$. *Então* r *é o raio de convergência da série de potências.*

Demonstração. Pelo critério da razão (para série de números reais), a série $\sum_{n=0}^{\infty} |a_n(z-z_0)^n|$ é convergente se

$$\begin{aligned}
&\lim_{n\to\infty} \left| \frac{a_{n+1}(z-z_0)^{n+1}}{a_n(z-z_0)^n} \right| \\
&= \lim_{n\to\infty} \frac{|a_{n+1}|}{|a_n|} |z-z_0| \\
&= |z-z_0| \lim_{n\to\infty} \frac{|a_{n+1}|}{|a_n|} < 1.
\end{aligned}$$

ou seja, se

$$|z-z_0| < \frac{1}{\lim\limits_{n\to\infty} \frac{|a_{n+1}|}{|a_n|}} = \lim_{n\to\infty} \frac{|a_n|}{|a_{n=1}|} = r.$$

□

Teorema 4.2.3. *Considere a série de potências* $\sum_{n=0}^{\infty} a_n(z-z_0)^n$ *e suponha que*

$$r = \lim_{n\to\infty} \frac{1}{\sqrt[n]{|a_n|}}$$

exista, $0 \leq r \leq \infty$. *Então* r *é o raio de convergência da série de potências.*

Demonstração. Pelo critério da raiz (para séries de números reais), a série $\sum_{n=0}^{\infty} |a_n(z-z_0)^n|$ converge se

$$\lim_{n\to\infty} \sqrt[n]{|a_n(z-z_0)^n|} = |z-z_0| \lim_{n\to\infty} \sqrt[n]{|a_n|} < 1,$$

ou seja, se

$$|z - z_0| < \frac{1}{\lim\limits_{n\to\infty} \sqrt[n]{|a_n|}} = r.$$

□

Os Teoremas 4.2.2 e 4.2.3 não estabelece a natureza da série nos pontos $z \in \mathbb{C}$ com $|z - z_0| = r$ (os pontos de fronteira do disco de convergência $D(z_0, r) = \{z \in \mathbb{C} : |z - z_0| < r\}$). Para esses pontos ($|z - z_0| = r$) é necessário realizar uma análise direta da série.

Exemplo 4.2.3. *Considere a série de potências* $\sum\limits_{n=1}^{\infty} \frac{(2n)!}{(n!)^2} z^n$. *Temos que seus coeficientes são* $a_n = (2n!)/(n!)^2$. *O seu raio de convergência é*

$$\begin{aligned}
r &= \lim_{n\to\infty} \frac{|a_n|}{|a_{n+1}|} \\
&= \lim_{n\to\infty} \frac{(2n)!/(n!)^2}{(2(n+1))!/((n+1)!)^2} \\
&= \lim_{n\to\infty} \frac{(2n)!}{(n!)^2} \frac{((n+1)!)^2}{(2(n+1))!} \\
&= \lim_{n\to\infty} \frac{(2n)!\,(n+1)^2(n!)^2}{(n!)^2(2n+2)(2n+1)(2n)!} \\
&= \lim_{n\to\infty} \frac{(n+1)^2}{(2n+2)(2n+1)} \\
&= \frac{1}{4}.
\end{aligned}$$

Portanto, a série de potências $\sum\limits_{n=1}^{\infty} \frac{(2n)!}{(n!)^2} z^n$ *converge se* $|z| < 1/4$ *e diverge se* $|z| > 1/4$. ✓

Exemplo 4.2.4. *Considere a série de potências* $\sum\limits_{n=0}^{\infty} z^n$. *Temos que* $a_n = 1$ *(coeficientes). Logo, o seu raio de convergência é* $r = 1$. *Por-*

tanto, a série de potências $\sum_{n=0}^{\infty} z^n$ *converge se* $|z| < 1$ *e diverge se* $|z| > 1$.

Agora se $|z| = 1$, *então* $z = e^{it}$ $(t \in [0, 2\pi])$. *Logo,* $z^n = e^{int}$ *e com isso*

$$\lim_{n\to\infty} e^{int} = \lim_{n\to\infty} \big(\cos(nt) + i\,\text{sen}(nt)\big)$$

não existe. Portanto, se $|z| = 1$, *a série de potências* $\sum_{n=0}^{\infty} z^n$ *é divergente.*

Considerando z, *com* $|z| < 1$. *Temos*

$$S_n = 1 + z + z^2 + ... + z^{n-1} + z^n,$$
$$z\,S_n = z + z^2 + z^3 + ... + z^n + z^{n+1}.$$

Logo, $S_n - z\,S_n = 1 - z^{n+1}$. *Com isso, obtemos* $S_n = \dfrac{1 - z^{n+1}}{1 - z}$. *Como* $|z| < 1$, *então* $\lim_{n\to\infty} |z|^{n+1} = 0$. *Portanto,*

$$\lim_{n\to\infty} S_n = \frac{1}{1 - z},$$

ou seja, para $|z| < 1$, *obtemos*

$$\sum_{n=0}^{\infty} z^n = \frac{1}{1 - z}.$$

Também obtemos que, se $|z| < 1$,

$$\sum_{n=0}^{\infty} (-1)^n z^n = \frac{1}{1 + z}.$$

✓

Exemplo 4.2.5. *Considere a série de potências* $\sum_{n=1}^{\infty} \dfrac{z^n}{n^3}$.

(a) Temos que $a_n = 1/n^3$ *são os coeficiente. Logo, o seu raio de convergência é*

$$r = \lim_{n\to\infty} \frac{|a_n|}{|a_{n+1}|} = \lim_{n\to\infty} \frac{1/n^3}{1/(n+1)^3}$$

$$= \lim_{n\to\infty} \frac{(n+1)^3}{n^3} = 1.$$

Logo, a série de potências é convergente se $|z| < 1$ *e divergente se* $|z| > 1$.
(b) Vamos analisar para $|z| = 1$. *Temos*

$$\sum_{n=1}^{\infty} \frac{|z^n|}{n^3} = \sum_{n=1}^{\infty} \frac{|z|^n}{n^3} = \sum_{n=1}^{\infty} \frac{1}{n^3},$$

que é convergente.

Portanto, a série de potências $\sum_{n=1}^{\infty} \frac{z^n}{n^3}$ *é convergente se* $|z| \leq 1$. ✓

Exemplo 4.2.6. *Considere a série de potências* $\sum_{n=1}^{\infty} \frac{z^n}{n}$. *Observe que seu raio de convergência é* $r = 1$, *ou seja, ela é convergente se* $|z| < 1$ *e divergente se* $|z| > 1$.

Considerado agora se $|z| = 1$. *Para* $z = 1$ *a série* $\sum_{n=1}^{\infty} \frac{1}{n}$ *é divergente, e para* $z = -1$ *a série* $\sum_{n=1}^{\infty} \frac{(-1)^n}{n}$ *é convergente.* ✓

Exemplo 4.2.7. *Considere a série de potências* $\sum_{n=1}^{\infty} \frac{z^n}{n^3 + ni}$.

(a) Temos que $a_n = 1/(n^3 + ni)$ *são os coeficientes. Logo, o seu raio de convergência é*

$$r = \lim_{n\to\infty} \frac{|a_n|}{|a_{n+1}|} = \lim_{n\to\infty} \frac{1/\sqrt{n^6 + n^2}}{1/\sqrt{(n+1)^6 + (n+1)^2}}$$
$$= \lim_{n\to\infty} \sqrt{\left(\frac{n+1}{n}\right)^6 \frac{(1 + (1/(n+1)))^4}{(1 + (1/n))^4}} = 1.$$

Logo, a série de potências é convergente se $|z| < 1$ *e divergente se* $|z| > 1$.

(b) Vamos analisar para $|z| = 1$. Temos

$$\sum_{n=1}^{\infty} \frac{|z^n|}{|n^3 + ni|} = \sum_{n=1}^{\infty} \frac{|z|^n}{\sqrt{n^6 + n^2}} = \sum_{n=1}^{\infty} \frac{1}{\sqrt{n^6 + n^2}},$$

que é convergente.

Portanto, a série de potências $\displaystyle\sum_{n=1}^{\infty} \frac{z^n}{n^3 + n\,i}$ *é convergente se* $|z| \leq 1$.

✓

4.3 Séries de Potências como Função Analítica

Para o próximo teorema, por simplicidade de notação e sem perda de generalidade, vamos considerear séries de potência com centro $z_0 = 0$.

Teorema 4.3.1. *Suponha que a série de potências* $\displaystyle\sum_{n=1}^{\infty} a_n z^n$ *possua raio de convergência $\rho > 0$. Então a série converge uniformemente no interior do círculo $C : |z| = r < \rho$.*

Demonstração. Vamos demonstrar que para qualquer $\varepsilon > 0$ dado, existe $M \in \mathbb{N}$ tal que $\displaystyle\left|\sum_{k=n}^{\infty} a_k z^k\right| < \varepsilon$, para todo $n > M$ e todo z com $|z| \leq r < \rho$. Seja $K : |z| \leq R$, com $0 < r < R < \rho$ (veja figura 4.2).

Seja $\alpha = \dfrac{r}{R}$ $(0 < \alpha < 1)$. Pela hipótese e pelo Teorema de Cauchy-Hadamard, a série $\sum a_n z^n$ converge absolutamente para qualquer $z \in K$. Assim a série numérica $\sum |a_n| R^n$ converge, e então temos que $\lim |a_n| R^n = 0$. Portanto, para $1 - \alpha > 0$, e para n suficientemente grande, obtemos que

$$|a_n| R^n < 1 - \alpha. \tag{4.5}$$

Por outro lado, como $0 < \alpha < 1$, existe $n \in \mathbb{N}$ tal que

$$\alpha^n < \varepsilon. \tag{4.6}$$

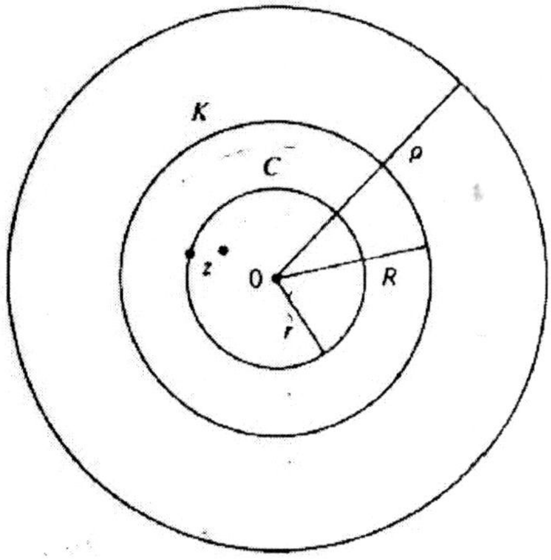

Figura 4.2: Teorema 4.3.1

Seja $M \in \mathbb{N}$ tal que se $n > M$, (4.5) e (4.6) sejam válidos, e seja z com $|z| \leq r$. Então, para $m \geq 1$ e $n > M$, temos

$$\begin{aligned}
\left|\sum_{k=n}^{n+m} a_k z_k\right| &\leq \sum_{k=n}^{n+m} |a_k||z|^k \\
&\leq \sum_{k=n}^{n+m} |a_k| r^k \\
&= \sum_{k=n}^{n+m} |a_k| (\alpha R)^k \\
&= \sum_{k=n}^{n+m} \alpha^k |a_k| R^k \\
&< (1-\alpha) \sum_{k=n}^{n+m} \alpha^k \\
&= (1-\alpha)(\alpha^n + \alpha^{n+1} + \ldots + \alpha^{n+m}) \\
&= \alpha^n - \alpha^{n+m+1} \\
&= \alpha^n (1 - \alpha^{m+1}) \\
&< \varepsilon (1 - \alpha^{m+1}).
\end{aligned}$$

Fazendo $m \to \infty$ ($\alpha^{m+1} \to 0$, pois $0 < \alpha < 1$), obtemos

$$\left|\sum_{k=n}^{\infty} a_k z^k\right| \leq \varepsilon.$$

□

Seja $\sum_{n=0}^{\infty} a_n(z-z_0)^n$ uma série de potências, cujo raio de convergência é r, $0 < r \leq \infty$ (ou seja, a série converge no disco aberto $D(z_0; r)$: $|z - z_0| < r$). Para $z \in D(z_0; r)$ podemos definir a função

$$f(z) = \sum_{n=0}^{\infty} a_n(z - z_0)^n. \tag{4.7}$$

Teorema 4.3.2. *(a) A função f definida em (4.7) é contínua em $D(z_0; r)$.*
(b) A função f definida em (4.7) pode ser integrada termo a termo ao longo de qualquer curva γ contida em $D(z_0; r)$, isto é,

$$\int_\gamma f(z)\,dz = \int_\gamma \left(\sum_{n=0}^{\infty} a_n(z - z_0)^n\right) dz = \sum_{n=0}^{\infty} \int_\gamma a_n(z - z_0)^n\,dz.$$

Demonstração. (a) Seja $z_1 \in D(z_0; r)$. Considere r' satisfazendo $|z_1 - z_0| < r' < r$. Sabemos que a série dada por f converge uniformemente em $\overline{D(z_0; r')}$. Assim, dado $\varepsilon > 0$ existe n_0 tal que

$$\left|f(z) - \sum_{k=0}^{n} a_k(z - z_o)^k\right| < \frac{\varepsilon}{3}, \tag{4.8}$$

para todo $z \in \overline{D(z_0; r')}$, $n \geq n_0$.
Como o polinômio $p_{n_0}(z) = \sum_{k=0}^{n_0} a_k(z - z_0)^k$ é contínuo em z_1, existe $\delta > 0$ tal que $|p_{n_0}(z) - p_{n_0}(z_1)| < \varepsilon/3$, se $|z - z_1| < \delta$. Diminuindo $\delta > 0$ se necessário podemos supor que o disco aberto centrado em z_1 de raio δ esteja contido em $D(z_0; r')$ Assim, se $|z - z_1| < \delta$, obtemos

$$|f(z) - f(z_1)| \leq |f(z) - p_{n_0}(z)| + |p_{n_0}(z) - p_{n_0}(z_1)|$$

$$
\begin{aligned}
&+ |p_{n_0}(z_1) - f(z_1)| \\
&< \frac{\varepsilon}{3} + \frac{\varepsilon}{3} + \frac{\varepsilon}{3} = \varepsilon,
\end{aligned}
$$

pois, $z, z_1 \in D(z_0; r')$ e também $|z - z_1| < \delta$. Portanto, f é contínua em z_1.

(b) Como o traço de um caminho γ é um conjunto compacto, existe $r' > 0$ tal que $\gamma \subset \overline{D(z_0; r')}$. Como a convergência de f é uniforme em $\overline{D(z_0; r')}$, dado $\varepsilon > 0$, existe n_0 tal que

$$\left| \sum_{k=n}^{\infty} a_k (z - z_0)^k \right| < \varepsilon,$$

para todo $z \in \overline{D(z_0; r')}$ e $n \geq n_0$ Desta forma, como f é contínua, sua integral sobre γ existe e podemos escrever

$$
\begin{aligned}
\int_\gamma f(z)\, dz &= \int_\gamma \sum_{k=0}^{n} a_k (z - z_0)^k \, dz + \int_\gamma \sum_{k=n+1}^{\infty} a_k (z - z_0)^k \, dz \\
&= \sum_{k=0}^{n} \int_\gamma a_k (z - z_0)^k \, dz + \int_\gamma \sum_{k=n+1}^{\infty} a_k (z - z_0)^k \, dz,
\end{aligned}
$$

pois a primeira soma só apresenta um número finito de termos. Logo, se $n \geq n_0$ então

$$
\begin{aligned}
\left| \int_\gamma f(z)\, dz - \sum_{k=0}^{n} \int_\gamma a_k (z - z_0)^k \, dz \right| &= \left| \int_\gamma \sum_{k=n+1}^{\infty} a_k \, (z - z_0)^k \, dz \right| \\
&\leq \max_{z \in \gamma} \left| \sum_{k=n+1}^{\infty} a_k (z - z_0)^k \right| L(\gamma) \\
&< \varepsilon L(\gamma),
\end{aligned}
$$

onde $L(\gamma)$ é o comprimento de γ. Como γ está fixa, segue que

$$\sum_{k=0}^{n} \int_\gamma a_k (z - z_0)^k \, dz \to \int_\gamma f(z)\, dz,$$

quando $n \to \infty$, ou seja,

$$\int_\gamma f(z)\, dz = \sum_{k=0}^{\infty} \int_\gamma a_k (z - z_0)^k \, dz.$$

Observe que, assim como no caso real, quando integramos uma série termo a termo, o raio de convergência é o mesmo do que o raio de convergência da série de potências inicial. □

Exemplo 4.3.1. *Usando que*

$$\frac{1}{1+z} = \sum_{n=0}^{\infty} (-1)^n z^n,$$

para $|z| < 1$, *se* w *é qualquer ponto com* $|w| < 1$, *integrando termo a termo obtemos*

$$\begin{aligned} \int_0^w \frac{1}{1+z}\, dx &= \sum_{n=0}^{\infty} (-1)^n \int_0^w z^n\, dz \\ \operatorname{Log}(1+z)\Big|_0^w &= \sum_{n=0}^{\infty} (-1)^n \frac{z^{n+1}}{n+1}\Big|_0^w \\ \operatorname{Log}(1+w) &= \sum_{n=0}^{\infty} (-1)^n \frac{w^{n+1}}{n+1}. \end{aligned}$$

Observe que se $w = x + i\,y$, *então* $\operatorname{Re}(1+w) = x+1 < 0$ *se* $x < -1$. *A função* $f(w) = \operatorname{Log}(1+w)$ *é analítica na região* $\Omega = \mathbb{C} - \{w = x + i\,y : x < -1 \text{ e } y = 0\}$ *e* $D(0;1) = \{w \in \mathbb{C} : |w| < 1\} \subset \Omega$.
Por exemplo, para $w = i/2$, *obtemos*

$$\operatorname{Log}(1 + i/2) = \sum_{n=0}^{\infty} (-1)^n \frac{i^{n+1}}{(2^{n+1}(n+1))}.$$

✓

Teorema 4.3.3. *A função* f *definida em (4.7) é analítica em* $D(z_0; r)$, *e podemos derivar* f *termo a termo, ou seja,*

$$f'(z) = \sum_{n=0}^{\infty} \frac{d}{dz}\Big(a_n (z - z_0)^n \Big) = \sum_{n=1}^{\infty} n\, a_n (z - z_0)^{n-1}. \tag{4.9}$$

Além disso, a série da derivada converge uniformemente na região $|z - z_0| \le \rho < r$. *Observe que o raio de convergência da série de potências em (4.9) também é* r.

Demonstração. Vamos demonstrar que a função

$$f(z) = \sum_{n=0}^{\infty} a_n (z - z_0)^n$$

é analítica em $D(z_0, r)$. Pelo Teorema 4.3.2, a série converge uniformemente e f é contínua. Se γ é qualquer curva (e em particular, qualquer curva simples e fechada) em $D(z_0, r)$, então, integrando termo a termo (pelo Teorema 4.3.2),

$$\oint_\gamma f(z)\, dz = \sum_{n=0}^{\infty} \oint_\gamma a_n (z - z_0)^n\, dz = 0,$$

pois $\displaystyle\oint_\gamma (z - z_0)^n\, dz = 0$ (a função $g_n(z) = (z - z_0)^n$ é analítica). Portanto, como $\displaystyle\oint_\gamma f(z)\, dz = 0$ para qualquer curva simples e fechada γ em $D(z_0, r)$, pelo Teorema de Morera (Teorema 3.3.1) temos que f é analítica em $D(z_0, r)$. □

Exemplo 4.3.2. *Usando que* $\displaystyle\frac{1}{1-z} = \sum_{n=0}^{\infty} z^n$, *se* $|z| < 1$, *podemos derivar termo a termo e obtemos*

$$\begin{aligned}
\frac{1}{(1-z)^2} &= \frac{d}{dz}\left(\frac{1}{1-z}\right) \\
&= \sum_{n=0}^{\infty} \frac{d}{dz}(z^n) \\
&= \sum_{n=1}^{\infty} n\, z^{n-1}.
\end{aligned}$$

✓

Exercícios

[**I**] Estude a convergência de cada série de potências.

$$(a)\ \sum_{n=1}^{\infty} \frac{z^n}{n^3}.$$

$$(b)\ \sum_{n=1}^{\infty}\left(1+\frac{1}{n}\right)^{n} z^{n}.$$

$$(c)\ \sum_{n=1}^{\infty} 2^{n}(z+1)^{n}.$$

$$(d)\ \sum_{n=1}^{\infty} \frac{(z-i)^{n}}{2^{n}}.$$

$$(e)\ \sum_{n=1}^{n} \frac{z^{n}}{n3^{n}}.$$

[II] Seja $r>0$ o raio de convergência da série $\sum a_n(z-z_o)^n$. Determine o raio de convergência de $\sum a_n(z-z_0)^{\alpha n}$, onde $\alpha\in\mathbb{N}$ (fixado).

4.4 Funções Analíticas como Série de Potências

Observação 4.4.1. *(a) Para* $z\neq 0$ *e* $\zeta\neq z$*, temos*

$$\frac{1}{z-\zeta}=\frac{1}{z}\,\frac{1}{1-\dfrac{\zeta}{z}}$$

.

(b) Para $w\neq 1$*,*

$$\frac{1}{1-w}=1+w+w^2+\ldots+w^{n-1}+\frac{w^n}{1-w}.$$

Com isso, para $w=\zeta/z$ $(\zeta\neq z)$*, temos*

$$\frac{1}{1-\dfrac{\zeta}{z}}=1+\frac{\zeta}{z}+\frac{\zeta^2}{z^2}+\ldots+\frac{\zeta^{n-1}}{z^{n-1}}+\frac{\zeta^n/z^n}{1-\dfrac{\zeta}{z}}.$$

Logo, por (a),

$$\frac{1}{z-\zeta}=\frac{1}{z}+\frac{\zeta}{z^2}+\frac{\zeta^2}{z^3}+\ldots+\frac{\zeta^{n-1}}{z^n}+\frac{\zeta^n}{(z-\zeta)z^n}. \tag{4.10}$$

Teorema 4.4.1. *Seja f uma função analítica no ponto $z_0 \in \mathbb{C}$. Então existe uma série de potências $\sum_{n=0}^{\infty} a_n(z-z_0)^n$ cujos coeficientes são dados por $a_n = \dfrac{f^{(n)}(z_0)}{n!}$ $(n = 0, 1, 2, 3, ...)$ que converge para $f(w)$ para todo $w \in D(z_0; R)$ (para algum $R > 0$), ou seja,*

$$f(w) = \sum_{n=0}^{\infty} \frac{f^{(n)}(z_0)}{n!}(w-z_0)^n.$$

A série do Teorema 4.4.1 é chamada **série de Taylor** de f em z_0. Se $z_0 = 0$, então a série é chamada de **série de Maclaurin** de f.

Demonstração. Por simplicidade de notação e sem perda de generalidade, vamos demonstrar o teorema no caso onde $z_0 = 0$. A extensão para o caso de um centro arbitrário z_0 é imediata.

Por hipótese, como f é analítica no ponto $z_0 = 0$, existe $R > 0$ tal que f é analítica em $D(0; R) = \{z \in \mathbb{C} : |z| < R\}$.

Seja $w \in D(0; R)$ arbitrário. Considere C o círculo centrado em 0 e raio r, $0 < r < R$ $(C : |z| < r < R)$. Temos que w está no interior da curva C e f é analítica em C e na região limitada por C. Usando (4.10) da Observação 4.4.1, podemos escrever (para $z \neq 0$ e $z \neq w$),

$$\frac{f(z)}{z-w} = \frac{f(z)}{z} + \frac{w\, f(z)}{z^2} + ... + \frac{w^{n-1}\, f(z)}{z^n} + \frac{w^n\, f(z)}{(z-w)\, z^n}. \qquad (4.11)$$

Agora dividindo (4.11) por $2\pi\, i$ e integrando cada termo, com respeito a z, sobre C (orientada positivamente), obtemos

$$\frac{1}{2\pi\, i}\oint_C \frac{f(z)}{z-w}\,dz = \frac{1}{2\pi\, i}\oint_C \frac{f(z)}{z}\,dz + \frac{w}{2\pi\, i}\oint_C \frac{f(z)}{z^2}\,dz + ...$$
$$... + \frac{w^{n-1}}{2\pi\, i}\oint_C \frac{f(z)}{z^n}\,dz + w^n \oint_C \frac{f(z)}{(z-w)z^n}\,dz.$$

Usando a Fórmula Integral de Cauchy, obtemos

$$f(w) = f(0) + f'(0)\, w + ... + \frac{f^{(n-1)}(0)}{(n-1)!}\, w^n + R_n$$

onde $R_n = w^n \oint_C \frac{f(z)}{(z-w)z^n}\, dz.$

Vamos provar que $\lim\limits_{n\to\infty} |R_n| = 0$. De fato: como f é analítica na região limitada por C, então f é limitada, ou seja, existe uma constante $M > 0$ tal que $|f(z)| \leq M$ para todo z na região limitada por C. Temos que o comprimento de C é igual a $2\pi\, r$. Temos

$$\left|\frac{w^n\, f(z)}{(z-w)z^n}\right| = \frac{|w|^n |f(z)|}{|z-w||z|^n} \leq \frac{M}{|z-w|}\left|\frac{w}{z}\right|^n.$$

Logo,

$$\begin{aligned} |R_n| &= \left|\frac{1}{2\pi\, i}\oint_C \frac{w^n\, f(z)}{(z-w)z^n}\, dz\right| \\ &\leq \frac{1}{2\pi}\oint_C \left|\frac{w^n\, f(z)}{(z-w)z^n}\right| |dz| \\ &\leq \frac{1}{2\pi} M \oint_C \frac{1}{|z-w|}\left|\frac{w}{z}\right|^n |dz|. \end{aligned}$$

Para $z \in C$, temos $|z-w| \geq |z| - |w| = r - |w|$. Com isso,

$$|R_n| \leq \frac{M}{2\pi}\, \frac{1}{r-|w|}\left|\frac{w}{r}\right|^n 2\pi\, r = \frac{Mr}{r-|w|}\left(\frac{|w|}{r}\right)^n.$$

Mas como $|w|/r < 1$, desde que escolhemos w e r tal que $|w| < r$, temos que $\lim\limits_{n\to\infty} (|w|/r)^n = 0$. Portanto, $\lim\limits_{n\to\infty} |R_n| = 0$.
Com isso, fazendo o limite $n \to \infty$ em ambos os lados da igualdade

$$f(w) = f(0) + f'(0)\, w + \ldots + \frac{f^{(n-1)}(0)}{(n-1)!}\, w^n + R_n$$

obtemos

$$f(w) = \sum_{n=0}^{\infty} \frac{f^n(0)}{n!}\, w^n$$

para qualquer $w \in D(0; R)$. □

Exemplo 4.4.1. *Vamos determinar a expansão em série de Taylor em torno de* $z_0 = 1$ *do ramo da função* $f(z) = \sqrt{z}$ *com* $\sqrt{1} = 1$ *e* $z = re^{i\theta}, -\pi < \theta < \pi$. *O maior disco aberto centrado em* $z_0 = 1$ *contido no domínio do ramo acima é* $D_1 = \{z \in \mathbb{C} : |z-1| < 1\}$. *As derivadas de* f *são dadas por*

$$\begin{aligned} f^{(n)}(z) &= \frac{1}{2}\left(\frac{1}{2}-1\right)\cdots\left(\frac{1}{2}-(n-1)\right)z^{\frac{1}{2}-n} \\ &= \frac{1}{2}\left(\frac{1-2}{2}\right)\cdots\left(\frac{1-2(n-1)}{2}\right)z^{\frac{1}{2}-n}. \end{aligned}$$

Temos que $f^{(0)}(1) = f(1) = 1$, $f^{(1)}(1) = 1$ *e quando* $z = 1, n \geq 2$

$$\begin{aligned} f^{(n)}(1) &= \frac{1}{2^n}(-1)(-3)\cdots(-(2n-3)) \\ &= \frac{1}{2^n}\frac{(-1)(-2)(-3)\cdots(-(2n-3))(-2(n-1))}{(-2)\cdots(-2(n-1))} \\ &= \frac{1}{2^n}\frac{(2(n-1))!}{(-1)^{n-1}2^{n-1}(n-1)!} \\ &= (-1)^{n-1}2\frac{(2(n-1))!}{4^n(n-1)!} \end{aligned}$$

Como a última expressão é válida mesmo com $n = 1$, *temos*

$$\begin{aligned} \sqrt{z} &= \sum_{n=0}^{\infty}\frac{f^{(n)}(1)}{n!}(z-1)^n \\ &= 1 + 2\sum_{n=1}^{\infty}(-1)^{n-1}\frac{(2(n-1))!}{4^n n!(n-1)!}(z-1)^n, \end{aligned}$$

com $z \in D_1 = \{z \in \mathbb{C} : |z-1| < 1\}$. ✓

O princípio da substituição

Suponha que $f(z) = \sum_{n=0}^{\infty} a_n z^n$ e que a série seja convergente para todo z com $|z| < r$. Suponha também que $g = g(z)$ seja uma função analítica, cujos valores satisfazem $|g(z)| < r$. Então a função $h(z) =$

$f(g(z))$ pode ser expandida em uma série substituindo "z" por "$g(z)$" em $f(z)$, na expansão em série de $f(z)$, e na desigualdade descrita no círculo de convergêngia, ou seja,

$$f(g(z)) = \sum_{n=0}^{\infty} a_n \big(g(z)\big)^n, \quad \text{se} \quad |g(z)| < r.$$

Faremos uso desse princípio para casos bastante simples em que a função $g(z)$ será apenas mais complicado do que az^n. Ficará evidente nos próximos exemplos que o princípio da substituição nos permitirá desenvolver, com relativa facilidade, uma infinidade de expansões de séries a partir de um número relativamente pequeno de séries conhecidas, mas por meios de algumas substituições apropriadas.

Exemplo 4.4.2. *(a) Como* $e^z = \sum_{n=0}^{\infty} \frac{z^n}{n!}$ *para todo* $z \in \mathbb{C}$ *(ou seja,* $r = \infty$*), então*

$$e^{-z^2} = \sum_{n=0}^{\infty} \frac{(-z^2)^n}{n!} = \sum_{n=0}^{\infty} \frac{(-1)^n}{n!} z^{2n}, \quad \forall\ z \in \mathbb{C}.$$

(b) Como $\cos(z) = \sum_{n=0}^{\infty} \frac{(-1)^n}{(2n)!} z^{2n}$*, para todo* $z \in \mathbb{C}$*, obtemos que*

$$\begin{aligned}\cos(4z) &= \sum_{n=0}^{\infty} \frac{(-1)^n}{(2n)!} (4z)^{2n} \\ &= \sum_{n=0}^{\infty} \frac{(-1)^n (16)^n}{(2n)!} z^{2n}, \qquad \forall\ z \in \mathbb{C}.\end{aligned}$$

(c) Agora usando que $\frac{1}{1-z} = \sum_{n=0}^{\infty} z^n$ *(se* $|z| < 1$*), temos*

$$\begin{aligned}\frac{1}{1+z^3} &= \frac{1}{1-(-z^3)} \\ &= \sum_{n=0}^{\infty} (-z^3)^n\end{aligned}$$

$$= \sum_{n=0}^{\infty} (-1)^n z^{3n},$$

pois se $|z| < 1$, *então* $|-z^3| = |z|^3 < 1$. ✓

Exemplo 4.4.3. *Vamos usar que* $\dfrac{1}{1-w} = \displaystyle\sum_{n=0}^{\infty} w^n$ *se* $|w| < 1$, *para obter o desenvolvimento em série de potências de* $(z+2)$ *para a função* $f(z) = \dfrac{1}{z^2+4z+7}$.
Podemos escrever,

$$\begin{aligned} f(z) &= \frac{1}{z^2+4z+7} \\ &= \frac{1}{(z^2+4z+4)+3} \\ &= \frac{1}{3\left(\left(\frac{(z+2)}{\sqrt{3}}\right)^2+1\right)} \\ &= \frac{1}{3}\,\frac{1}{1-\left(-\left(\frac{z+2}{\sqrt{3}}\right)^2\right)}. \end{aligned}$$

Portanto, se $\left|-\left(\dfrac{z+2}{\sqrt{3}}\right)\right| < 1$, *ou seja, se* $|z+2| < \sqrt{3}$, *então*

$$\begin{aligned} f(z) &= \frac{1}{3}\sum_{n=0}^{\infty}\left(-\left(\frac{z+2}{\sqrt{3}}\right)^2\right)^n \\ &= \sum_{n=0}^{\infty} \frac{(-1)^n}{3^{n+1}}(z+2)^{2n}. \end{aligned}$$

✓

Exemplo 4.4.4. *Vamos determinar o desenvolvimento em série de potências da função* $f(z) = \dfrac{1}{z+1}$ *com centro em* $z_0 = i$.

Podemos escrever

$$f(z) = \frac{1}{1+z} = \frac{1}{1+i+(z-i)}$$
$$= \frac{1}{(1+i)\left(1+\dfrac{z-i}{1+i}\right)}$$
$$= \frac{1}{1+i}\,\frac{1}{1+\dfrac{z-i}{1+i}}.$$

Logo, se $\left|\dfrac{z-i}{1+i}\right| < 1$*, ou seja, se* $|z-i| < \sqrt{2}$*, então*

$$f(z) = \frac{1}{1+i}\sum_{n=0}^{\infty}(-1)^n\left(\frac{z-i}{1+i}\right)^n$$
$$= \sum_{n=0}^{\infty}\frac{(-1)^n}{(1+i)^{n+1}}(z-i)^n.$$

✓

Exemplo 4.4.5. *Vamos determinar a região de convergência da série de potências* $\displaystyle\sum_{n=1}^{\infty}\left(\frac{1}{n}+\frac{1}{n!}\right)(z+i)^n$.

Podemos escrever $\left(\dfrac{1}{n}+\dfrac{1}{n!}\right)(z+i)^n = \dfrac{1}{n}(z+i)^n + \dfrac{1}{n!}(z+i)^n$*. Temos,*

(a) A série de potências $\displaystyle\sum_{n=1}^{\infty}\frac{1}{n}(z+i)^n$ *possui raio de convergência* $r_1 = 1$ *e se* $|z+i| = 1$ *obtemos que* $\displaystyle\sum_{n=1}^{\infty}\left|\frac{1}{n}(z+i)^n\right| = \sum_{n=1}^{\infty}\frac{1}{n}$ *é divergente. Portanto,* $\displaystyle\sum_{n=1}^{\infty}\frac{1}{n}(z+i)^n$ *converge em* $|z+i| < 1$.

(b) A série de potências $\displaystyle\sum_{n=1}^{\infty}\frac{1}{n!}(z+i)^n$ *possui raio de convergência* $r_2 = \infty$.

Podemos concluir, por (a) e (b), que a série de potências

$$\sum_{n=1}^{\infty}\left(\frac{1}{n}+\frac{1}{n!}\right)(z+i)^n$$

é convergente em $|z+i|<1$ *(que é a região comum entre (a) e (b)).*

✓

Exercícios

(A) Determine o raio de convergência e especifique o círculo de convergência de cada série.

(1) $\displaystyle\sum_{n=0}^{\infty}\frac{e^n(z+2i)^n}{n}$ (2) $\displaystyle\sum_{n=0}^{\infty}\frac{n^2(z-i)^n}{3^n}$

(3) $\displaystyle\sum_{n=0}^{\infty}\frac{e^n(z+i)^n}{n!}$ (4) $\displaystyle\sum_{n=0}^{\infty}\frac{e^n(z-i)^n}{n}$

(5) $\displaystyle\sum_{n=0}^{\infty}\frac{2n\,(z-3i)^n}{2n-1}$ (6) $\displaystyle\sum_{n=0}^{\infty}\frac{n!\,(z+\pi\, i)^n}{2^n}$

(7) $\displaystyle\sum_{n=0}^{\infty}\frac{n(n+1)(z-i)^n}{n^2-2}$ (8) $\displaystyle\sum_{n=1}^{\infty}\frac{n^2(z-i)^n}{2^n}$

(9) $\displaystyle\sum_{n=1}^{\infty}\frac{(2n)!\,(z+i)^n}{n^3}$ (10) $\displaystyle\sum_{n=1}^{\infty}\frac{n!(z-2+i)^n}{n^n}$

(11) $\displaystyle\sum_{n=1}^{\infty}(\sqrt{n})^n(z-i)^n$ (12) $\displaystyle\sum_{n=1}^{\infty}\left(\frac{n+1}{n}\right)^{n^2}(z+i)^n$

(13) $\displaystyle\sum_{n=1}^{\infty}\frac{2^n}{n(1+i)^n}(z+\pi i)^n.$ (14) $\displaystyle\sum_{n=1}^{\infty}\frac{3^n}{(n+1)(1+2i)^n}(z-i)^n$

(15) $\displaystyle\sum_{n=0}^{\infty}\frac{n(n+1)}{(n^2-2)(1-i)^n}(z+i)^n.$ (16) $\displaystyle\sum_{n=0}^{\infty}\frac{(1-2i)^n}{(n+1)}(z+i)^n.$

(17) $\displaystyle\sum_{n=1}^{\infty}\frac{n^n}{2^n(n+in)}z^n.$ (18) $\displaystyle\sum_{n=1}^{\infty}\frac{\sqrt{n+1}}{n^2(\sqrt{n}+i)}(z+i)^n.$

(B) Use que $\dfrac{1}{1-z} = \sum_{n=0}^{\infty} z^n$ e $\dfrac{1}{1+z} = \sum_{n=0}^{\infty} (-1)^n z^n$ (para $|z| < 1$) para determinar o desenvolvimento em série de potências para cada função f com centro z_0 dado, e determine o seu raio de convergência.

(1) $\dfrac{z^2}{2+z}$, $z_0 = 0$.

(2) $\dfrac{1-z}{1+2z}$, $z_0 = 0$.

(3) $\dfrac{1}{2+3z}$, $z_0 = 0$.

(4) $\dfrac{1}{(z+1)(z-1)}$, $z_0 = 0$.

(5) $\dfrac{1}{(1-z)^3}$, $z_0 = 0$.

(6) $\dfrac{1}{4-3z}$, $z_0 = 0$.

(7) $\dfrac{z}{3z+2i}$, $z_0 = 0$.

(8) $\dfrac{1+z}{1-2z}$, $z_0 = 0$.

(9) $f(z) = \dfrac{z^2}{2+z}$, $z_0 = 0$.

(10) $f(z) = \dfrac{1-z}{1+2z}$, $z_0 = 1$.

(11) $f(z) = \dfrac{z}{3+z}$, $z_0 = 1$.

(12) $f(z) = \dfrac{1}{(z+1)(z-1)}$, $z_0 = 0$.

(13) $f(z) = \dfrac{1-z}{1+2z}$, $z_0 = 0$.

(14) $f(z) = \dfrac{1-z}{1+2z}$, $z_0 = 0$.

(15) $f(z) = \dfrac{1-z}{1+2z}$, $z_0 = 1$.

(16) $f(z) = \dfrac{z}{z+1}$, $z_0 = -3$.

$$(17)\ f(z) = \frac{1}{1-z^2},\ z_0 = 0.$$

(C) Determine a série de Maclaurin de cada função.

$$(1)\ f(z) = z^3\mathrm{e}^{2z}.$$
$$(2)\ f(z) = z^2\cos(3z).$$
$$(3)\ f(z) = z^4\mathrm{sen}(2z+\pi).$$
$$(4)\ f(z) = z\mathrm{senh}(iz).$$
$$(5) f(z) = z\cosh(z^2).$$

(D) Determine o desenvolvimento em série de MacLaurin de cada função e a região de convergência (absoluta).

$$(a)\ f(z) = \frac{z^2+z^3}{1+z^2}.$$
$$(b)\ f(z) = \frac{z^2}{z^2+4}.$$
$$(c)\ f(z) = \frac{1}{(2-z)^3}.$$

4.5 Série de Laurent

Vimos nas seções anteriores, a expansão de uma função $f = f(z)$ em uma série de Taylor que representa a função no seu disco de convergência, entretanto a representação só é válida em uma parte da região de analiticidade de f. Considere o próximo exemplo.

Exemplo 4.5.1. *A função* $f(z) = \dfrac{1}{1-z}$ *não é analítica apenas no ponto* $z = 1$. *Sabemos que*

$$f(z) = \frac{1}{1-z} = \sum_{n=0}^{\infty} z^n, \quad \text{se } |z| < 1.$$

Se $z \in \mathbb{C}$, com $|z| > 1$ (então $\frac{1}{|z|} < 1$), podemos escrever (usando o príncipio da substituição)

$$\begin{aligned} f(z) &= \frac{1}{1-z} = \frac{1}{z(1/z-1)} \\ &= -\frac{1}{z\left(1-\frac{1}{z}\right)} \\ &= -\frac{1}{z}\sum_{n=0}^{\infty}\left(\frac{1}{z}\right)^n \\ &= -\sum_{n=0}^{\infty}\frac{1}{z^{n+1}}. \end{aligned}$$

Observe que nesta série só temos potências não negativas, ou seja, não é uma série de Taylor.

Nesta seção vamos tratar de séries de potências não necessariamente positivas, ou seja, séries da forma

$$\sum_{n=1}^{\infty}\frac{b_n}{(z-z_0)^n} + \sum_{n=0}^{\infty} a_n (z-z_0)^n.$$

O próximo exemplo ilustra como esse tipo de série pode ser útil para o cálculo de integrais.

Exemplo 4.5.2. *Considere a integral $\oint_C z^4 \text{sen}(1/z)\,dz$, onde C é a curva $|z| = 1$ (orientada positivamente). A função $f(z) = z^4\,\text{sen}(1/z)$ possui singularidade (não é analítica) no ponto $z = 0$ (que está na região limitada pela curva C).*
Usando que, para todo $w \in \mathbb{C}$, temos

$$\text{sen}(w) = \sum_{n=0}^{\infty}\frac{(-1)^n}{(2n+1)!}w^{2n+1} = w - \frac{w^3}{3!} + \frac{w^5}{5!} + \dots,$$

e então para $z \neq 0$ (usando o princípio da substituição), obtemos

$$\text{sen}(1/z) = \sum_{n=0}^{\infty}\frac{(-1)^n}{(2n+1)!}(1/z)^{2n+1}$$

$$= \sum_{n=0}^{\infty} \frac{(-1)^n}{(2n+1)!} \frac{1}{z^{2n+1}}$$
$$= \frac{1}{z} - \frac{1}{3!\,z^3} + \frac{1}{5!\,z^5} + \ldots,$$

e com isso, obtemos

$$z^4 \operatorname{sen}(1/z) = \sum_{n=0}^{\infty} \frac{(-1)^n}{(2n+1)!} \frac{1}{z^{2n-3}}$$
$$= z^3 - \frac{z}{3!} + \frac{1}{5!z} - \frac{1}{7!z^3} + \ldots,$$

que é uma série com potências positivas e negativas (uma série de Laurent). Com isso, admitindo que podemos integrar termo a termo, temos

$$\oint_C z^4 \operatorname{sen}(1/z)\, dz = \oint_C z^3\, dz - \oint_C \frac{z}{3!}\, dz + \sum_{n=0}^{\infty} \frac{(-1)^n}{(2n+1)!} \oint_C \frac{1}{z^{2n-3}}\, dz.$$

Observe que

- $\oint_C z dz = 0$ *e* $\oint_C z^3\, dz = 0$, *pois os integrandos são funções analíticas.*
- *Pela Fórmula Integral de Cauchy,* $\oint_C \frac{1}{z^{2n-3}}\, dz = 0$ *se* $2n - 3 \neq 1$, *ou seja, se* $n \neq 2$.
- *Para* $n = 2$, $\oint_C \frac{1}{z}\, dz = 2\pi\, i.$

Portanto,

$$\oint_C z^4 \operatorname{sen}(1/z)\, dz = \frac{2\pi}{5!} i.$$

✓

O próximo teorema mostra que toda função analítica definida em um anel $A(c, r, \rho) = \{z \in \mathbb{C} : r < |z - c| < \rho\}$ (ver figura 4.3) possui representação em série de potências que podem ser positivas e negativas. Tal expansão é chamada de série de Laurent[2] da função.

Teorema 4.5.1. *(Teorema de Laurent) Seja* $f = f(z)$ *uma função analítica em cada ponto do anel circular* $A(z_0, r, \rho) = \{z \in \mathbb{C} : r <$

[2]Pierre Alphonse Laurent, 1813-1854

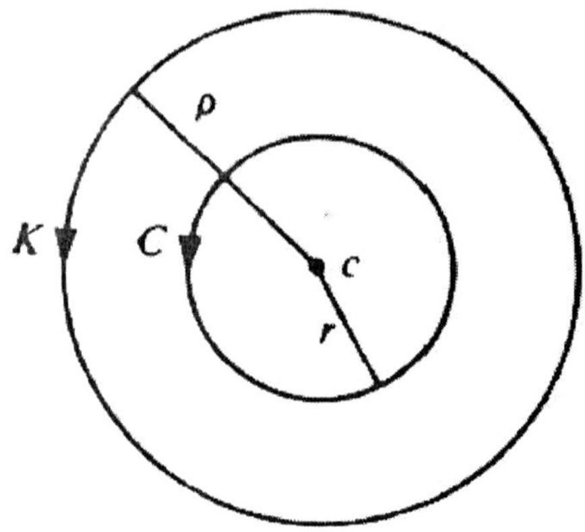

Figura 4.3: Anel de convergência

$|z - z_0| < \rho\}$ (sendo $0 < r < \rho \leq \infty$). Então existe uma série de potências positivas e negativas de $(z - z_0)$ que converge para f em cada ponto $w \in A(z_0, r, \rho)$.

$$f(w) = \sum_{n=0}^{\infty} a_n (w - z_0)^n + \sum_{n=1}^{\infty} \frac{b_n}{(w - z_0)^n}, \tag{4.12}$$

sendo os coeficientes da série dados por

$$a_n = \frac{1}{2\pi i} \oint_K \frac{f(z)}{(z - z_0)^{n+1}}\, dz, \quad (n = 0, 1, 2, 3, ...)$$

$$b_n = \frac{1}{2\pi i} \oint_C \frac{f(z)}{(z - z_0)^{-n+1}}\, dz, \quad (n = 1, 2, 3, ...)$$

onde $C : |z - z_0| = r_1$ e $K : |z - z_0| = r_2$, ambas orientadas positivamente, $r < r_1 < |z - z_0| < r_2 < \rho$.

A expansão em série em (4.12) é chamada **série de Laurent** de f em z_0, e o anel aberto $A(z_0, r, \rho)$ é chamado *anel de convergência.* Observe que se todos os coeficientes $b_n = 0$ na fórmula (4.12), então a série de Laurent reduz para a série de Taylor. Neste sentido, a série de Taylor é um caso especial da série de Laurent.

A série (com potências não negativas) $\sum_{n=0}^{\infty} a_n (z - z_0)^n$ é chamada de parte analítica e a série (com potências negativas) $\displaystyle\sum_{n=1}^{\infty} \frac{b_n}{(z-z_0)^n}$ é chamada parte principal.

Demonstração. Por simplicidade de notação e sem perda de generalidade, vamos demonstrar o teorema no caso $z_0 = 0$. A extensão para o caso de um centro arbitrário z_0 é imediata.

Seja w um ponto arbitrário fixo tal que $r < r_1 < |w| < r_2 < R$. Ligando as curvas C e K por um arco L (como na demonstração do Teorema 3.3.4), obtemos um contorno fechado $\gamma : K \cup L \cup (-C) \cup (-L)$, com w pertencente ao interior da região limitada por γ.

Pela Fórmula Integral de Cauchy, obtemos

$$
\begin{aligned}
& f(w) \qquad (4.13)\\
&= \frac{1}{2\pi i}\oint_{\gamma} \frac{f(z)}{(z-w)}\,dz\\
&= \frac{1}{2\pi i}\left[\oint_K \frac{f(z)}{z-w}\,dz + \oint_L \frac{f(z)}{z-w}\,dz + \oint_{-C} \frac{f(z)}{z-w}\,dz + \oint_{-L} \frac{f(z)}{z-w}\,dz\right]\\
&= \frac{1}{2\pi i}\left[\oint_K \frac{f(z)}{z-w}\,dz + \oint_L \frac{f(z)}{z-w}\,dz - \oint_{C} \frac{f(z)}{z-w}\,dz - \oint_{L} \frac{f(z)}{z-w}\,dz\right]\\
&= \frac{1}{2\pi i}\oint_K \frac{f(z)}{z-w}\,dz - \frac{1}{2\pi i}\oint_C \frac{f(z)}{z-w}\,dz. \qquad (4.14)
\end{aligned}
$$

A primeira integral do lado direito de (4.13) $\left(\dfrac{1}{2\pi i}\oint_K \dfrac{f(z)}{z-w}\,dz\right)$ pode ser tratada da mesma forma como no Teorema de Taylor,

$$\frac{1}{2\pi i}\oint_K \frac{f(z)}{z-w}\,dz = \sum_{n=0}^{\infty} a_n w^n \qquad (4.15)$$

onde $a_n = \dfrac{1}{2\pi i}\oint_K \dfrac{f(z)}{z^{n+1}}\,dz.$

Agora, para obter a fórmula para b_n, note que

$$-\frac{1}{z-w} = \frac{1}{w} + \frac{z}{w^2} + \ldots + \frac{z^{n-1}}{w^n} + \frac{z^n}{w^n(w-z)} \qquad (4.16)$$

é idêntica a (4.9), na Observação 4.4.1. Dividindo ambos os lados de (4.15) por $2\pi i$, multiplicando por $f(z)$ e integrando sobre a curva C

(orientada positivamente), obtemos

$$
\begin{aligned}
&-\frac{1}{2\pi i}\oint_C \frac{f(z)}{z-w}\,dz \\
&= \frac{1}{2\pi i}\oint_C \frac{f(z)}{w}\,dz + \frac{1}{2\pi i}\oint_C \frac{f(z)\,z}{w^2}\,dz + ...+ \\
&+ \frac{1}{2\pi i}\oint_C \frac{f(z)\,z^{n-1}}{w^n}\,dz + \frac{1}{2\pi i}\oint_C \frac{f(z)\,z^n}{w^n(w-z)}\,dz \\
&= \left(\frac{1}{2\pi i}\oint_C f(z)\,dz\right)\frac{1}{w} + \left(\frac{1}{2\pi i}\oint_C z\,f(z)\,dz\right)\frac{1}{w^2} + ... \\
&... + \left(\frac{1}{2\pi i}\oint_C z^{n-1}\,f(z)\,dz\right)\frac{1}{w^n} + \frac{1}{2\pi i}\oint_C \frac{z^n\,f(z)}{w^n(w-z)}\,dz. \qquad (4.17)
\end{aligned}
$$

Seja $R_n = \dfrac{1}{2\pi i}\oint_C \dfrac{z^n\,f(z)}{w^n(w-z)}\,dz.$

Como f é analítica e C é compacto, então existe $M > 0$ tal que $|f(z)| \leq M$ para todo $z \in C$ ($|z| = r_1$) e $|w-z| \geq |w| - |z| = |w| - r_1$. Logo, como o comprimento de C é $2\pi r_1$,

$$
\begin{aligned}
|R_n| &= \left|\frac{1}{2\pi i}\oint_C \frac{z^n\,f(z)}{w^n(w-z)}\,dz\right| \\
&\leq \frac{1}{2\pi}\oint_C \left|\frac{z^n\,f(z)}{w^n(w-z)}\right|\,|dz| \\
&= \frac{1}{2\pi}\oint_C \frac{|z|^n|f(z)|}{|w|^n|w-z|}\,|dz| \\
&\leq \frac{M}{2\pi}\left|\frac{r_1}{|w|}\right|^n \frac{2\pi r_1}{|w|-r_1} \\
&= \frac{M\,r_1}{|w|-r_1}\left(\frac{r_1}{|w|}\right)^n \\
&\to 0, \quad \text{quando } n \to \infty,
\end{aligned}
$$

pois $\dfrac{r_1}{|w|} < 1$. Portanto, fazendo $n \to \infty$ na igualdade (4.16), obtemos

$$
-\frac{1}{2\pi i}\oint_C \frac{f(z)}{z-w}\,dz = \sum_{n=1}^{\infty} \frac{b_n}{w^n}, \qquad (4.18)
$$

onde $b_n = \dfrac{1}{2\pi i}\displaystyle\oint_C \dfrac{f(z)}{z^{-n+1}}\,dz$. Combinando (4.14) e (4.17), obtemos

$$\begin{aligned} f(w) &= \frac{1}{2\pi i}\oint_K \frac{f(z)}{z-w}\,dz - \frac{1}{2\pi i}\oint_C \frac{f(z)}{z-w}\,dz \\ &= \sum_{n=0}^{\infty} a_n\, z^n + \sum_{n=1} \frac{b_n}{z^n}. \end{aligned}$$

□

O anel aberto $r < |z - z_0| < \rho$ é chamado anel de convergência da série de Laurent. Note que também podemos escrever a série na forma

$$\sum_{n=-\infty}^{\infty} c_n\,(z-c)^n$$

em que os coeficientes são dados pela fórmula

$$c_n = \frac{1}{2\pi\, i}\oint_\Gamma \frac{f(z)}{(z-c)^{n+1}}\,dz,\ \ n = 0, \pm 1, \pm 2, \ldots$$

onde Γ é qualquer curva fechada simples orientada positivamente que pertença ao anel de convergência e contém o centro c da expansão em seu interior.

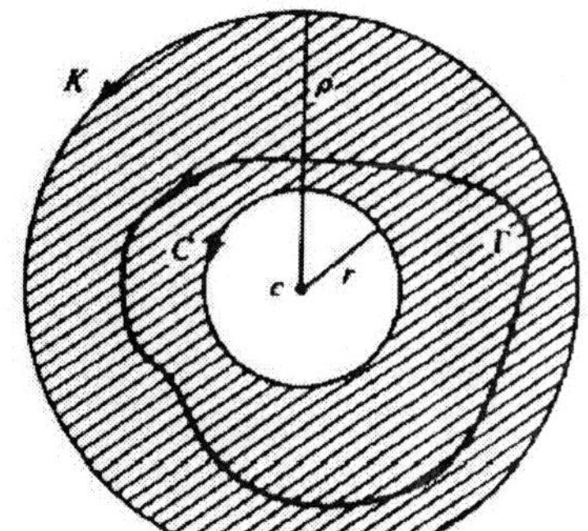

Figura 4.4: Anel de convergência

Para obter o desenvolvimento de uma função em série de Laurent, muitas vezes usamos algum desenvolvimento em série que seja previamente conhecido, e, a partir dele, realizamos operações de adição, multiplicação, divisão, derivação, integração, para obtermos o desenvolvimento desejado.

Observe que em (4.12) temos $b_1 = \dfrac{1}{2\pi\, i} \displaystyle\oint_C f(z)\, dz$, e com isso,

$$\oint_C f(z)\, dz = 2\pi\, i\, b_1.$$

O coeficiente b_1 da série de Laurent é chamado **resíduo** de f no ponto z_0 (Notação: $b_1 = \text{Res}[f; z_0]$).

Exemplo 4.5.3. *Vamos determinar a série de Laurent da função $f(z) = z^2\, e^{1/z}$ em potências de z.*

Usando que $e^w = \displaystyle\sum_{n=0}^{\infty} = \dfrac{w^n}{n!}$, para todo $w \in \mathbb{C}$, podemos fazer a substituição $w = 1/z$ (com $z \neq 0$),

$$\begin{aligned} f(z) &= z^2\, e^{1/z} \\ &= z^2 \sum_{n=0}^{\infty} \frac{(1/z)^n}{n!} \\ &= z^2 \sum_{n=0}^{\infty} \frac{1}{n!\, z^n} \\ &= \sum_{n=0}^{\infty} \frac{1}{n!\, z^{n-2}} \\ &= z^2 + z + \frac{1}{2!} + \frac{1}{3!\, z} + \frac{1}{4!\, z^2} + \ldots.. \end{aligned}$$

que é convergente para $|z| > 0$. ✓

Um fato importante é que dada uma função $f = f(z)$ e um ponto z_0 é possível que f possa ser representada por mais do que uma série de Laurent com centro em z_0, dependendo de qual anel $r < |z - z_0| < R$ $(0 < r < R \leq \infty)$ de convergência está sendo considerado. Veja o próximo exemplo.

Exemplo 4.5.4. *Considere a função $f(z) = \dfrac{1}{z}$. Vamos determinar o desenvolvimento em série de Laurent em potências de $(z - 1)$.*

Vamos usar que $\dfrac{1}{1+w} = \displaystyle\sum_{n=0}^{\infty}(-1)^n w^n$, *se* $|w| < 1$.

(a) Se $1 < |z-1| < \infty$, *podemos escrever*

$$\begin{aligned}
\frac{1}{z} &= \frac{1}{(z-1)+1} \\
&= \frac{1}{(z-1)} \frac{1}{1+\dfrac{1}{(z-1)}} \\
&= \frac{1}{(z-1)} \sum_{n=0}^{\infty}(-1)^n (1/(z-1))^n \\
&= \frac{1}{(z-1)} \sum_{n=0}^{\infty} \frac{(-1)^n}{(z-1)^n} \\
&= \sum_{n=0}^{\infty} \frac{(-1)^n}{(z-1)^{n+1}}.
\end{aligned}$$

(b) Se $0 < |z-1| < 1$, *então*

$$\begin{aligned}
\frac{1}{z} &= \frac{1}{1+(z-1)} \\
&= \sum_{n=0}^{\infty}(-1)^n (z-1)^n.
\end{aligned}$$

✓

Exemplo 4.5.5. *Considere a função* $f(z) = \dfrac{1}{(z-1)(z+1)}$ ($z \neq 1$, $z \neq -1$). *Vamos determinar a série de Laurent em potências de* $(z-1)$ *no anel* $0 < |z-1| < 2$.

Observe que se $0 < |z-1| < 2$, *então* $0 < |\dfrac{z-1}{2}| < 1$. *Logo,*

$$\begin{aligned}
\frac{1}{z+1} = \frac{1}{2+(z-1)} &= \frac{1}{2} \frac{1}{1+\dfrac{z-1}{2}} \\
&= \frac{1}{2} \sum_{n=0}^{\infty}(-1)^n \left(\frac{z-1}{2}\right)^n
\end{aligned}$$

$$= \sum_{n=0}^{\infty} \frac{(-1)^n}{2^{n+1}} (z-1)^n.$$

Observe que essa série é, de fato, uma série de Taylor que converge se $|z-1| < 2$. *Agora, multiplicando a série acima por* $1/(z-1)$, *obtemos*

$$\begin{aligned} f(z) &= \frac{1}{(z-1)(z+1)} \\ &= \frac{1}{z-1} \sum_{n=0}^{\infty} \frac{(-1)^n}{2^{n+1}} (z-1)^n \\ &= \sum_{n=0}^{\infty} \frac{(-1)^n}{2^{n+1}} (z-1)^{n-1} \\ &= \frac{1}{2(z-1)} - \frac{1}{4} + \frac{1}{8}(z-1) + \ldots. \end{aligned}$$

que é a série de Laurent da função f *e que é convergente no anel* $0 < |z-1| < 2$. ✓

Exemplo 4.5.6. *Vamos determinar a série de Laurent da função* $f(z) = \dfrac{5z+2i}{z(z+i)}$ *em potências de* $(z-i)$ *na região* $1 < |z-i| < 2$.

Vamos usar que $\dfrac{1}{1+w} = \displaystyle\sum_{n=0}^{\infty} (-1)^n w^n$, *se* $|w| < 1$.

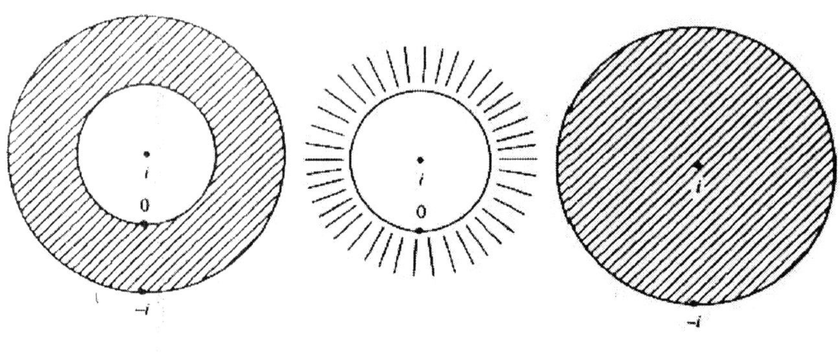

Figura 4.5: Exemplo 4.5.6

Usando frações parciais podemos escrever

$$f(z) = \frac{5z+2i}{z(z+i)} = \frac{2}{z} + \frac{3}{z+i}.$$

(a) Se $|z-i|<2$, então $|\frac{z-i}{2}|<1$. Logo,

$$\begin{aligned}
\frac{3}{z+i} &= \frac{3}{2i+(z-i)}\\
&= \frac{3}{2i}\,\frac{1}{1+(\frac{z-i}{2i})}\\
&= \frac{3}{2i}\sum_{n=0}^{\infty}(-1)^n\left(\frac{z-i}{2i}\right)^n\\
&= \sum_{n=0}^{\infty}\frac{3(-1)^n}{(2i)^{n+1}}(z-i)^n.
\end{aligned}$$

(b) Se $1<|z-i|$, temos

$$\begin{aligned}
\frac{2}{z} &= \frac{2}{i+(z-i)}\\
&= \frac{2}{(z-i)}\left(\frac{1}{1+\dfrac{i}{(z-i)}}\right)\\
&= \frac{2}{(z-i)}\sum_{n=0}^{\infty}(-1)^n\left(\frac{i}{(z-i)}\right)^n\\
&= \sum_{n=0}^{\infty}\frac{2(-1)^n\,i^n}{(z-i)^{n+1}}.
\end{aligned}$$

A região comum de convergência das séries em (a) e (b) é $1<|z-i|<2$. Portanto,

$$\begin{aligned}
f(z) &= \frac{5z+2i}{z(z+i)}\\
&= \frac{2}{z}+\frac{3}{z+i}\\
&= \sum_{n=0}^{\infty}\frac{3(-1)^n}{(2i)^{n+1}}(z-i)^n+\sum_{n=0}^{\infty}\frac{2(-1)^n i^n}{(z-i)^{n+1}},
\end{aligned}$$

para $1<|z-i|<2$. ✓

Exemplo 4.5.7. *Vamos determinar a série de Laurent da função* $f(x) = \dfrac{\operatorname{senh}(z)}{z^2}$ *na região* $0 < |z| < \infty$.
Sabemos que

$$\begin{aligned} \mathrm{e}^w &= \sum_{n=0}^{\infty} \frac{w^n}{n!}, \quad \forall\, w \in \mathbb{C}, \\ \operatorname{senh}(z) &= \frac{\mathrm{e}^{iz} - \mathrm{e}^{-iz}}{2i}. \end{aligned}$$

Com isso, obtemos

$$\begin{aligned} \mathrm{e}^{iz} &= \sum_{n=0}^{\infty} \frac{(iz)^n}{n!} = \sum_{n=0}^{\infty} \frac{i^n}{n!} z^n, \\ \mathrm{e}^{-iz} &= \sum_{n=0}^{\infty} \frac{(-iz)^n}{n!} = \sum_{n=0}^{\infty} \frac{(-i)^n}{n!} z^n, \end{aligned}$$

para todo $z \in \mathbb{C}$. *Logo,*

$$\begin{aligned} \operatorname{senh}(z) &= \frac{\mathrm{e}^{iz} - \mathrm{e}^{-iz}}{2i} \\ &= \frac{1}{2i}\left(\sum_{n=0}^{\infty} \frac{i^n}{n!} z^n + \sum_{n=0}^{\infty} \frac{(-i)^n}{n!} z^n \right) \\ &= \sum_{n=0}^{\infty} \frac{i^n(1 - (-1)^n)}{2i\, n!} z^n. \end{aligned}$$

Portanto, para $0 < |z| < \infty$, *obtemos*

$$\begin{aligned} f(z) &= \frac{\operatorname{senh}(z)}{z^2} \\ &= \frac{1}{z^2} \sum_{n=0}^{\infty} \frac{i^n(1 - (-1)^n)}{2i\, n!} z^n \\ &= \sum_{n=0}^{\infty} \frac{i^n(1 - (-1)^n)}{2i\, n!} z^{n-2} \\ &= \frac{1}{z} - \frac{1}{3!} z + \frac{1}{5!} z^3 - \frac{1}{7!} z^5 + \ldots. \end{aligned}$$

✓

Exemplo 4.5.8. *Vamos determinar a série de Laurent da função* $f(z) = \dfrac{e^z}{(z+1)^2}$ *em potências de* $(z+1)$.

Como $e^z = \displaystyle\sum_{n=0}^{\infty} \frac{z^n}{n!}$ *para todo* $z \in \mathbb{C}$, *podemos escrever*

$$\begin{aligned} e^z &= e^{z+1-1} \\ &= e^{-1}\, e^{z+1} \\ &= e^{-1} \sum_{n=0}^{\infty} \frac{(z+1)^n}{n!}. \end{aligned}$$

Logo,

$$\begin{aligned} f(z) &= \frac{e^z}{(z+1)^2} \\ &= \frac{1}{(z+1)^2}\, e^z \\ &= \frac{1}{(z+1)^2}\, e^{-1} \sum_{n=0}^{\infty} \frac{(z+1)^n}{n!} \\ &= \frac{e^{-1}}{(z+1)^2} + \frac{e^{-1}}{(z+1)} + e^{-1} \sum_{n=2}^{\infty} \frac{(z+1)^{n-2}}{n!} \\ &= \frac{e^{-1}}{(z+1)^2} + \frac{e^{-1}}{(z+1)} + e^{-1} \sum_{m=0}^{\infty} \frac{(z+1)^m}{(m+2)!}, \end{aligned}$$

para $0 < |z+1| < \infty$. ✓

Exemplo 4.5.9. *Considere a função* $f(z) = \dfrac{1}{z^3(1+z)}$. *Temos que* f *é analítica em* $\mathbb{C} - \{0, -1\}$.

(a) Se $z \in A(0; 0, 1) = \{z \in \mathbb{C} :\ 0 < |z| < 1\}$, *então como podemos escrever* $\dfrac{1}{1+z} = \displaystyle\sum_{n=0}^{\infty} (-1)^n z^n$, *obtemos*

$$\begin{aligned} f(z) &= \frac{1}{z^3(1+z)} \\ &= \frac{1}{z^3}\, \frac{1}{1+z} \end{aligned}$$

$$
\begin{aligned}
&= \frac{1}{z^3}\sum_{n=0}^{\infty}(-1)^n z^n \\
&= \frac{1}{z^3} - \frac{1}{z^2} + \frac{1}{z} + \sum_{n=3}^{\infty}(-1)^n z^{n-3} \\
&= \frac{1}{z^3} - \frac{1}{z^2} + \frac{1}{z} - \sum_{n=0}^{\infty}(-1)^n z^n.
\end{aligned}
$$

(b) Mas se $1 < |z| < \infty$, temos que $0 < \dfrac{1}{|z|} < 1$. Logo,

$$
\begin{aligned}
f(z) &= \frac{1}{z^3(1+z)} \\
&= \frac{1}{z^3 z(1+1/z)} \\
&= \frac{1}{z^4}\frac{1}{1+\frac{1}{z}} \\
&= \frac{1}{z^4}\sum_{n=0}^{\infty}(-1)^n\left(\frac{1}{z}\right)^n \\
&= \sum_{n=0}^{\infty}\frac{(-1)^n}{z^{n+4}}.
\end{aligned}
$$

✓

Exemplo 4.5.10. *Vamos determinar a função que é representada pela série de potências $f(z) = \displaystyle\sum_{n=0}^{\infty}\frac{e^{n+1}}{(z-1)^n}$.*

Podemos escrever,

$$
f(z) = e\sum_{n=0}^{\infty}\frac{e^n}{(z-1)^n} = e\sum_{n=0}^{\infty}\left(\frac{e}{z-1}\right)^n.
$$

Para cada $z \in \mathbb{C}$ fixado, $z \neq 1$, temos uma série geométrica de razão $e/(z-1)$, que é convergente se $|e/(z-1)| < 1$, ou seja, se $|z-1| > e$. Portanto,

$$
f(z) = e\sum_{n=0}^{\infty}\frac{e^n}{(z-1)^n} = e\,\frac{1}{1-\dfrac{e}{z-1}} = \frac{e(z-1)}{z-1-e},
$$

se $|z-1| > \mathrm{e}$. ✓

Observação 4.5.1. *Seja*

$$f(z) = \sum_{n=0}^{\infty} a_n(z-z_0)^n + \sum_{n=1}^{\infty} \frac{b_n}{(z-z_0)^n}$$
$$= \sum_{n=-\infty}^{\infty} c_n(z-z_0)^n, \tag{4.19}$$

em $A(z_0, r, \rho) = \{z \in \mathbb{C} : \ r < |z-z_0| < \rho\}$ *(anel de convergência).*

(a) A série de Laurent em (4.19) converge uniformemente e absolutamente em $\Omega = \{z \in \mathbb{C} : R_1 \leq |z-z_0| \leq R_2\}$*, onde* $r < R_1 < R_2 < \rho$.

(b) A série de Laurent em (4.19) é derivável termo a termo e sua derivada é uma série de Laurent

$$f'(z) = \sum_{n=-\infty}^{\infty} n\, c_n\, (z-z_0)^{n-1}.$$

O item (b) decorre do fato que

(1) a parte regular, $\displaystyle\sum_{n=0}^{\infty} c_n\,(z-z_0)^n$*, é uma série de potências;*

(2) a parte principal, $\displaystyle\sum_{n=1}^{\infty} \frac{c_n}{(z-z_0)^n}$*, é uma série de potências composto com uma função analítica* $h(z) = \dfrac{1}{z-z_0}$ $(z \neq z_0)$*. Logo, basta usar a regra da cadeia e o fato que série de potências são deriváveis termo a termo.*

Exemplo 4.5.11. *Determine a série de Laurent da seguinte função* $f(z) = \dfrac{1}{(z+2)(z-1)}$*, no conjunto* $4 < |z-2| < \infty$.

Usando frações parciais, podemos escrever

$$f(z) = \frac{1}{(z+2)(z-1)} = -\frac{1}{3}\left(\frac{1}{z+2} - \frac{1}{z-1}\right).$$

Vamos usar que $\displaystyle\frac{1}{1+w} = \sum_{n=0}^{\infty}(-1)^n\, w^n$*, se* $|w| < 1$.

Como $4 < |z-2| < \infty$, *então* $\dfrac{1}{|z-2|} < \dfrac{4}{|z-2|} < 1$. *Temos,*

$$
\begin{aligned}
(a)\ \frac{1}{z-1} &= \frac{1}{z-2+1}\\
&= \frac{1}{(z-2)(1+1/(z-2))}\\
&= \frac{1}{z-2}\,\frac{1}{1+1/(z-2)}\\
&= \frac{1}{z-2}\sum_{n=0}^{\infty}(-1)^n\frac{1}{(z-2)^n}\\
&= \sum_{n=0}^{\infty}(-1)^n\,\frac{1}{(z-2)^{n+1}}.
\end{aligned}
$$

$$
\begin{aligned}
(b)\ \frac{1}{z+2} &= \frac{1}{z-2+4}\\
&= \frac{1}{(z-2)(1+4/(z-2))}\\
&= \frac{1}{z-2}\,\frac{1}{1+\dfrac{4}{z-2}}\\
&= \frac{1}{z-2}\sum_{n=0}^{\infty}\frac{4^n}{(z-2)^n}\\
&= \sum_{n=0}^{\infty}(-1)^n\frac{4^n}{(z-2)^{n+1}}.
\end{aligned}
$$

Usando (a) e (b), obtemos

$$
\begin{aligned}
f(z) &= \frac{1}{(z+2)(z-1)}\\
&= -\frac{1}{3}\left(\frac{1}{z-2}-\frac{1}{z-1}\right)\\
&= -\frac{1}{3}\left(\sum_{n=0}^{\infty}(-1)^n\frac{4^n}{(z-2)^{n+1}}-\sum_{n=0}^{\infty}(-1)^n\frac{1}{(z-2)^{n+1}}\right)
\end{aligned}
$$

$$= -\frac{1}{3}\sum_{n=0}^{\infty}(-1)^n\frac{(4^n-1)}{(z-2)^{n+1}}.$$

✓

Exemplo 4.5.12. *Vamos determinar a série de Laurent em torno de $z = 0$ (ou seja, em potências de z) da função $f(z) = \dfrac{\cosh(1/z)}{z}$.*

Temos que $\cosh(w) = \dfrac{e^w + e^{-w}}{2}$ e $e^w = \displaystyle\sum_{n=0}^{\infty}\frac{w^n}{n!}$ para todo $w \in \mathbb{C}$. Em particular, para $w = 1/z$ (com $z \neq 0$), obtemos

$$\begin{aligned}
\cosh(1/z) &= \frac{e^{1/z} + e^{-1/z}}{2} \\
&= \frac{1}{2}\left(\sum_{n=0}^{\infty}\frac{1}{n!z^n} + \sum_{n=0}^{\infty}\frac{(-1)^n}{n!z^n}\right) \\
&= \frac{1}{2}\sum_{n=0}^{\infty}\frac{1+(-1)^n}{n!z^n} \\
&= \frac{1}{2}\left(2 + \frac{2}{2!z^2} + \frac{2}{4!z^4} + \dots\right) \\
&= \left(1 + \frac{1}{2!z^2} + \frac{1}{4!z^4} + \dots\right) \\
&= \sum_{n=0}^{\infty}\frac{1}{(2n)!z^{2n}}.
\end{aligned}$$

Com isso, obtemos

$$\begin{aligned}
f(z) &= \frac{\cosh(1/z)}{z} \\
&= \frac{1}{z}\sum_{n=0}^{\infty}\frac{1}{(2n)!z^{2n}} \\
&= \sum_{n=0}^{\infty}\frac{1}{(2n)!z^{2n+1}}.
\end{aligned}$$

✓

Exemplo 4.5.13. *Considere a função* $f(z) = \dfrac{e^z}{(z-1)^3}$. *Na região* $0 < |z-1|$, *podemos determinar a sua série de Laurent em potências de* $(z-1)$,

$$\begin{aligned} f(z) = \frac{e^z}{(z-1)^3} &= e\,\frac{e^{z-1}}{(z-1)^3} \\ &= \frac{e}{(z-1)^3}\sum_{n=0}^{\infty}\frac{(z-1)^n}{n!} \\ &= e\sum_{n=0}^{\infty}\frac{(z-1)^{n-3}}{n!} \\ &= e\left(\frac{1}{(z-1)^3} + \frac{1}{(z-1)^2} + \frac{1}{2(z-1)} + \sum_{n=0}^{\infty}\frac{(z-1)^n}{(n+3)!}\right). \end{aligned}$$

Com isso, se $r \neq 1$, $r > 0$, *obtemos*

$$\oint_{|z-1|=r}\frac{e^z}{(z-1)^3}dz = \frac{2\pi i e}{2} = \pi e i.$$

Agora considerando $\gamma(t) = 1 + re^{it}$, $t \in [0, 2\pi]$, $r > 0$, *temos*

$$\begin{aligned} \pi e i &= \oint_\gamma \frac{e^z}{(z-1)^3}\,dz \\ &= \int_0^{2\pi}\frac{e^{1+re^{it}}}{(1+re^{it}-1)^3}ire^{it}\,dt \\ &= \frac{ei}{r^2}\int_0^{2\pi} e^{r\cos(t)}\big(\cos(r\mathrm{sen}(t)) + i\mathrm{sen}(r\mathrm{sen}(t))\big)\big(\cos(2t) - i\mathrm{sen}(2t)\big)dt. \end{aligned}$$

Desenvolvento a integral, separando a parte real e a parte imaginária, e usando igualdade entre números complexos, obtemos que

$$\int_0^{2\pi} e^{r\cos(t)}\cos(r\mathrm{sen}(t) - 2t)\,dt = \pi r^2.$$

✓

Exemplo 4.5.14. *Vamos determinar as séries de Laurent da função* $f(z) = \dfrac{1}{z^2(z+1)(z-2)}$ *nas regiões*

$$(a)\ \Omega_1 = \{z \in \mathbb{C} : 0 < |z| < 1\};$$

$$(b)\ \Omega_2 = \{z \in \mathbb{C} : 1 < |z| < 2\};$$
$$(c)\ \Omega_3 = \{z \in \mathbb{C} : 2 < |z|\}.$$

Observe inicialmente que podemos escrever

$$f(z) = \frac{1}{3z^2}\left(\frac{1}{z-2} - \frac{1}{z-1}\right).$$

(a) Se $z \in \Omega_1$, $0 < |z| < 1$, *temos*

$$\frac{1}{z-2} = -\frac{1}{2\left(1 - \dfrac{z}{2}\right)} = -\frac{1}{2}\sum_{n=0}^{\infty}\left(\frac{z}{2}\right)^n = -\frac{1}{2}\sum_{n=0}^{\infty}\frac{z^n}{2^n},$$

$$\frac{1}{z+1} = \sum_{n=0}^{\infty}(-1)^n z^n.$$

Com isso, obtemos

$$\begin{aligned} f(z) &= \frac{1}{3z^2}\left(-\frac{1}{2}\sum_{n=0}^{\infty}\frac{z^n}{2^n} - \sum_{n=0}^{\infty}(-1)^n z^n\right) \\ &= -\frac{1}{3}\sum_{n=0}^{\infty}\left(\frac{1}{2^{n+1}} - (-1)^n\right)z^{n-2}. \end{aligned}$$

(b) Se $z \in \Omega_2$, $1 < |z| < 2$, *temos*

$$\frac{1}{z-2} = -\frac{1}{2\left(1 - \dfrac{z}{2}\right)} = -\frac{1}{2}\sum_{n=0}^{\infty}\left(\frac{z}{2}\right)^n;$$

$$\frac{1}{z+1} = \frac{1}{z\left(1 + \dfrac{1}{z}\right)} = \frac{1}{z}\sum_{n=0}^{\infty}(-1)^n\frac{1}{z^n}.$$

Portanto,

$$f(z) = \frac{1}{3z^2}\left(-\frac{1}{2}\sum_{n=0}^{\infty}\frac{z^n}{2^n} + \frac{1}{z}\sum_{n=0}^{\infty}\frac{1}{z^n}\right)$$

$$= \frac{1}{3}\bigg(-\sum_{n=0}^{\infty}\frac{z^{n-2}}{2^{n+1}} + \sum_{n=0}^{\infty}(-1)^n\frac{1}{z^{n+3}}\bigg).$$

(c) Agora para $z \in \Omega_3$, $|z| > 2$, então

$$\frac{1}{z-2} = \frac{1}{z\left(1-\dfrac{2}{z}\right)} = \frac{1}{z}\sum_{n=0}^{\infty}\frac{2^n}{z^n};$$

$$\frac{1}{z+1} = \frac{1}{z\left(1+\dfrac{1}{z}\right)} = \frac{1}{z}\sum_{n=0}^{\infty}\frac{(-1)^n}{z^n}.$$

Logo,

$$f(z) = \frac{1}{3z^2}\bigg(\sum_{n=0}^{\infty}\frac{2^n}{z^{n+1}} - \sum_{n=0}^{\infty}\frac{(-1)^n}{z^{n+1}}\bigg)$$
$$= \frac{1}{3}\sum_{n=0}^{\infty}\frac{2^n-(-1)^n}{z^{n+3}}.$$

✓

Exercícios

[1] Considere a função $f(z) = \dfrac{1}{(z-1)(z-2)}$. Determine a série de Laurent de f em cada região:

(a)$1 < |z| < 2$; (b) $|z| > 2$; (c) $0 < |z-1| < 1$.

[2] Determine a série de Laurent de cada função na região indicada.

(a) $f(z) = \dfrac{z^5}{z-1}$, para $|z| > 1$.

(b) $f(z) = z^5 e^{-1/z}$, para $|z| > 0$.

(c) $f(z) = \dfrac{z+1}{z-1}$, para $|z| > 1$.

(d) $f(z) = \dfrac{1}{(z+2)(z-1)}$, para $1 < |z-2| < 4$.

(e) $f(z) = \dfrac{1}{(z+2)(z-1)}$, para $4 < |z-2| < \infty$.

(f) $f(z) = \dfrac{1}{z^3 - 2z^2 + z}$, para $0 < |z-1| < 1$.

(g) $f(z) = \dfrac{1}{z} + \dfrac{1}{z-1} + \dfrac{1}{z-i}$, para $0 < |z| < 1$.

(h) $f(z) = \dfrac{e^{-1/z^2} - z - 1}{z^3}$, para $0 < |z| < \infty$.

(i) $f(z) = \dfrac{\cos(z)}{(z+\pi/4)^2}$, para $0 < |z+\pi/4|$.

(j) $f(z) = \dfrac{\operatorname{sen}(z)}{(z-\pi/4)^2}$, para $0 < |z-\pi/4|$.

(k) $f(z) = \dfrac{e^{2z-3}}{(z+1)^3}$, para $0 < |z+1|$.

[3] Considere a função $f(z) = \dfrac{1}{z^2(z-1)(z-2)}$. Determine a série de Laurent de f nas regiões

(a) $0 < |z| < 1$; (b) $1 < |z| < 2$; (c) $2 < |z| < \infty$.

[4] Determine a série de Laurent da função $f(z) = \dfrac{1}{(z+1)(z+3)}$ nas regiões

(a) $1 < |z| < 3$; (b) $|z| > 3$ (c) $0 < |z+1| < 2$.

[5] Seja $f(z) = \operatorname{sen}(\pi/(z-1))$. Determine a série de Laurent em potências de $(z-1)$ e determine o anel de convergência.

[6] Seja $f(z) = e^{z/(z-1)}$. Determine a série de Laurent em potências de $(z-1)$ e determine o anel de convergência.

[7] Seja $f(z) = \dfrac{2z+1}{z^2+2z+1}$. Determine a série de Laurent em potências de $(z+1)$ e determine o anel de convergência.

Capítulo 5

Singularidades e Teorema dos Resíduos

5.1 Singularidades

Definição 5.1.1. *Seja $f = f(z)$ uma função analítica em cada ponto do anel circular $A(z_0, r, R) = \{z \in \mathbb{C} : r < |z - z_0| < R\}$ (sendo $0 < r < R \leq \infty$). A função f pode ser representada por uma série de Laurent*

$$
\begin{aligned}
f(z) &= \sum_{n=-\infty}^{\infty} c_n (z - z_0) \\
&= \sum_{n=0}^{\infty} a_n (z - z_0)^n + \sum_{n=1}^{\infty} \frac{b_n}{(z - z_0)^n},
\end{aligned}
$$

sendo os coeficientes da série dados por

$$
\begin{aligned}
a_n &= \frac{1}{2\pi i} \oint_{C_2} \frac{f(z)}{(z - z_0)^{n+1}}\, dz, \quad (n = 0, 1, 2, 3, ...) \\
b_n &= \frac{1}{2\pi i} \oint_{C_1} \frac{f(z)}{(z - z_0)^{-n+1}}\, dz, \quad (n = 1, 2, 3, ...)
\end{aligned}
$$

onde $C_1 : |z - z_0| = r_1$ e $C_2 : |z - z_0| = r_2$, ambas orientadas positivamente, $r < r_1 < |z - z_0| < r_2 < R$.

O coeficiente $b_1 = \dfrac{1}{2\pi i}\displaystyle\oint_{\gamma_r} f(z)\,dz$ *é chamado* ***resíduo*** *de* f *no ponto* z_0 *(Notação :* $b_1 = \operatorname{Res}[f; z_0]$*).*

Definição 5.1.2. *Um ponto* $z_0 \in \mathbb{C}$ *é uma* ***singularidade*** *de uma função* $f = f(z)$ *se* f *não é analítica no ponto* z_0*.*

Existem dois tipos de singularidades: singularidade isolada e singularidade não isolada.

(a) **Singularidade isolada.** Um ponto z_0 é uma singularidade isolada de uma função $f = f(z)$ se existir um $r > 0$ tal que f é analítica na região $0 < |z - z_0| < r$ (ou seja, z_0 é a única singularidade da função f em $D(z_0; r) = \{z \in \mathbb{C} : |z - z_0| < r\}$).

Por exemplo, na função $f(z) = \dfrac{\operatorname{sen}(z)}{z}$, o ponto $z = 0$ é a única singularidade isolada.

(b) **Singularidade não isolada.** Um ponto z_0 é uma singularidade não isolada se para todo $r > 0$ existem pontos em $D(z_0; r)$ onde f não é analítica.

Por exemplo, a função $f(z) = \operatorname{Log}(z)$ possui singularidade não isolada em todos os pontos da eixo real não positivo (ou seja, nos pontos $z = x + i\,0$, com $x \leq 0$).

Já na função $f(z) = \dfrac{1}{\operatorname{sen}\left(\dfrac{\pi}{z}\right)}$ possui infinitas singularidades. As singularidades ocorrem nos pontos $z = 0$, $z = \pm 1$, $z = \pm\dfrac{1}{2}$, $z = \pm\dfrac{1}{3}$, ... $z = \pm\dfrac{1}{n}$.... $(n \in \mathbb{N})$. Temos que $z = 0$ é uma singularidade não isolada e todas as outras singularidades são isoladas.

Classificação de uma singularidade isolada

Seja z_0 uma singularidade isolada de uma função $f = f(z)$. Existe um $r > 0$ tal que f é analítica na região $0 < |z - z_0| < r$. Portanto, f possui desenvolvimento em série de Laurent em potências de $(z - z_0)$, ou seja,

$$\begin{aligned} f(z) &= \sum_{n=-\infty}^{\infty} c_n (z - z_0) \\ &= \sum_{n=0}^{\infty} a_n (z - z_0)^n + \sum_{n=1}^{\infty} \frac{b_n}{(z - z_0)^n}. \end{aligned}$$

Podem ocorrer 3 casos, a saber.

CASO 1. Todos os coeficientes b_n (de potências negativas) são nulos. Neste caso,

$$f(z) = \sum_{n=0}^{\infty} a_n (z - z_0)^n = a_0 + a_1(z - z_0) + a_2(z - z_0)^2 + \ldots$$

Neste caso a singularidade é apenas aparente, pois podemos definir $f(z_0) = a_0$. Uma singularidade deste tipo é chamada **singularidade removível** . Podemos dizer que z_0 é uma singularidade removível da função $f = f(z)$ se, e somente se,

$$\lim_{z \to z_0} f(z) \quad \text{existir e for finito.}$$

Exemplo 5.1.1. *Seja* $f(z) = \dfrac{\operatorname{sen}(z)}{z}$. *O ponto* $z = 0$ *é uma singularidade isolada de* f. *O desenvolvimento em série de Laurent de* f *em potências de* z *(*$0 < |z|$*) é*

$$\begin{aligned} f(z) &= \frac{\operatorname{sen}(z)}{z} \\ &= \frac{1}{z} \sum_{n=0}^{\infty} \frac{(-1)^n}{(2n+1)!} z^{2n+1} \\ &= \sum_{n=0}^{\infty} \frac{(-1)^n}{(2n+1)!} z^{2n} \\ &= 1 - \frac{z^2}{3!} + \frac{z^4}{5!} + \ldots. \end{aligned}$$

e só possui potências não negativas. Ou também, como

$$\lim_{z \to 0} f(z) = \lim_{z \to 0} \frac{\operatorname{sen}(z)}{z} = 1 = a_0.$$

Portanto, $z = 0$ é uma singularidade removível.
Neste caso, temos que o resíduo de f em $z = 0$ é $\text{Res}[f; 0] = 0$. ✓

Caso 2. Se na série de Laurent existir um número finito de potências negativas de $(z - z_0)$ com coeficientes não nulos, ou seja, existe $m > 0$ tal que

$$b_n = 0, \quad \text{se} \quad n > m,$$
$$b_m \neq 0,$$

ou seja, a série de Laurent é da forma

$$f(z) = \frac{b_m}{(z - z_0)^m} + \frac{b_{m-1}}{(z - z_0)^{m-1}} + ... + \frac{b_1}{(z - z_0)} + \sum_{n=0}^{\infty} a_n (z - z_0)^n,$$

com $0 < |z - z_0| < r$.

A singularidade z_0 é chamda de **polo de ordem m**. Observe que z_0 é polo de ordem m se, e somente se,

$$\lim_{z \to z_0} (z - z_0)^m f(z)$$

existir, for finito e **diferente** de zero.

Exemplo 5.1.2. *Considere a função* $f(z) = \dfrac{\text{sen}(z)}{z^2}$. *O ponto $z = 0$ é uma singularidade isolada. A série de Laurent de f na região $0 < |z| < \infty$ é*

$$\begin{aligned}
f(z) &= \frac{\text{sen}(z)}{z^2} \\
&= \frac{1}{z^2} \sum_{n=0}^{\infty} \frac{(-1)^n}{(2n+1)!} z^{2n+1} \\
&= \sum_{n=0}^{\infty} \frac{(-1)^n}{(2n+1)!} z^{2n-1} \\
&= \frac{1}{z} - \frac{z}{3!} + \frac{z^3}{5!} - .....
\end{aligned}$$

Portanto, $z = 0$ é polo de ordem 1(ou polo simples). Observe também que

$$\begin{aligned}
&\lim_{z\to 0} f(z) = \frac{\operatorname{sen}(z)}{z^2} \text{ não } \textit{existe},\\
&\lim_{z\to 0} z\, f(z) = \frac{\operatorname{sen}(z)}{z} = 1,\\
&\lim_{z\to 0} z^2\, f(z) = \operatorname{sen}(z) = 0,\\
&\vdots\\
&\lim_{z\to 0} z^n\, f(z) = \operatorname{sen}(z) = 0,
\end{aligned}$$

para todo $n \geq 2$. ✓

Caso 3. Se na série de Laurent aparecem infinitos termos com potências negativas de $(z - z_0)$ então z_0 é chamado **singularidade essencial** da função f. Neste caso, podemos dizer que z_0 é singularidade essencial se, e somente se,

$$\lim_{z\to z_0} (z - z_0)^n f(z)$$

não existe para todo $n \in \mathbb{N}$.

Exemplo 5.1.3. *Considere a função $f(z) = \operatorname{sen}\big(1/z\big)$. O ponto $z = 0$ é uma singularidade isolada. Usando que, para todo $w \in \mathbb{C}$,*

$$\operatorname{sen}(w) = \sum_{n=0}^{\infty} \frac{(-1)^n}{(2n+1)!} w^{2n+1},$$

obtemos

$$\begin{aligned}
f(z) &= \operatorname{sen}\big(1/z\big)\\
&= \sum_{n=0}^{\infty} \frac{(-1)^n}{(2n+1)!} (1/z)^{2n+1}\\
&= \sum_{n=0}^{\infty} \frac{(-1)^n}{(2n+1)!} \frac{1}{z^{2n+1}}\\
&= \frac{1}{z} - \frac{1}{3!\, z^3} + \frac{1}{5!\, z^5} - \ldots
\end{aligned}$$

em $|z| > 0$. ✓

Exemplo 5.1.4. *Vamos classificar todas as singularidades da função* $f(z) = \dfrac{1}{z\,\mathrm{sen}^2(\pi\, z)}$.

A função possui singularidade nos pontos $z = 0$, $z = \pm 1$, $z = \pm 2$ *,...,* $z = \pm n$ $(n \in \mathbb{N})$, *e todas são singularidades isoladas.*
(a) No ponto $z = 0$, *temos (usando a regra de L'Hôspital)*

$$\begin{aligned}\lim_{z\to 0} z^3 f(z) &= \lim_{z\to 0} z^3 \frac{1}{z\,\mathrm{sen}^2(\pi\, z)}\\ &= \lim_{z\to 0} \frac{z^2}{\mathrm{sen}^2(\pi\, z)}\\ &= \lim_{z\to 0}\left(\frac{z}{\mathrm{sen}(\pi\, z)}\right)^2\\ &= (1/\pi)^2.\end{aligned}$$

Portanto, $z = 0$ *é polo de ordem 3.*
(b) Para $z_0 = \pm\, n$ $(n \in \mathbb{N})$, *temos (usando a regra de L'Hôspital)*

$$\begin{aligned}\lim_{z\to z_0}(z - z_0)^2 f(z) &= \lim_{z\to z_0}(z - z_0)^2 \frac{1}{z\,\mathrm{sen}^2(\pi\, z)}\\ &= \lim_{z\to z_0} \frac{1}{z}\left(\frac{z - z_0}{\mathrm{sen}(\pi\, z)}\right)^2\\ &= \frac{1}{z_0}\left(\frac{1}{\pi\cos(\pi\, z_0)}\right)^2\\ &= \frac{1}{z_0\,\pi^2}.\end{aligned}$$

Portanto, $z = \pm 1, \pm 2, ..., \pm\, n$ $(n \in \mathbb{N})$ *são polos de ordem 2.* ✓

Exemplo 5.1.5. *Vamos classificar as singularidades isoladas da função* $f(z) = \dfrac{e^z\,\mathrm{Log}(1+z)}{z^4\,(z-2)}$.
As singularidades isoladas são $z = 0$ *e* $z = 2$.
(a) Para $z = 2$, *temos*

$$\lim_{z\to 2}(z-2)\, f(z) = \lim_{z\to 2}(z-2)\,\frac{e^z\,\mathrm{Log}(1+z)}{z^4\,(z-2)}$$

$$= \lim_{z \to 2} \frac{e^z \operatorname{Log}(1+z)}{z^4}$$
$$= \frac{e^2 \operatorname{Log}(3)}{16} \neq 0.$$

Portanto, $z = 2$ é polo simples.
(b) Para $z = 0$, temos

$$\lim_{z \to 0} z^3 f(z) = \lim_{z \to 0} z^3 \frac{e^z \operatorname{Log}(1+z)}{z^4 (z-2)}$$
$$= \lim_{z \to 0} \frac{e^z \operatorname{Log}(1+z)}{z (z-2)}$$
$$= \lim_{z \to 0} \frac{e^z}{z-2} \frac{\operatorname{Log}(1+z)}{z}.$$

Temos

$* \lim_{z \to 0} \frac{e^z}{z-2} = -1/2.$

* *A função $g(z) = \operatorname{Log}(1+z)$ é analítica em $\Omega = \mathbb{C} - \{z = x + i\,0 : x \leq -1\}$. Aplicando a regra de L'Hôspital, obtemos*

$$\lim_{z \to 0} \frac{\operatorname{Log}(1+z)}{z} = \lim_{z \to 0} \frac{1/(1+z)}{1} = 1.$$

Com isso, obtemos que

$$\lim_{z \to 0} \frac{e^z}{z-2} \frac{\operatorname{Log}(1+z)}{z} = \frac{-1}{2} 1 = -\frac{1}{2}.$$

Portanto, $z = 0$ é polo de ordem 3. ✓

Exemplo 5.1.6. *Considere a função $f(z) = z^3 \operatorname{sen}(1/z)$. A única singularidade é $z = 0$. Usando que $\operatorname{sen}(w) = \sum_{n=0}^{\infty} \frac{(-1)^n}{(2n+1)!} z^{2n+1}$ (para todo $w \in \mathbb{C}$), se $z \neq 0$, então*

$$f(z) = z^3 \operatorname{sen}(1/z)$$
$$= z^3 \sum_{n=0}^{\infty} \frac{(-1)^n}{(2n+1)!} \left(\frac{1}{z}\right)^{2n+1}$$

$$= \sum_{n=0}^{\infty} \frac{(-1)^n}{(2n+1)!} \frac{1}{z^{2n-2}}$$

$$= z^2 - \frac{1}{3!} + \sum_{n=2}^{\infty} \frac{(-1)^n}{(2n+1)!} \frac{1}{z^{2n-2}}.$$

Portanto, $z = 0$ é singularidade essencial.
Resolvendo de outra maneira. Para todo $n \in \mathbb{N}$ o limite $\lim_{z\to 0} z^n \text{sen}(1/z)$ não existe. De fato:
** Se $z = x + i\,0$ (ou seja, $\text{Im}(z) = 0$ e $x \to 0$), então*

$$\lim_{x\to 0} x^n \text{sen}(1/x) = 0$$

pois $\lim_{x\to 0} x^n = 0$ e $|\text{sen}(1/x)| \leq 1$ (limitada) se $x \in \mathbb{R}$, $x \neq 0$.
** Se $z = 0 + i\,y$ ($\text{Re}(z) = 0$ e $y \to 0$), temos*

$$\lim_{y\to 0} (i\,y)^n \,\text{sen}(1/i\,y) = (i)^n \lim_{y\to 0} (y)^n \left(\frac{\mathrm{e}^{i/iy} - \mathrm{e}^{-i/iy}}{2i} \right)$$

$$= \frac{(i)^n}{2i} \lim_{y\to 0} y^n (\mathrm{e}^{1/y} - \mathrm{e}^{-1/y}).$$

Agora considerando $y \to 0$, $y > 0$, escrevendo $t = 1/y$, obtemos

$$\lim_{t\to\infty} \frac{1}{t^n} (\mathrm{e}^t - \mathrm{e}^{-t}) = +\infty.$$

portanto, o limite $\lim_{z\to 0} z^n \text{sen}(1/z)$ não existe (para todo $n \in \mathbb{N}$). ✓

Exemplo 5.1.7. *Considere a função $f(z) = \dfrac{1}{z} - \dfrac{1}{\text{sen}(z)}$. As suas singularidades isoladas são $z = 0$ e $z = k\pi$ ($k \in \mathbb{Z}$, $k \neq 0$).*
(i) Para $z = 0$ temos (usando a regra de L'Hôspital (LH))

$$\lim_{z\to 0} f(z) = \lim_{z\to 0} \left(\frac{1}{z} - \frac{1}{\text{sen}(z)} \right)$$

$$= \lim_{z\to 0} \frac{\text{sen}(z) - z}{z\text{sen}(z)} \quad (LH)$$

$$= \lim_{z\to 0} \frac{\cos(z) - 1}{\text{sen}(z) + z\cos(z)} \quad (LH)$$

$$= \lim_{z \to 0} \frac{-\text{sen}(z)}{\cos(z) + \cos(z) - z\text{sen}(z)}$$
$$= \frac{0}{2} = 0.$$

Portanto, $z = 0$ é singularidade removível.
(ii) Para $z = k\pi$, com $k \in \mathbb{Z}$, $k \neq 0$, temos

$$\lim_{z \to k\pi} (z - k\pi) f(z) = \lim_{z \to k\pi} \left[\frac{(z - k\pi)}{z} - \frac{z - k\pi}{\text{sen}(z)} \right].$$

Como

$$* \lim_{z \to k\pi} \frac{z - k\pi}{z} = 0,$$
$$* \lim_{z \to k\pi} \frac{z - k\pi}{\text{sen}(z)} = \lim_{z \to k\pi} \frac{1}{\cos(z)} = (-1)^k,$$

então $\lim\limits_{z \to k\pi} (z - k\pi) f(z) = -(-1)^k$, e $z = k\pi$ são polos simples ($k \neq 0$).

✓

Exemplo 5.1.8. *Vamos classificar as singularidades isoladas da função $f(z) = \dfrac{e^z}{z(1 - e^{-z})}$.*

Temos que as singularidades isoladas são $z = 0$ e $z = 2k\pi i$ ($k \in \mathbb{Z}$, $k \neq 0$).
(i) Para $z = 0$ temos

$$\lim_{z \to 0} z^2 f(z) = \lim_{z \to 0} \frac{z^2 e^z}{z(1 - e^{-z})}$$
$$= \lim_{z \to 0} \left(e^z \, \frac{z}{1 - e^{-z}} \right).$$

Como, (usando a regra de L'Hôpial em (LH))

$$* \lim_{z \to 0} e^z = 1,$$
$$* \lim_{z \to 0} \frac{z}{1 - e^{-z}} = \lim_{z \to 0} \frac{1}{e^{-z}} = 1, \quad (LH)$$

obtemos que $\lim_{z\to 0} z^2 f(z) = 1$, *ou seja,* $z = 0$ *é polo de ordem 2.*
(ii) Para $z = 2k\pi i$ $(k \neq 0)$, *temos*

$$\begin{aligned}\lim_{z\to 2k\pi i}(z - 2k\pi i)f(z) &= \lim_{z\to 2k\pi i}\frac{(z-2k\pi i)\mathrm{e}^z}{z(1-\mathrm{e}^{-z})}\\ &= \lim_{z\to 2k\pi i}\left(\frac{\mathrm{e}^z}{z}\,\frac{z-2k\pi i}{1-\mathrm{e}^{-z}}\right).\end{aligned}$$

Como

$$* \lim_{z\to 2k\pi i}\frac{\mathrm{e}^z}{z} = \frac{\mathrm{e}^{2k\pi i}}{2k\pi i} = \frac{1}{2k\pi i},$$

$$* \lim_{z\to 2k\pi i}\frac{z-2k\pi i}{1-\mathrm{e}^{-z}} = \lim_{z\to 2k\pi i}\frac{1}{\mathrm{e}^{-z}} = 1, (LH)$$

temos que $\lim_{z\to 2k\pi i}(z-2k\pi i)f(z) = 1/2k\pi i$, *ou seja,* $z = 2k\pi i$ *são polos simples.* ✓

Exercícios

Classifique todas as singularidades isoladas de cada função.

(1) $f(z) = \dfrac{z^2+1}{\operatorname{sen}(i\,\pi\,z)}$ (2) $f(z) = \dfrac{\mathrm{e}^{2z}-1}{z^4}$

(3) $f(z) = \dfrac{\cos(z)-1}{z^2}$ (4) $f(z) = \dfrac{1-\mathrm{e}^z}{z^4\operatorname{sen}(1+z)}$

(5) $f(z) = \dfrac{\mathrm{e}^{1/z}\cos(z)}{z}$ (6) $f(z) = \dfrac{(z^6+1)z^2}{(z-1)^3(3z+2)^2\operatorname{sen}(z-3)}$

(7) $f(z) = \dfrac{1}{(\mathrm{e}^{i\,z}-1)^2}$ (8) $f(z) = \dfrac{\cos(z+i)-1}{(z+i)^4}$

(9) $f(z) = \dfrac{\mathrm{e}^z-\cos(z-1)}{(z-1)}$ (10) $f(z) = \dfrac{1}{\mathrm{e}^z-1} - \dfrac{1}{z}$

(11) $f(z) = \dfrac{\cos(z)-1}{z^2(z-2\pi)}$ (12) $f(z) = \dfrac{\operatorname{sen}(z)}{z^3(z-\pi)}$

(13) $f(z) = \mathrm{e}^{(z+1)/z}$ (14) $f(z) = \dfrac{1}{z^8-z}$

(15) $f(z) = \dfrac{(z+4)\mathrm{e}^z-1}{z(z^2-1)}$ (16) $f(z) = \dfrac{\operatorname{sen}(z-\pi)}{z(z-\pi)^3}$

(17) $f(z) = \dfrac{1 - e^z}{z^4 \operatorname{sen}(1 + z)}$ (18) $f(z) = \dfrac{e^z}{z^2(1 + e^{-z})}$

5.2 Resíduos

Seja z_0 uma singularidade da função $f = f(z)$. Vamos determinar o resíduo de f em z_0.

• Caso 1: se z_0 é uma singularidade removível, então $\operatorname{Res}[f, z_0] = 0$, pois neste caso todos os coeficientes de potências negativas da série de Laurent de f em potência de $(z - z_0)$ são nulos ($b_n = 0$ para todo $n = 1, 2, 3, ...$)

• Caso 2: se z_0 é singularidade essencial, precisamos expandir f em série de Laurent em potências de $(z - z_0)$ para determinar o resíduo.

• Caso 3: se z_0 é polo de ordem m, a série de Laurent é da forma

$$f(z) = \frac{b_m}{(z - z_0)^m} + \frac{b_{m-1}}{(z - z_0)^{m-1}} + ... + \frac{b_1}{(z - z_0)} + \sum_{n=0}^{\infty} a_n (z - z_0)^n,$$

com $0 < |z - z_0| < r$, ou seja, $m \in \mathbb{N}$ é o único tal que

$$\lim_{z \to z_0} (z - z_0)^m f(z)$$

existe e é diferente de zero.

* Se $m = 1$, então a série de Laurent é da forma

$$f(z) = \frac{b_1}{(z - z_0)} + \sum_{n=0}^{\infty} a_n (z - z_0)^n,$$

com $0 < |z - z_0| < r$. Neste Caso, temos

$$\lim_{z \to z_0} (z - z_0) f(x) = b_1.$$

* Se $m = 2$, a série de Laurent é da forma

$$f(z) = \frac{b_2}{(z - z_0)^2} + \frac{b_1}{(z - z_0)} + \sum_{n=0}^{\infty} a_n (z - z_0)^n,$$

com $0 < |z - z_0| < r$. Neste caso,

$$(z - z_0)^2 f(z) = b_2 + b_1(z - z_0) + \sum_{n=0}^{\infty} a_n (z - z_0)^{n+2}$$

Derivando termo a termo a expressão acima, obtemos

$$\frac{d}{dz}\Big((z - z_0)^2 f(z)\Big) = b_1 + \sum_{n=0}^{\infty} (n+2) a_n (z - z_0)^{n+1}$$

e portanto

$$\lim_{z \to z_0} \frac{d}{dz}\Big((z - z_0)^2 f(z)\Big) = b_1 = \mathrm{Res}[f, z_0].$$

* Se $m = 3$, a série de Laurent é da forma

$$f(z) = \frac{b_3}{(z - z_0)^3} + \frac{b_2}{(z - z_0)^2} + \frac{b_1}{(z - z_0)} + \sum_{n=0}^{\infty} a_n (z - z_0)^n,$$

com $0 < |z - z_0| < r$. Neste caso,

$$(z - z_0)^3 f(z) = b_3 + b_2(z - z_0) + b_1(z - z_0)^2 + \sum_{n=0}^{\infty} a_n (z - z_0)^{n+3}.$$

Derivando termo a termo (duas vezes) a expressão acima, obtemos

$$\frac{d^2}{dz^2}\Big((z - z_0)^3 f(z)\Big) = 2b_1 + \sum_{n=0}^{\infty} (n+3)(n+2) a_n (z - z_0)^{n+1}$$

e portanto

$$\lim_{z \to z_0} \frac{d^2}{dz^2}\Big((z - z_0)^3 f(z)\Big) = 2\, b_1,$$

e então

$$\mathrm{Res}[f, z_0] = b_1 = \frac{1}{2} \lim_{z \to z_0} \frac{d^2}{dz^2}\Big((z - z_0)^3 f(z)\Big).$$

* Se $m = 4$, a série de Laurent é da forma

$$f(z) = \frac{b_4}{(z - z_0)^4} + \frac{b_3}{(z - z_0)^3} + \frac{b_2}{(z - z_0)^2} + \frac{b_1}{(z - z_0)} + \sum_{n=0}^{\infty} a_n (z - z_0)^n,$$

com $0 < |z - z_0| < r$. Neste caso,

$$(z-z_0)^4 f(z) = b_4 + b_3(z-z_0) + b_2(z-z_0)^2 + b_1(z-z_0)^3 + \sum_{n=0}^{\infty} a_n(z-z_0)^{n+4}.$$

Derivando termo a termo (três vezes) a expressão acima, obtemos

$$\frac{d^3}{d\,z^3}\Big((z-z_0)^4 f(z)\Big) = 3.2b_1 + \sum_{n=0}^{\infty}(n+4)(n+3)(n+2)a_n(z-z_0)^{n+1}$$

e portanto

$$\lim_{z\to z_0} \frac{d^3}{dz^3}\Big((z-z_0)^4 f(z)\Big) = 3!\, b_1,$$

e então

$$\mathrm{Res}[f, z_0] = b_1 = \frac{1}{3!} \lim_{z\to z_0} \frac{d^3}{dz^3}\Big((z-z_0)^4 f(z)\Big).$$

* No caso geral, se z_0 é polo de ordem m temos

$$(z-z_0)^m f(z) = b_m + b_{m-1}(z-z_0) + \ldots.. + b_1(z-z_0)^{m-1} + \sum_{n=0}^{\infty} a_n(z-z_0)^{n+m}.$$

Derivando termo a termo ($(m-1)$ vezes) a expressão acima, obtemos

$$\frac{d^{(m-1)}}{d\,z^{(m-1)}}\Big((z-z_0)^m f(z)\Big) = (m-1)(m-2)\ldots 2.b_1 + \sum_{n=0}^{\infty}(n+m)\ldots(n+2)a_n(z-z_0)^{n+1}$$

e portanto

$$\lim_{z\to z_0} \frac{d^{(m-1)}}{dz^{(m-1)}}\Big((z-z_0)^m f(z)\Big) = (m-1)!\, b_1,$$

e então, obtemos a fómula para determinar o resíduo de um polo de ordem m:

$$\mathrm{Res}[f, z_0] = b_1 = \frac{1}{(m-1)!} \lim_{z\to z_0} \frac{d^{(m-1)}}{dz^{(m-1)}}\Big((z-z_0)^m f(z)\Big). \quad (5.1)$$

Exemplo 5.2.1. *Considere a função* $f(z) = \dfrac{\text{Log}(1+z)}{z^3}$. *Temos que* $z = 0$ *é a única singularidade isolada. Vamos classificar e calcular o resíduo* $\text{Res}[f, 0]$.
(i) Temos que

$$\begin{aligned}\lim_{z\to 0} z^2 f(z) &= \lim_{z\to 0} \frac{\text{Log}(1+z)}{z} \qquad \text{(usando a regra de L'Hôspital)}\\ &= \lim_{z\to 0} \frac{1/(1+z)}{1}\\ &= 1,\end{aligned}$$

ou seja, $z = 0$ *é polo de ordem 2.*
(ii) O resíduo de f *em* $z = 0$ *é (usando a fórmula (5.1) com* $m = 2$ *e a regra de L'Hôspital (LH))*

$$\begin{aligned}\text{Res}[f, 0] &= \frac{1}{(2-1)!} \lim_{z\to 0} \frac{d}{dz}\left(z^2 f(z)\right)\\ &= \lim_{z\to 0} \frac{d}{dz}\left(\frac{\text{Log}(1+z)}{z}\right)\\ &= \lim_{z\to 0} \frac{\frac{1}{1+z}\, z - \text{Log}(1+z)}{z^2}\\ &= \lim_{z\to 0} \frac{z - (1+z)\text{Log}(1+z)}{z^2(1+z)} \qquad (LH)\\ &= \lim_{z\to 0} \frac{1 - [\text{Log}(1+z) + 1]}{2z(1+z) + z^2} \qquad (LH)\\ &= \lim_{z\to 0} \frac{-(1/(1+z))}{2(1+z) + 2z + 2z}\\ &= -\frac{1}{2}.\end{aligned}$$

✓

Exemplo 5.2.2. *Considere a função* $f(z) = \dfrac{e^{iz}}{\text{sen}^2(z)}$. *Vamos determinar o resíduo da singularidade isolada* $z = 0$ *(que não é a única singularidade desta função !!).*

(i) Classificação. Temos

$$\begin{aligned}
\lim_{z\to 0} z^2 f(z) &= \lim_{z\to 0} \frac{z^2\,\mathrm{e}^{iz}}{\operatorname{sen}^2(z)}\\
&= \lim_{z\to 0} \mathrm{e}^{iz}\left(\frac{z}{\operatorname{sen}(z)}\right)^2\\
&= 1.
\end{aligned}$$

Portanto, $z = 0$ é polo de ordem 2.
(ii) Cálculo do resíduo. Aplicando a fórmula (5.1) com $m = 2$, obtemos

$$\begin{aligned}
\operatorname{Res}[f,0] &= \frac{1}{(2-1)!}\lim_{z\to 0}\frac{d}{dz}\Big(z^2 f(z)\Big)\\
&= \lim_{z\to 0}\frac{d}{dz}\left(\frac{z^2\mathrm{e}^{iz}}{\operatorname{sen}^2(z)}\right)\\
&= \lim_{z\to 0}\frac{(2z\mathrm{e}^{iz}+iz^2\mathrm{e}^{iz})\operatorname{sen}^2(z)-2z^2\mathrm{e}^{iz}\operatorname{sen}(z)\cos(z)}{\operatorname{sen}^4(z)}\\
&= \lim_{z\to 0}\frac{z\mathrm{e}^{iz}[(2+iz)\operatorname{sen}(z)-2z\cos(z)]}{\operatorname{sen}^3(z)}\\
&= \lim_{z\to 0}\left[\mathrm{e}^{iz}\,\frac{z}{\operatorname{sen}(z)}\,\frac{(2+iz)\operatorname{sen}(z)-2z\cos(z)}{\operatorname{sen}^2(z)}\right].
\end{aligned}$$

Temos
* $\lim_{z\to 0}\mathrm{e}^{iz} = 1.$
* $\lim_{z\to 0}\dfrac{z}{\operatorname{sen}(z)} = 1.$
* *Aplicando a regra de L'Hôspital (LH)*

$$\begin{aligned}
&\lim_{z\to 0}\frac{(2+iz)\operatorname{sen}(z)-2z\cos(z)}{\operatorname{sen}^2(z)}\\
&= \lim_{z\to 0}\frac{i\operatorname{sen}(z)+(2+iz)\cos(z)-2\cos(z)+2z\operatorname{sen}(z)}{2\operatorname{sen}(z)\cos(z)}\\
&= \lim_{z\to 0}\frac{i\operatorname{sen}(z)+iz\cos(z)+2z\operatorname{sen}(z)}{2\operatorname{sen}(z)\cos(z)}\qquad (LH)\\
&= \lim_{z\to 0}\frac{i\cos(z)+i\cos(z)-iz\operatorname{sen}(z)+2\operatorname{sen}(z)+2z\cos(z)}{2\cos^2(z)-2\operatorname{sen}^2(z)}
\end{aligned}$$

$$= \frac{i+i}{2} = i.$$

Portanto, $\text{Res}[f,0] = 1.1.i = i.$ ✓

Exemplo 5.2.3. *Vamos determinar o resíduo da singularidade isolada* $z = 0$ *da função* $f(z) = \dfrac{\text{sen}(z)}{z^4}$.

(i) Classificação. Temos que

$$\begin{aligned}
\lim_{z\to 0} z^3 f(z) &= \lim_{z\to 0} z^3 \frac{\text{sen}(z)}{z^4} \\
&= \lim_{z\to 0} \frac{\text{sen}(z)}{z} \\
&= 1.
\end{aligned}$$

Logo, $z = 0$ *é polo de ordem 3.*

(ii) Cálculo do resíduo. Aplicando a fórmula (5.1) com $m = 3$, *obtemos*

$$\begin{aligned}
\text{Res}[f;0] &= \frac{1}{(3-1)!} \lim_{z\to 0} \frac{d^2}{dz^2}[z^3 f(z)] \\
&= \frac{1}{2} \lim_{z\to 0} \frac{d^2}{dz^2}\left(\frac{\text{sen}(z)}{z}\right) \\
&= \frac{1}{2} \lim_{z\to 0} \frac{2\text{sen}(z) - z^2\text{sen}(z) - 2z\cos(z)}{z^3} \qquad (LH) \\
&= \frac{1}{2} \lim_{z\to 0} \frac{2\cos(z) - 2z\text{sen}(z) - z^2\cos(z) - 2\cos(z) + 2z\text{sen}(z)}{3z^2} \\
&= \frac{1}{2} \lim_{z\to 0} \frac{-z^2\cos(z)}{3z^2} \\
&= \frac{1}{2} \lim_{z\to 0} \frac{-\cos(z)}{3} \\
&= -\frac{1}{6}.
\end{aligned}$$

✓

5.3 Teorema dos Resíduos

O tópico desta seção é uma das mais importantes e utilizadas ferramentas da teoria de variáveis complexas. A teoria dos resíduos é empregada em muitas aplicações para avaliar integrais reais, estabilidade de sistemas lineares e outros campos de aplicação.

O Teorema dos Resíduos desempenha para as funções que possuem singularidades isoladas um papel análogo ao que a fórmula Integral de Cauchy representa para as funções analíticas.

Teorema 5.3.1. *(Teorema dos Resíduos) Seja f uma função analítica definida em um aberto $\Omega \subset \mathbb{C}$. Se C é um contorno (curva simples e fechada, C^1 ou C^1 por partes) contido em Ω tal que no seu interior a função f tenha somente singularidades isoladas e apenas um número finito delas, denotadas por $z_1, \ldots, z_n$, então*

$$\oint_C f(z)\,dz = 2\pi i \sum_{k=1}^{n} \operatorname{Res}[f; z_k]$$

com o contorno sendo percorrido no sentido anti-horário (uma única vez).

Demonstração. Como existe um número finito de singularidades, cada uma delas é uma singularidade isolada de f. Logo, é possível encontrar n círculos C_k $(k = 1, 2, ..., n)$, cada um centrado em z_k (respectivamente), e com raio suficientemente pequeno para que cada círculo esteja no $\operatorname{Int}(C)$, e cada um não contém outra singularidade de f exceto o seu centro (figura 5.1).
Então considerando que cada C_k esteja orientado no sentido anti-horário, temos $\displaystyle\oint_{C_k} f(z)\,dz = 2\pi\, i \operatorname{Res}[f, z_k]$. Portanto, usando o Teorema de região anelar múltipla (Teorema 3.3.5, Capítulo 3), temos

$$\begin{aligned}\oint_C f(z)\,dz &= \oint_{C_1} f(z)\,dz + \oint_{C_2} f(z)\,dz + \ldots + \oint_{C_n} f(z)\,dz \\ &= 2\pi\, i\operatorname{Res}[f; z_1] + 2\pi\, i\operatorname{Res}[f; z_2] + \ldots. + 2\pi\, i\operatorname{Res}[f; z_n] \\ &= 2\pi\, i \sum_{k=1}^{n} \operatorname{Res}[f; z_k].\end{aligned}$$

□

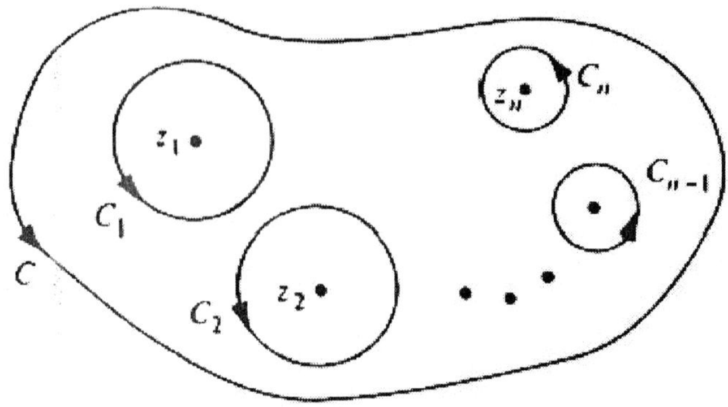

Figura 5.1: Teorema dos Resíduos

Exemplo 5.3.1. *Vamos calcular a integral* $\displaystyle\oint_\gamma \frac{1}{\mathrm{Log}^2(z)}\,dz$, *sendo* γ *a curva* $|z-1| = 1/2$ *(orientada positivamente).*
Lembrado que a função $g(z) = \mathrm{Log}(z)$ *é analítica no conjunto* $\Omega = \mathbb{C} - \{z = x + i0 : x \leq 0\}$.
A função $f(z) = \dfrac{1}{\mathrm{Log}^2(z)}$ *possui singularidade isolada em* $z = 1$.
(a) Classificação. Temos,

$$\begin{aligned}\lim_{z\to 1}(z-1)^2 f(z) &= \lim_{z\to 1}\frac{(z-1)^2}{\mathrm{Log}^2(z)}\\ &= \lim_{z\to 1}\left(\frac{(z-1)}{\mathrm{Log}(z)}\right)^2.\end{aligned}$$

Aplicando a regra de L'Hôspital, temos

$$\lim_{z\to 1}\frac{(z-1)}{\mathrm{Log}(z)} = \lim_{z\to 1}\frac{1}{1/z} = 1$$

e portanto

$$\lim_{z\to 1}(z-1)^2 f(z) = 1.$$

Logo, $z = 1$ *é polo de ordem 2.*

(b) Cálculo do resíduo. Aplicando a fórmula (5.1) com $m = 2$, obtemos

$$\begin{aligned}
\operatorname{Res}[f;1] &= \frac{1}{(2-1)!}\lim_{z\to 1}\frac{d}{dz}\big((z-1)^2 f(z)\big)\\
&= \lim_{z\to 1}\frac{d}{dz}\left(\frac{(z-1)^2}{\operatorname{Log}^2(z)}\right)\\
&= \lim_{z\to 1}\frac{2(z-1)\operatorname{Log}^2(z) - 2(z-1)^2\frac{1}{z}\operatorname{Log}(z)}{\operatorname{Log}^4(z)}\\
&= \lim_{z\to 1}\frac{2(z-1)\big(\operatorname{Log}(z) - (z-1)\frac{1}{z}\big)}{\operatorname{Log}^3(z)}\\
&= \lim_{z\to 1}\left(\frac{2(z-1)}{\operatorname{Log}(z)}\right)\left(\frac{\operatorname{Log}(z) - 1 + \frac{1}{z}}{\operatorname{Log}^2(z)}\right).
\end{aligned}$$

Agora, calculando os limites separadamente (aplicando a regra de L'Hôspital), obtemos

$$* \ \lim_{z\to 1}\frac{2(z-1)}{\operatorname{Log}(z)} = \lim_{z\to 1}\frac{2}{1/z} = 2,$$

$$\begin{aligned}
* \ &\lim_{z\to 1}\frac{\operatorname{Log}(z) - 1 + \frac{1}{z}}{\operatorname{Log}^2(z)} \quad (LH)\\
&= \lim_{z\to 1}\frac{1/z - 1/z^2}{2\frac{1}{z}\operatorname{Log}(z)}\\
&= \lim_{z\to 1}\frac{1 - 1/z}{2\operatorname{Log}(z)} \quad (LH)\\
&= \lim_{z\to 1}\frac{1/z^2}{2/z} = 1/2.
\end{aligned}$$

Com isso, obtemos que $\operatorname{Res}[f,1] = 2.\frac{1}{2} = 1.$

Portanto,

$$\oint_\gamma \frac{1}{\operatorname{Log}^2(z)}\,dz = 2\pi i\operatorname{Res}[f,1] = 2\pi i.$$

✓

Exemplo 5.3.2. *Vamos calcular a integral* $\displaystyle\oint_\gamma \frac{e^z}{\operatorname{sen}(\pi z)\cos(\pi z)}\,dz$, *sendo* γ *curva* $\left|z-\frac{1}{2}\right| = 3/5$ *(orientada no sentido positivo).*

As singularidades isoladas da função $f(z) = \dfrac{e^z}{\operatorname{sen}(\pi z)\cos(\pi z)}$ *são* $z = k$ *e* $z = (2k+1)/2$ $(k \in \mathbb{Z})$. *Mas as únicas singularidades que estão na região limitada pela curva* γ *são* $z = 0$, $z = 1/2$ *e* $z = 1$.

(a) Para $z = 0$, *temos*

$$\begin{aligned}\lim_{z\to 0} z\,f(z) &= \lim_{z\to 0} \frac{ze^z}{\operatorname{sen}(\pi z)\cos(\pi z)}\\ &= \lim_{z\to 0}\left(\frac{z}{\operatorname{sen}(\pi z)}\;\frac{e^z}{\cos(\pi z)}\right).\end{aligned}$$

Como

$$* \lim_{z\to 0}\frac{z}{\operatorname{sen}(\pi z)} = \lim_{z\to 0}\frac{1}{\pi\cos(\pi z)} = \frac{1}{\pi},$$
$$* \lim_{z\to 0}\frac{e^z}{\cos(\pi z)} = 1,$$

obtemos que

$$\lim_{z\to 0} z\,f(z) = \lim_{z\to 0}\frac{ze^z}{\operatorname{sen}(\pi z)\cos(\pi z)} = \frac{1}{\pi},$$

e, portanto, $z = 0$ *é polo simples e* $\operatorname{Res}[f,0] = 1/\pi$.

(b) Para $z = 1/2$, *temos*

$$\begin{aligned}\lim_{z\to 1/2}(z-1/2)\,f(z) &= \lim_{z\to 1/2}\frac{(z-1/2)e^z}{\operatorname{sen}(\pi z)\cos(\pi z)}\\ &= \lim_{z\to 1/2}\left(\frac{(z-1/2)}{\cos(\pi z)}\;\frac{e^z}{\operatorname{sen}(\pi z)}\right).\end{aligned}$$

Como

$$* \lim_{z\to 1/2}\frac{z-1/2}{\cos(\pi z)} = \lim_{z\to 1/2}\frac{1}{-\pi\operatorname{sen}(\pi z)} = -\frac{1}{\pi},$$
$$* \lim_{z\to 1/2}\frac{e^z}{\operatorname{sen}(\pi z)} = e^{1/2},$$

obtemos que

$$\lim_{z\to 1/2}(z-1/2)\,f(z) = \lim_{z\to 1/2}\frac{(z-1/2)\mathrm{e}^z}{\operatorname{sen}(\pi\, z)\cos(\pi\, z)} = -\frac{1}{\pi}\mathrm{e}^{1/2} = -\frac{\sqrt{\mathrm{e}}}{\pi},$$

e, portanto, $z = 1/2$ *é polo simples e* $\operatorname{Res}[f, 1/2] = -\sqrt{\mathrm{e}}/\pi$.
(c) Para $z = 1$ *temos*

$$\begin{aligned}\lim_{z\to 1}(z-1)\,f(z) &= \lim_{z\to 1}\frac{(z-1)\mathrm{e}^z}{\operatorname{sen}(\pi\, z)\cos(\pi\, z)}\\ &= \lim_{z\to 1}\left(\frac{(z-1)}{\operatorname{sen}(\pi\, z)}\;\frac{\mathrm{e}^z}{\cos(\pi\, z)}\right).\end{aligned}$$

Como

$$\begin{aligned}&*\lim_{z\to 1}\frac{z-1}{\operatorname{sen}(\pi\, z)} = \lim_{z\to 1}\frac{1}{\pi\cos(\pi\, z)} = -\frac{1}{\pi},\\ &*\lim_{z\to 1}\frac{\mathrm{e}^z}{\cos(\pi\, z)} = -\mathrm{e},\end{aligned}$$

obtemos que

$$\lim_{z\to 1}(z-1)\,f(z) = \lim_{z\to 1}\frac{(z-1)\mathrm{e}^z}{\operatorname{sen}(\pi\, z)\cos(\pi\, z)} = (-\frac{1}{\pi})(-\mathrm{e}) = \frac{\mathrm{e}}{\pi},$$

e, portanto, $z = 1$ *é polo simples e* $\operatorname{Res}[f, 1] = \mathrm{e}/\pi$.
Portanto, usando o Teorema dos Resíduos, obtemos

$$\begin{aligned}\oint_\gamma \frac{\mathrm{e}^z}{\operatorname{sen}(\pi z)\cos(\pi\, z)}\,dz &= 2\pi i\big(\operatorname{Res}[f,0] + \operatorname{Res}[f,1/2] + \operatorname{Res}[f,1]\big)\\ &= 2\pi\, i(\frac{1}{\pi} - \frac{\sqrt{\mathrm{e}}}{\pi} + \frac{\mathrm{e}}{\pi})\\ &= 2i(1 - \sqrt{\mathrm{e}} + \mathrm{e}).\end{aligned}$$

✓

Exemplo 5.3.3. *Calcule a integral* $\displaystyle\oint_\gamma \frac{\mathrm{e}^{i\,z}}{\operatorname{sen}^2(z)}\,dz$, *sendo* γ *a curva* $|z| = 1$, *orientada positivamente.*

A única singularidade isolada da função $f(z) = \dfrac{e^{iz}}{\text{sen}^2(z)}$ *na região limitada pela curva* γ *é* $z = 0$. *Usando o Exemplo 5.2.2, temos que* $z = 0$ *é polo de ordem 2 e* $\text{Res}[f;0] = i$. *Portanto,*

$$\begin{aligned}\oint_\gamma \frac{e^{iz}}{\text{sen}^2(z)}\,dz &= 2\pi i\,\text{Res}[f;0]\\ &= 2\pi\, i\, i\\ &= -2\pi.\end{aligned}$$

✓

Exemplo 5.3.4. *Calcule a integral* $\displaystyle\oint_\gamma \left(ze^{\pi/z} + \frac{z}{\text{Log}(2+z)}\right)dz$, *sendo* γ *a curva* $|z| = 3/2$.

Observe que a função $h(z) = \dfrac{z}{\text{Log}(2+z)}$ *é analítica no conjunto* $\Omega = \mathbb{C} - \{z = x + i0 : x \leq -2\}$. *Podemos escrever*

$$\oint_\gamma \left(ze^{\pi/z} + \frac{z}{\text{Log}(2+z)}\right)dz = \oint_\gamma ze^{\pi/z}\,dz + \oint_\gamma \frac{z}{\text{Log}(2+z)}\,dz$$

(a) Para $g(z) = ze^{\pi/z}$ *a única singularidade isolada é* $z = 0$. *Temos*

$$e^{\pi/z} = \sum_{k=0}^{\infty} \frac{(\pi/z)^k}{k!} = 1 + \frac{\pi}{z} + \frac{\pi^2}{2z^2} + \ldots$$

Logo,

$$\begin{aligned} g(z) &= ze^{\pi/z}\\ &= z\sum_{k=0}^{\infty}\frac{(\pi/z)^k}{k!}\\ &= \pi z + \pi + \frac{\pi^2}{2z} + \ldots..\end{aligned}$$

ou seja, $z = 0$ *é singularidade essencial e* $\text{Res}[g;0] = \pi^2/2$.
(b) A função $h(z) = \dfrac{z}{\text{Log}(2+z)}$ *possui singularidade isolada no ponto* $z = -1$ *(na região limitada pela curva* γ*). Temos,*

$$\lim_{z\to -1}(z+1)h(z) = \lim_{z\to -1}(z+1)\frac{z}{\text{Log}(2+z)}$$

$$= \lim_{z \to -1} \left(z \, \frac{z+1}{\text{Log}(2+z)} \right).$$

Como

$$\lim_{z \to -1} z = -1,$$

$$\lim_{z \to -1} \frac{z+1}{\text{Log}(2+z)} = \lim_{z \to -1} \frac{1}{1/(2+z)} = 1,$$

temos que

$$\lim_{z \to -1} (z+1)h(z) = \lim_{z \to -1} (z+1) \frac{z}{\text{Log}(2+z)} = -1.1 = -1.$$

Logo, $z = -1$ *é polo simples da função* $h(z) = z/\text{Log}(2+z)$ *e seu resíduo é* $\text{Res}[h; -1] = -1$.
Portanto, usando o Teorema dos Resíduos, obtemos

$$\begin{aligned} \oint_\gamma \left(z\text{e}^{\pi/z} + \frac{z}{\text{Log}(2+z)} \right) dz &= \oint_\gamma z\text{e}^{\pi/z} \, dz + \oint_\gamma \frac{z}{\text{Log}(2+z)} \, dz \\ &= 2\pi i \, \text{Res}[g; 0] + 2\pi i \, \text{Res}[h; -1] \\ &= 2\pi i(\pi^2/2 - 1). \end{aligned}$$

✓

Exemplo 5.3.5. *Calcule* $\displaystyle\oint_\gamma \frac{1+z}{1 - \text{sen}(z)} \, dz$ *em que* γ *é a circunferência de centro na origem e raio igual a 2 .*
A função $f(z) = \dfrac{1+z}{1 - \text{sen}(z)}$ *tem as singularidades isoladas nos pontos* $z_k = \dfrac{\pi}{2} + 2k\pi, k \in \mathbb{Z}$, *sendo que apenas* $z_0 = \pi/2$ *é interior à curva* γ.
(a) Classificação. Como

$$\begin{aligned} \lim_{z \to \pi/2} (z - \frac{\pi}{2})^2 \frac{1+z}{1 - \text{sen}(z)} &= \lim_{z \to 0} z^2 \frac{1 + z + \frac{\pi}{2}}{1 - \text{sen}(z + \frac{\pi}{2})} \\ &= \lim_{z \to 0} z^2 \frac{1 + z + \frac{\pi}{2}}{1 - \cos(z)} \\ &= \lim_{z \to 0} \left((1 + z + \frac{\pi}{2}) \, \frac{z^2}{1 - \cos(z)} \right). \end{aligned}$$

Temos que

$$* \lim_{z\to 0}(1+z+\frac{\pi}{2}) = 1+\frac{\pi}{2}$$

$$* \lim_{z\to 0}\frac{z^2}{1-\cos(z)} = \lim_{z\to 0}\frac{2z}{\operatorname{sen}(z)} = 2.$$

Com isso, obtemos

$$\lim_{z\to \pi/2}(z-\frac{\pi}{2})^2\frac{1+z}{1-\operatorname{sen}(z)} = 2(1+\pi/2).$$

Logo, o ponto $z_0 = \frac{\pi}{2}$ *é um polo de ordem* 2 *de* f.

(b) Cálculo do resíduo. Aplicando a fórmula (5.1) com $m=2$, *obtemos*

$$\begin{aligned}
&\operatorname{Res}[f,\frac{\pi}{2}]\\
&= \lim_{z\to\frac{\pi}{2}}\frac{d}{dz}\left[\left(z-\frac{\pi}{2}\right)^2\frac{1+z}{1-\operatorname{sen} z}\right]\\
&= \lim_{z\to\frac{\pi}{2}}\left[2\left(z-\frac{\pi}{2}\right)\frac{1+z}{1-\operatorname{sen} z}+\left(z-\frac{\pi}{2}\right)^2\frac{1-\operatorname{sen} z+\cos z(1+z)}{(1-\operatorname{sen} z)^2}\right]\\
&= \lim_{z\to 0}\left[2z\frac{1+z+\frac{\pi}{2}}{1-\cos z}+z^2\frac{1-\cos z-\operatorname{sen} z\left(1+z+\frac{\pi}{2})\right]}{(1-\cos z)^2}\right]\\
&= \lim_{z\to 0}\frac{z^2}{1-\cos z}\left[\frac{2\left(1+z+\frac{\pi}{2}\right)}{z}+\frac{1-\cos z}{1-\cos z}-\frac{\operatorname{sen} z\left(1+z+\frac{\pi}{2}\right)}{1-\cos z}\right]\\
&= \lim_{z\to 0}\frac{z^2}{1-\cos z}\left[\frac{2\left(1+z+\frac{\pi}{2}\right)}{z}+1-\frac{\operatorname{sen} z\left(1+z+\frac{\pi}{2}\right)}{1-\cos z}\right].
\end{aligned}$$

- $\lim_{z\to 0}\frac{z^2}{1-\cos(z)} = \lim_{z\to 0}\frac{2z}{\operatorname{sen}(z)} = 2.$
- *Agora,*

$$\lim_{z\to 0}\frac{2(1+z+\frac{\pi}{2})}{z}-\frac{(1+z+\frac{\pi}{2})\operatorname{sen}(z)}{1-\cos(z)} = \lim_{z\to 0}(1+z+\frac{\pi}{2})\left(\frac{2}{z}-\frac{\operatorname{sen}(z)}{1-\cos(z)}\right).$$

Temos,

$$\lim_{z\to 0}\left(\frac{2}{z}-\frac{\operatorname{sen}(z)}{1-\cos(z)}\right) = \lim_{z\to 0}\frac{2(1-\cos(z))-z\operatorname{sen}(z)}{z(1-\cos(z))} \quad (LH)$$

$$= \lim_{z\to 0} \frac{2\text{sen}(z) - \text{sen}(z) - z\cos(z)}{1 - \cos(z) + z\text{sen}(z)} = \lim_{z\to 0} \frac{\text{sen}(z) - z\cos(z)}{1 - \cos(z) + z\text{sen}(z)} \quad (LH)$$
$$= \lim_{z\to 0} \frac{\cos(z) - \cos(z) + z\text{sen}(z)}{\text{sen}(z) + \text{sen}(z) + z\cos(z)} = \lim_{z\to 0} \frac{z\text{sen}(z)}{2\text{sen}(z) + z\cos(z)} \quad (LH)$$
$$= \lim_{z\to 0} \frac{sen(z) + z\cos(z)}{2\cos(z) + \cos(z) - z\text{sen}(z)}$$
$$= \frac{0}{3} = 0.$$

Portanto,

$$\lim_{z\to 0} \frac{z^2}{1-\cos z}\left[\frac{2\left(1+z+\frac{\pi}{2}\right)}{z} + 1 - \frac{\text{sen}\, z\left(1+z+\frac{\pi}{2}\right)}{1-\cos z}\right] = 2.1 = 2$$

e $\text{Res}[f;\pi/2] = 2$. *Pelo Teorema dos Resíduos, obtemos*

$$\oint_\gamma \frac{1+z}{1-\text{sen}\, z}dz = 2\pi i\,\text{Res}[f, \frac{\pi}{2}] = 2\pi i.2 = 4\pi\, i$$

✓

Exercícios

(I) Determine o resíduo de cada singularidade isolada das seguintes funções.

$$(a)\ f(z) = \frac{z^2}{(z^2+1)^2}.$$
$$(b)\ f(z) = \frac{z^3}{\text{sen}^3(z)}.$$
$$(c)\ f(z) = \frac{1+z}{1-\text{sen}(z)}.$$
$$(d)\ f(z) = \frac{e^z - e^{1/z}}{z}.$$
$$(e)\ f(z) = \cos\left(\frac{1}{z-1}\right).$$

(II) Use o **Teorema dos Resíduos** para calcular as integrais (todas as curvas orientadas positivamente). Para isso, faça as etapas:
(a) Determine e classifique as singularidades necessárias.
(b) Cálcule o resíduo de cada singularidade.

$$(1)\ \oint_{|z|=5} \frac{e^z}{\cosh(z)}\,dz \qquad (2)\ \oint_{|z|=2} \frac{z}{\cos(z)}\,dz$$

$$(3)\ \oint_{|z-\pi|=4} \frac{1}{z(1-e^z)}\,dz \qquad (4)\ \oint_{|z|=2} \operatorname{tg}(z)\,dz$$

$$(5)\ \oint_{|z|=1} \frac{\cosh(z)}{(e^z-1)\operatorname{sen}(z)}\,dz \qquad (6)\ \oint_{|z|=1/2} \frac{e^{(z+i)\pi/2}}{\operatorname{sen}(\pi z)}\,dz$$

$$(7)\ \oint_{|z-\pi|=3} \frac{e^z}{z\operatorname{sen}(z)}\,dz \qquad (8)\ \oint_{|z|=3/2} \frac{1}{1-\cos(z)}\,dz$$

$$(9)\ \oint_{|z|=1} \frac{e^{z^2}}{\cos(\pi z)}\,dz \qquad (10)\ \oint_{|z-\pi|=3} \frac{e^{-z}}{\operatorname{sen}(z)}\,dz$$

$$(11)\ \oint_{|z-3\pi/2|=1} \frac{1}{(1+\operatorname{sen}(z))^2}\,dz \qquad (12)\ \oint_{|z-\pi|=1} \frac{1}{(1+\cos(z))^2}\,dz$$

$$(13)\ \oint_{|z|=1} \frac{e^{-z}}{z\operatorname{senh}(z)}\,dz \qquad (14)\ \oint_{|z|=2} \operatorname{cotag}(z)\,dz$$

$$(15)\ \oint_{|z-\pi i/2|=2} \frac{\operatorname{senh}(z)}{(e^z-1)\cosh(z)}\,dz \qquad (16)\ \oint_{|z|=1/2} \frac{1}{z\operatorname{Log}(1+z)}\,dz$$

(III) Seja $\gamma(t)=re^{it}$ ($t\in[0,2\pi]$) onde $r\neq 0$ e $r\neq 1$. Calcule o valor da integral $\displaystyle\oint_\gamma \frac{e^z-e^{-z}}{z^3(z-1)}\,dz$ (em função do raio r).

(IV) Seja $\gamma(t)=\dfrac{3}{2}e^{it}$, $t\in[0,2\pi]$. Calcule as integrais.

$$(a)\ \oint_\gamma \frac{e^{z^2}}{\cos(\pi z)}\,dz.$$

$$(b)\ \oint_\gamma \frac{e^z}{\operatorname{sen}(z)}\,dx.$$

$$(c)\ \oint_\gamma \frac{1}{1-\cos(z)}\,dz.$$

5.4 Cálculo de Integrais Reais

Dentre as aplicações do teorema dos resíduos destaca-se o cálculo de algumas integrais (próprias ou impróprias) de funções de uma variável real, aplicado a uma função de variável complexa e a uma curva adequada.

Exemplo 5.4.1. *Vamos calcular* $\displaystyle\int_0^{2\pi} \frac{1}{2+\cos(x)}\,dx$.

A mesma técnica pode ser utilizada para calcular integrais do tipo

$$\int_0^{2\pi} f(\cos(x), \operatorname{sen}(x))\,dx$$

onde $g(x) = f(\cos(x), \operatorname{sen}(x))$ *é uma função contínua em* $[0, 2\pi]$.

Os pontos da curva $|z| = 1$ *podem ser escritos na forma*

$$z = e^{i\,t} = \cos(t) + i\operatorname{sen}(t), \tag{5.2}$$

com $t \in [0, 2\pi]$. *Para esses pontos também temos*

$$\frac{1}{z} = e^{-i\,t} = \cos(t) - i\operatorname{sen}(t). \tag{5.3}$$

Usando (5.2) e (5.3) obtemos

$$\cos(t) = \frac{1}{2}\left(z + \frac{1}{z}\right),$$
$$\operatorname{sen}(t) = \frac{1}{2i}\left(z - \frac{1}{z}\right).$$

Além disso, obtemos $dz = iz\,dt$. *Logo,* $dt = -\dfrac{i}{z}\,dz$. *Portanto, podemos escrever*

$$\int_0^{2\pi} \frac{1}{2+\cos(t)}\,dt = \oint_{|z|=1} \frac{1}{2+\frac{1}{2}\left(z+\frac{1}{z}\right)}\,\frac{-i}{z}\,dz$$

$$= -2\,i \oint_{|z|=1} \frac{1}{z^2+4z+1}\,dz.$$

As raízes da equação $z^2+4z+1=0$ *são* $z_1 = -2-\sqrt{3}$ *e* $z_2 = -2+\sqrt{3}$. *Mas* z_2 *é a única singularidade na região limitada pela curva* $|z|=1$. *Temos que* z_2 *é polo simples e*

$$\begin{aligned}
\operatorname{Res}[f; z_2] &= \lim_{z\to z_2} (z-z_2) f(z) \\
&= \lim_{z\to z_2} (z-z_2)\frac{1}{(z-z_1)(z-z_2)} \\
&= \frac{1}{(z_2-z_1)} \\
&= \frac{1}{2\sqrt{3}}.
\end{aligned}$$

Portanto,

$$\begin{aligned}
\int_0^{2\pi} \frac{1}{2+\cos(t)}\,dt &= -2i \oint_{|z|=1} \frac{1}{z^2+4z+1}\,dz \\
&= -2i\,2\pi\,i\,\operatorname{Res}[f; z_2] \\
&= -2i\,2\pi\,i\,\frac{1}{2\sqrt{3}} \\
&= \frac{2\pi}{\sqrt{3}}.
\end{aligned}$$

✓

Exemplo 5.4.2. *Vamos calcular a integral*

$$\int_0^{2\pi} \frac{1}{4-\operatorname{sen}(t)}\,dt.$$

Como no exemplo anterior, podemos escrever

$$\operatorname{sen}(t) = \frac{z^2-1}{2zi}$$

e $dt = \frac{1}{iz}\,dz$. *Assim, obtemos*

$$\int_0^{2\pi} \frac{1}{4-\operatorname{sen} t}\,dt = \oint_{|z|=1} \frac{1}{4-\frac{z^2-1}{2zi}}\,\frac{1}{iz}\,dz = \oint_{|z|=1} \frac{2}{-z^2+8zi+1}\,dz.$$

Note que

$$-z^2 + 8zi + 1 = 0 \Leftrightarrow z_1 = (4 + \sqrt{15})i \quad ou \quad z_2 = (4 - \sqrt{15})i.$$

Como $|(4+\sqrt{15})i| = 4+\sqrt{15} > 1$ *e* $|(4-\sqrt{15})i| = 4-\sqrt{15} < 1$. *Temos que a única singularidade na região limitada por* $|z| = 1$ *é* $z_2 = (4 - \sqrt{15})i$ *que é polo simples e*

$$\text{Res}[f, z_2] = \lim_{z \to z_2} (z - z_2) f(z) = \frac{1}{i\sqrt{15}}.$$

Portanto,

$$\int_0^{2\pi} \frac{1}{4 - \text{sen}(t)}\, dt = \frac{2}{\sqrt{15}}\pi$$

✓

Exemplo 5.4.3. *Vamos calcular a integral imprópria* $\displaystyle\int_{-\infty}^{\infty} \frac{1}{(x^2+4)^2}\, dx$.

A técnica utilizada neste exemplo pode ser aplicada para calcular integrais impróprias reais da forma $\displaystyle\int_{-\infty}^{+\infty} f(x)\, dx$, *onde* f *é uma função racional do tipo* $f(x) = \dfrac{p(x)}{q(x)}$, *onde* p *e* q *são polinômios com coeficientes reais satisfazendo as condições:*
(a) $q(x) \neq 0$ *para todo* x *real;*
(b) se n *é o grau de* p *e* m *é o grau de* q, *então* $n \leq m - 2$.

Como a integral $\displaystyle\int_{-\infty}^{\infty} \frac{1}{(x^2+4)^2}\, dx$ *é convergente (pois usando que* $0 \leq \dfrac{1}{(x^2+4)^2} \leq \dfrac{1}{x^2+4}$ *e* $\displaystyle\int_{-\infty}^{\infty} \frac{1}{x^2+4}\, dx$ *é convergente) podemos escrever*

$$\int_{-\infty}^{\infty} \frac{1}{(x^2+4)^2}\, dx = \lim_{R \to \infty} \int_{-R}^{R} \frac{1}{(x^2+4)^2}\, dx$$

(veja o Apêndice sobre integrais impróprias). Considere agora a função $f(z) = \dfrac{1}{(z^2+4)^2}$ *(observe que se* $\text{Im}(z) = 0$, *então temos* $f(x + i\,0) = \dfrac{1}{(x^2+4)^2}$*).*

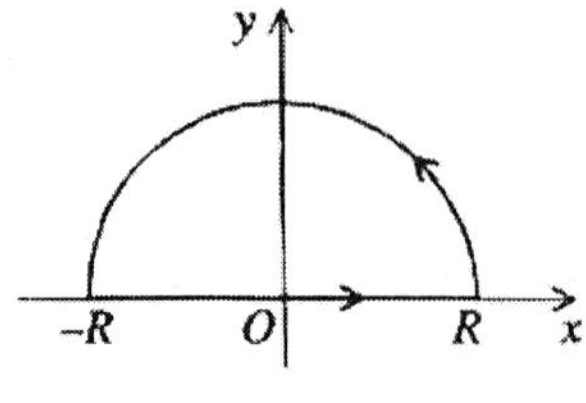

Figura 5.2: Exemplo 5.4.3

Considere a curva simples e fechada $\alpha_R = \gamma_R \cup \beta_R$, *onde* γ_R *é o segmento* $[-R, R]$ *e* β_R *é a semicircunferência* $x^2 + y^2 = R^2$ *(com* $y \geq 0$*) (veja figura 5.4.2). Temos,*

$$\oint_{\alpha_R} f(z)\,dz = \int_{\gamma_R} f(z)\,dz + \int_{\beta_R} f(z)\,dz$$
$$= \int_{-R}^{R} \frac{1}{(x^2+4)^2}\,dx + \int_{\beta_R} f(z)\,dz.$$

A função $f(z) = \dfrac{1}{(z^2+4)^2} = \dfrac{1}{(z-2i)^2(z+2i)^2}$ *possui dois polos de ordem 2 nos pontos* $z_1 = 2i$ *e* $z_2 = -2i$. *Mas (para* $R > 2$*) a única singularidade na região limitada pelo curva* α_R *é* $z_1 = 2i$. *O resíduo neste ponto é*

$$\text{Res}[f; 2i] = \frac{1}{(2-1)!} \lim_{z \to 2i} \frac{d}{dz}\Big((z-2i)^2 f(z)\Big)$$
$$= \lim_{z \to 2i} \frac{-2}{(z+2i)^3}$$
$$= \frac{1}{32i}.$$

Portanto, $\displaystyle\oint_{\alpha_R} f(z)\,dz = 2\pi i \text{Res}[f; 2i] = 2\pi\, i/32i = \pi/16.$

* *Agora vamos analisar a integral* $\displaystyle\int_{\beta_R} \frac{1}{(z^2+4)^2}\,dz$, *onde* $\beta_R(t) = R\mathrm{e}^{it}$, *com* $t \in [0, \pi]$. *Temos,*

$$\left|\int_{\beta_R} \frac{1}{(z^2+4)^2}\,dz\right| = \left|\int_0^{\pi} \frac{iR\mathrm{e}^{it}}{(R^2\mathrm{e}^{2it}+4)^2}\,dt\right|$$

$$\leq \int_0^\pi \left| \frac{iRe^{it}}{(R^2e^{2it}+4)^2} \right| dt$$
$$= \int_0^\pi \frac{|iRe^{it}|}{|(R^2e^{2it}+4)^2|}\, dt.$$

Temos que

$$R^2e^{2it}+4 = R^2(\cos(2t)+i\text{sen}(2t))+4$$
$$= (R^2\cos(2t)+4)+iR^2\text{sen}(2t).$$

Logo, $\left|R^2e^{2it}+4\right|^2 = R^4+8R^2\cos(2t)+16$. *Com isso,*

$$\frac{|iRe^{it}|}{\left|R^2e^{2it}+4\right|^2} = \frac{R}{R^4+8R^2\cos(2t)+16} \leq \frac{R}{R^4-8R^2+16},$$

o que implica que

$$\int_0^\pi \frac{|iRe^{it}|}{|(R^2e^{2it}+4)^2|}dt \leq \int_0^\pi \frac{R}{R^4-8R^2+16}\, dt$$
$$= \frac{R}{R^4-8R^2+16}\pi$$
$$\to 0$$

quando $R\to\infty$. *Com isso, obtemos*

$$\lim_{R\to\infty} \int_{\beta_R} f(z)\, dz = 0.$$

Portanto, fazendo $R\to\infty$ *na igualdade*

$$\frac{\pi}{16} = \oint_{\alpha_R} \frac{1}{(z^2+4)^2}\, dz = \int_{-R}^{R} \frac{1}{(x^2+4)^2}\, dx + \int_{\beta_R} \frac{1}{(z^2+4)^2}\, dz,$$

obtemos

$$\int_{-\infty}^{\infty} \frac{1}{(x^2+4)^2}\, dx = \frac{\pi}{16}.$$

✓

Exemplo 5.4.4. *Vamos calcular* $\displaystyle\int_0^{\infty} \frac{x\text{sen}(x)}{x^2+4}\,dx.$

A técnica pode ser utilizada para calcular integrais do tipo

$$\int_{-\infty}^{\infty} g(x)\cos(m\,x)\,dx$$

ou $\displaystyle\int_{-\infty}^{\infty} g(x)\text{sen}(m\,x)\,dx$, *onde a função* $g = g(z)$ *(com* $z \in \mathbb{C}$*) não possui singularidade no eixo real e* $|g(z)| \leq \dfrac{M}{R^k}$, *com* $|z| = R$, $M > 0$ *e* $k > 0$.

Considere a função $f(z) = \dfrac{ze^{iz}}{z^2+4}$. *Quando* $\text{Im}(z) = 0$ *(ou seja,* $z = x + i\,y$ *e* $y = 0$*) temos*

$$\left.\frac{z\,e^{iz}}{z^2+4}\right|_{y=0} = \frac{xe^{ix}}{x^2+4} = \frac{x\cos(x)}{x^2+4} + i\,\frac{x\text{sen}(x)}{x^2+4}.$$

Considere a curva $\alpha_R = \gamma_R \cup \beta_R$, *onde* γ_R *é o segmento* $[-R, R]$ *e* $\beta_R(t) = R\,e^{it}$, *com* $t \in [0, \pi]$ *(semicircunferência de raio* R *com* $y \geq 0$*) (como no Exemplo 5.4.3). Temos,*

$$\begin{aligned}\oint_{\alpha_R} f(z)\,dz &= \int_{\gamma_R} f(z)\,dz + \int_{\beta_R} f(z)\,dz \\ &= \int_{-R}^{R} f(x)\,dx + \int_{\beta_R} f(z)\,dz.\end{aligned}$$

A função $f(z) = \dfrac{ze^{iz}}{z^2+4} = \dfrac{ze^{iz}}{(z-2i)(z+2i)}$, *possui singularidade no ponto* $z = 2i$ *na região limitada pela curva* α_R, *que é polo simples e cujo resíduo é* $\text{Res}[f; 2i] = \dfrac{e^{-2}}{2}$. *Logo,*

$$\oint_{\alpha_R} \frac{ze^{iz}}{z^2+4}\,dz = 2\pi\,i(e^{-2}/2) = \pi\,e^{-2}\,i.$$

Vamos analisar a integral $\displaystyle\int_{\beta_R} f(z)\,dz$. *Temos,*

$$\int_{\beta_R} f(z)\,dz = \int_0^{\pi} \frac{Re^{2it}\,iRe^{iRe^{it}}}{R^2e^{2it}+4}\,dt$$

$$= \int_0^{\pi} \frac{i\,R^2 e^{2it}\, e^{iRe^{it}}}{R^2 e^{2it} + 4}\, dt.$$

Agora,

$$\begin{aligned}
\left| \frac{i\,R^2 e^{2it}\, e^{iRe^{it}}}{R^2 e^{2it} + 4} \right| &= \frac{R^2 |e^{iRe^{it}}|}{|R^2 e^{2it} + 4|} \\
&= \frac{R^2 |e^{iR(\cos(t) + i\operatorname{sen}(t))}|}{|R^2 e^{2it} + 4|} \\
&= \frac{R^2 |e^{-R\operatorname{sen}(t) + iR\cos(t)}|}{|R^2 e^{2it} + 4|} \\
&\leq \frac{R^2 e^{-R\operatorname{sen}(t)}}{|R^2 e^{2it}| - 4} \\
&= \frac{R^2}{R^2 - 4} e^{-R\operatorname{sen}(t)}. \qquad (5.4)
\end{aligned}$$

Logo,

$$\begin{aligned}
\left| \int_{\beta_R} \frac{z e^{iz}}{z^2 + 4}\, dz \right| &\leq \frac{R^2}{R^2 - 4} \int_0^{\pi} e^{-R\operatorname{sen}(t)}\, dt \\
&= \frac{2R^2}{R^2 - 4} \int_0^{\pi/2} e^{-R\operatorname{sen}(t)}\, dt. \qquad (5.5)
\end{aligned}$$

Como $0 \leq t \leq \pi/2$, *temos que* $\operatorname{sen}(t) \geq 2t/\pi$. *De fato, defina a função* $h(t) = \operatorname{sen}(t) - \frac{2}{\pi} t$, *com* $0 \leq t \leq \pi/2$. *Como* $h(0) = h(\pi/2) = 0$ *e* $h''(t) = -\operatorname{sen}(t) < 0$ *(*$0 < t < \pi/2$*), temos que* h *é uma função com concavidade voltada para baixo no intervalo* $[0, \pi/2]$. *Logo, obtemos que* $h(t) \geq 0$, *ou seja,* $\operatorname{sen}(t) \geq 2t/\pi$ *em* $[0, \pi/2]$.
Logo, em (5.5), obtemos

$$\begin{aligned}
\frac{2R^2}{R^2 - 4} \int_0^{\pi/2} e^{-R\operatorname{sen}(t)}\, dt &\leq \frac{2R^2}{R^2 - 4} \int_0^{\pi/2} e^{-2Rt/\pi}\, dt \\
&= \frac{\pi R}{R^2 - 4}(1 - e^{-R}),
\end{aligned}$$

ou seja,

$$\left|\int_{\beta_R} \frac{z\mathrm{e}^{iz}}{z^2+4}\,dz\right| \leq \frac{\pi R}{R^2-4}(1-\mathrm{e}^{-R}) \to 0$$

quando $R\to\infty$.

Com isso, $\displaystyle\lim_{R\to\infty}\int_{\beta_R} \frac{z\mathrm{e}^{iz}}{z^2+4}\,dz = 0$. *Logo, fazendo o limite* $R\to\infty$ *na igualdade*

$$\begin{aligned}\pi\,\mathrm{e}^{-2}\,i &= \oint_{\alpha_R} \frac{z\mathrm{e}^{iz}}{z^2+4}\,dz \\ &= \underbrace{\int_{-R}^{R} \frac{x\cos(x)}{x^2+4}\,dx}_{=0} + i\int_{-R}^{R} \frac{x\mathrm{sen}(x)}{x^2+4}\,dx + \int_{\beta_R} \frac{z\mathrm{e}^{iz}}{z^2+4}\,dz,\end{aligned}$$

(a função $g(x) = \dfrac{x\cos(x)}{x^2+4}$ *é função ímpar) obtemos*

$$\int_{-\infty}^{\infty} \frac{x\mathrm{sen}(x)}{x^2+4}\,dx = \pi\,\mathrm{e}^{-2},$$

e portanto (como a função é par)

$$\int_{0}^{\infty} \frac{x\mathrm{sen}(x)}{x^2+4}\,dx = \frac{\pi\,\mathrm{e}^{-2}}{2}.$$

✓

Exemplo 5.4.5. *Vamos calcular o valor da integral imprópria*

$$\int_0^{\infty} \frac{\mathrm{sen}(x)}{x}\,dx.$$

Considere a função de variável complexa $f(z) = \dfrac{\mathrm{e}^{iz}}{z}$ $(z\neq 0)$. *Observe que* $f(x+i0) = f(x) = \dfrac{\mathrm{e}^{ix}}{x}$.

Defina a curva $\gamma = \gamma_r \cup C_1 \cup \gamma_\varepsilon \cup C_2$ *(veja figura 5.3), onde*

(a) γ_r *e* γ_ε *são semicircunferências de centro na origem e raio* r *e* ε *(respectivamente)*

$$\gamma_r(t) = r\,\mathrm{e}^{it},\quad 0\leq t\leq\pi,$$

$$\gamma_\varepsilon(t) = \varepsilon\, \mathrm{e}^{-it}, \quad \pi \leq t \leq 2\pi,$$

γ_r no sentido anti-horário e γ_ε no sentido horário.

(b) C_1 é o segmento de reta $[-r, -\varepsilon]$ e C_2 é o segmento de reta $[\varepsilon, r]$.

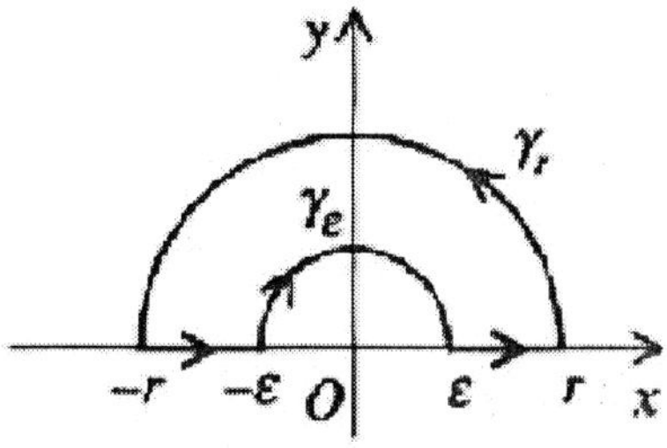

Figura 5.3: Exemplo 5.4.5

A função $f(z) = \mathrm{e}^{iz}/z$ é analítica na região limitada pela curva γ. Logo,

$$\begin{aligned} 0 &= \oint_\gamma f(z)dz \\ &= \int_{\gamma_r} f(z)\, dz + \int_{-r}^{-\varepsilon} \frac{\mathrm{e}^{ix}}{x}\, dx + \int_{\gamma_\varepsilon} f(z)dz + \int_\varepsilon^r \frac{\mathrm{e}^{ix}}{x}\, dx. \end{aligned}$$

Vamos analisar as quatro integrais separadamente.

(1) Observe que

$$\begin{aligned} &\int_{-r}^{-\varepsilon} \frac{\mathrm{e}^{ix}}{x}\, dx + \int_\varepsilon^r \frac{\mathrm{e}^{ix}}{x}\, dx \\ &= -\int_\varepsilon^r \frac{\mathrm{e}^{-ix}}{x}\, dx + \int_\varepsilon^r \frac{\mathrm{e}^{ix}}{x}\, dx \\ &= \int_\varepsilon^r \frac{\mathrm{e}^{ix} - \mathrm{e}^{-ix}}{x}\, dx \\ &= 2i \int_\varepsilon^r \frac{\operatorname{sen}(x)}{x}\, dx. \end{aligned}$$

(2) Sobre a curva γ_r, temos por definição,

$$\begin{aligned}\int_{\gamma_r} \frac{e^{iz}}{z}\,dz &= \int_0^{\pi} \frac{e^{ir\,e^{it}}}{re^{it}}\, ire^{it}\,dt\\ &= \int_0^{\pi} i\,e^{ir\cos(t)}\,e^{-r\,\text{sen}(t)}\,dt.\end{aligned}$$

Logo,

$$\left|\int_{\gamma_r} \frac{e^{iz}}{z}\,dz\right| \leq \int_0^{\pi} e^{-r\,\text{sen}(t)}\,dt = 2\int_0^{\pi/2} e^{-r\,\text{sen}(t)}\,dt.$$

Para $0 < t \leq \pi/2$, a função $h(t) = \dfrac{\text{sen}(t)}{t}$ é decrescente, e portanto $h(t) \geq h(\pi/2) = \dfrac{2}{\pi}$. Com isso, $\text{sen}(t) \geq \dfrac{2}{\pi}t$ (se $0 \leq t \leq \pi/2$). Logo, obtemos

$$\begin{aligned}2\int_0^{\pi/2} e^{-r\,\text{sen}(t)}\,dt &\leq 2\int_0^{\pi/2} e^{-r\pi t/2}\,dt\\ &= \frac{2}{r\pi}(1 - e^{-r})\\ &\to 0,\end{aligned}$$

quando $r \to \infty$. Portanto, $\displaystyle\lim_{r\to\infty} \int_{\gamma_r} \frac{e^{iz}}{z}\,dz = 0$.

(3) Sobre a curva γ_ε, podemos escrever $\dfrac{e^{iz}}{z} = \dfrac{1}{z} + g(z)$, onde $g(z)$ é função analítica,

$$\begin{aligned}g(z) &= \frac{e^{iz} - 1}{z}\\ &= \frac{1}{z}\left[\sum_{n=0}^{\infty} \frac{(iz)^n}{n!} - 1\right]\\ &= \sum_{n=1}^{\infty} \frac{(i)^n}{n!} z^{n-1},\end{aligned}$$

é uma série de potências com raio de convergência $R = \infty$. Portanto, existe uma constante $M > 0$ tal que $|g(z)| \leq M$ se $|z| \leq \varepsilon$. Com isso, *obtemos*

$$\begin{aligned}\int_{\gamma_\varepsilon} \frac{e^{iz}}{z} dz &= \int_{\gamma_\varepsilon} (\frac{1}{z} + g(z)) dz \\ &= \int_{\gamma_\varepsilon} \frac{1}{z}\, dz + \int_{\gamma_\varepsilon} g(z)\, dz \\ &= -\pi\, i + \int_{\gamma_\varepsilon} g(z)\, dz.\end{aligned}$$

Como

$$\begin{aligned}\left| \int_{\gamma_\varepsilon} g(z)\, dz \right| &\leq \int_{\gamma_\varepsilon} |g(z)|\, |dz| \\ &\leq M \int_{\gamma_\varepsilon} |dz| \\ &= M\, \varepsilon\, \pi \\ &\to 0,\end{aligned}$$

quando $\varepsilon \to 0$. *Portanto,* $\lim_{\varepsilon \to 0} \int_{\gamma_\varepsilon} \frac{e^{iz}}{z} dz = -\pi\, i.$

Usando (1), (2) e (3), fazendo $r \to \infty$ *e* $\varepsilon \to 0$ *na igualdade*

$$0 = \int_{\gamma_r} \frac{e^{iz}}{z}\, dz + \int_{\gamma_\varepsilon} \frac{e^{iz}}{z}\, dz + 2i \int_{\varepsilon}^{r} \frac{\operatorname{sen}(x)}{x}\, dx$$

obtemos

$$0 = -\pi i + 2i \int_0^\infty \frac{\operatorname{sen}(x)}{x}\, dx$$

e portanto

$$\int_0^\infty \frac{\operatorname{sen}(x)}{x}\, dx = \frac{\pi}{2}.$$

✓

Exemplo 5.4.6. *Vamos utilizar a teoria de integração complexa para calcular as integrais impróprias*

$$\int_0^\infty \cos(x^2)\, dx \quad \text{e} \quad \int_0^\infty \operatorname{sen}(x^2)\, dx,$$

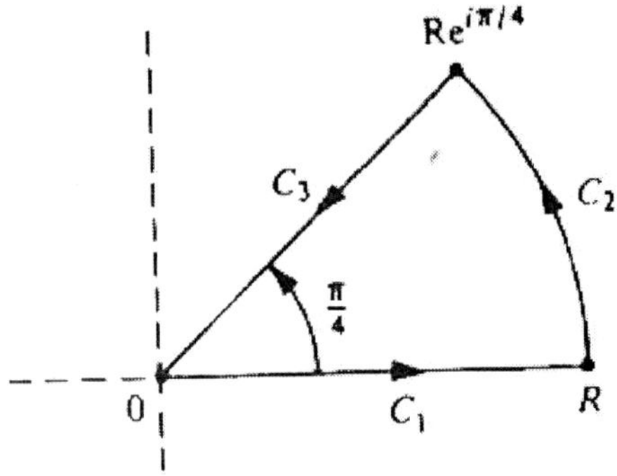

Figura 5.4: Exemplo 5.4.6

que são integrais convergentes (veja o Exemplo A15 do Apêndice). Considere a função de variável complexa $f(z) = \mathrm{e}^{-z^2}$ e a curva $C = C_1 \cup C_2 \cup C_3$ (veja figura 5.4), sendo

$$
\begin{aligned}
C_1 &: \alpha_1(t) = t, \;\; 0 \le t \le R, \\
C_2 &: \alpha_2(t) = R\mathrm{e}^{t}, \;\; 0 \le t \le \pi/4, \\
\tilde{C}_3 &: \tilde{\alpha}_3(t) = t\mathrm{e}^{i\pi/4}, \;\; 0 \le t \le \pi/4.
\end{aligned}
$$

(observe que C_3 tem a orientação oposta da curva $\tilde{C}_3$, $C_3 = -\tilde{C}_3$). Como a função $f(z) = \mathrm{e}^{-z^2}$ é analítica (é uma função inteira) e a curva C é fechada simples (de classe C^1), então

$$
\begin{aligned}
0 = \oint_C \mathrm{e}^{-z^2}\,dz &= \int_{C_1} \mathrm{e}^{-z^2}\,dz + \int_{C_2} \mathrm{e}^{-z^2}\,dz + \int_{C_3} \mathrm{e}^{-z^2}\,dz \\
&= \int_{C_1} \mathrm{e}^{-z^2}\,dz + \int_{C_2} \mathrm{e}^{-z^2}\,dz - \int_{\tilde{C}_3} \mathrm{e}^{-z^2}\,dz. \qquad (5.6)
\end{aligned}
$$

(1) Analisando a integral $\displaystyle\int_{C_2} \mathrm{e}^{-z^2}\,dz$. Temos que $z = R\mathrm{e}^{it}$, $0 \le t \le \pi/4$. Logo, usando a definição e que $|\mathrm{e}^{a+ib}| = \mathrm{e}^{a}$, obtemos

$$
\left| \int_{C_2} \mathrm{e}^{-z^2}\,dz \right| = \left| \int_0^{\pi} \mathrm{e}^{-(R\mathrm{e}^{it})^2} iR\mathrm{e}^{it}\,dt \right|
$$

$$
\begin{aligned}
&= \left| \int_0^{\pi} \mathrm{e}^{-R^2(\cos(2t)+i\mathrm{sen}(2t))}\, iRe^{it}\, dt \right| \\
&\leq R \int_0^{\pi} \left|\mathrm{e}^{-R^2(\cos(2t)+i\mathrm{sen}(2t))}\right| |ie^{it}|\, dt \\
&= R \int_0^{\pi} \mathrm{e}^{-R^2\cos(2t)}\, dt. \qquad (5.7)
\end{aligned}
$$

Considere a função $h(t) = \cos(2t) - 1 + \dfrac{4t}{\pi}$, *com* $t \in [0, \pi/4]$. *Temos que* $h'(t) = -2\mathrm{sen}(2t) + \dfrac{4}{\pi}$, $h''(t) = -4\cos(2t) \leq 0$ *em* $[0, \pi/4]$, $h(0) = 0$ *e* $h(\pi/4) = 0$. *Portanto,* $h(t) = \cos(2t) - 1 + \dfrac{4t}{\pi} \geq 0$ *no intervalo* $[0, \pi/4]$. *Com isso, temos* $\cos(2t) \geq 1 - \dfrac{4t}{\pi}$ *em* $[0, \pi/4]$. *Portanto,*

$$\mathrm{e}^{-R^2\cos(2t)} \leq \mathrm{e}^{-R^2(1-(4t/\pi))}, \quad t \in [0, \pi/4].$$

Voltando em (5.7), obtemos

$$
\begin{aligned}
\left| \int_{C_2} \mathrm{e}^{-z^2}\, dz \right| &\leq R \int_0^{\pi} \mathrm{e}^{-R^2\cos(2t)}\, dt \\
&\leq R \int_0^{\pi} \mathrm{e}^{-R^2(1-(4t/\pi))}\, dt \\
&= \frac{\pi}{4R}(1 - \mathrm{e}^{-R^2}) \\
&\to 0
\end{aligned}
$$

com $R \to \infty$. *Portanto,* $\displaystyle\int_{C_2} \mathrm{e}^{-z^2}\, dz = 0$, *com* $R \to \infty$.

(2) Analisando agora $\displaystyle\int_{C_3} \mathrm{e}^{-z^2}\, dz$. *Usando a definição, obtemos*

$$
\begin{aligned}
\int_{C_3} \mathrm{e}^{-z^2}\, dz &= -\int_{\tilde{C}_3} \mathrm{e}^{-z^2}\, dz \\
&= -\int_0^R \mathrm{e}^{(ite^{\pi/4})^2} \mathrm{e}^{i\pi/4}\, dt \\
&= -\int_0^R \mathrm{e}^{-it^2} \mathrm{e}^{i\pi/4}\, dt
\end{aligned}
$$

$$= -e^{i\pi/4}\int_0^R e^{-it^2}\,dt.$$

(3) Na integral em C_1 temos $\displaystyle\int_{C_1} e^{-z^2}\,dz = \int_0^R e^{-t^2}\,dt.$

Portanto, em (5.6) temos

$$\begin{aligned} 0 = \oint_C e^{-z^2}\,dz &= \int_{C_1} e^{-z^2}\,dz + \int_{C_2} e^{-z^2}\,dz + \int_{C_3} e^{-z^2}\,dz \\ &= \int_0^R e^{-t^2}\,dt + \int_{C_2} e^{-z^2}\,dz + \int_{C_3} e^{-z^2}\,dz. \end{aligned}$$

Como:

$* \displaystyle\lim_{R\to\infty}\int_0^R e^{-t^2}\,dt = \int_0^\infty e^{-t^2}\,dt = \frac{\sqrt{\pi}}{2}$

$* \displaystyle\lim_{R\to\infty}\int_{C_2} e^{-z^2}\,dz = 0$

$* \displaystyle\lim_{R\to\infty}\int_{C_3} e^{-z^2} = \lim_{R\to\infty}\Big(-e^{i\pi/4}\int_0^R e^{-it^2}\,dt\Big),$

obtemos que (fazendo o limite $R\to\infty$)

$$\begin{aligned} 0 &= \frac{\sqrt{\pi}}{2} - e^{i\pi/4}\lim_{R\to\infty}\int_0^R (\cos(t^2) - i\,\mathrm{sen}(t^2))\,dt \\ &= \frac{\sqrt{\pi}}{2} - e^{i\pi/4}\Big(\int_0^\infty \cos(t^2)\,dt - i\int_0^\infty \mathrm{sen}(t^2)\,dt\Big), \end{aligned}$$

ou seja,

$$\begin{aligned} \int_0^\infty \cos(t^2)\,dt - i\int_0^\infty \mathrm{sen}(t^2)\,dt &= \frac{\sqrt{\pi}}{2}e^{-i\pi/4} \\ &= \frac{\sqrt{\pi}}{2}\Big(\frac{\sqrt{2}}{2} - i\frac{\sqrt{2}}{2}\Big) \\ &= \frac{\sqrt{2\pi}}{4} - i\frac{\sqrt{2\pi}}{4}. \end{aligned}$$

Portanto, usando igualdade entre números complexos, obtemos

$$\int_0^\infty \cos(t^2)\,dt = \frac{\sqrt{2\pi}}{4} \quad \text{e} \quad \int_0^\infty \mathrm{sen}(t^2)\,dt = \frac{\sqrt{2\pi}}{4}.$$

✓

Exemplo 5.4.7. *Vamos calcular a integral imprópria* $\displaystyle\int_0^{\infty} \mathrm{e}^{-x^2}\cos(2x)\,dx$. *Como* $|\mathrm{e}^{-x^2}\cos(2x)| \leq \mathrm{e}^{-x^2}$ *e* $\displaystyle\int_0^{\infty} \mathrm{e}^{-x^2}\,dx = \frac{\sqrt{\pi}}{2}$ *(convergente), então a integral imprópria* $\displaystyle\int_0^{\infty} \mathrm{e}^{-x^2}\cos(2x)\,dx$ *também é convergente.*

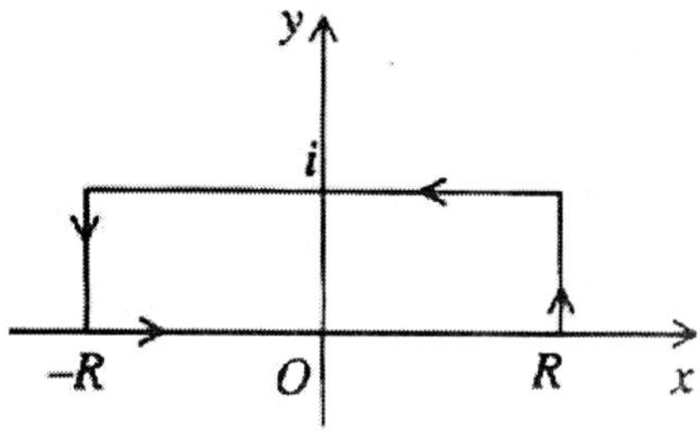

Figura 5.5: Exemplo 5.4.7

Considere a função analítica $f(z) = \mathrm{e}^{-z^2}$ *e a curva* γ *indicada na figura 5.5. Como* f *é analítica em* $\mathbb{C}$, *então* $\displaystyle\oint_\gamma f(z)\,dz = 0$. *Observe que* $f(x + i0) = \mathrm{e}^{-x^2}$. *Temos,*

$$\begin{aligned}
0 &= \oint_\gamma f(z)\,dz \\
&= \int_{-R}^{R} \mathrm{e}^{-x^2}\,dx + \int_0^1 \mathrm{e}^{-(R+ti)^2} i dt + \int_R^{-R} \mathrm{e}^{-(x+i)^2}\,dx \\
&+ \int_1^0 \mathrm{e}^{-(-R+it)^2} i dt \\
&= \int_{-R}^{R} \mathrm{e}^{-x^2}\,dx + \int_0^1 \mathrm{e}^{-(R+ti)^2} i dt - \int_{-R}^{R} \mathrm{e}^{-(x+i)^2}\,dx \\
&- \int_0^1 \mathrm{e}^{-(-R+it)^2} i dt \\
&= \int_{-R}^{R} \mathrm{e}^{-x^2}\,dx - \mathrm{e}\int_{-R}^{R} \mathrm{e}^{-x^2}\cos(2x)\,dx \\
&+ 2\int_0^1 \mathrm{e}^{-(R^2-t^2)}\mathrm{sen}(2Rt)\,dt + i\mathrm{e}\int_{-R}^{R} \mathrm{e}^{-x^2}\mathrm{sen}(2x)\,dx. \qquad (5.8)
\end{aligned}$$

Portanto, tomando as partes reais em ambos os lados da igualdade (5.8), obtemos

$$\begin{aligned} 0 &= \int_{-R}^{R} e^{-x^2}\, dx - e \int_{-R}^{R} e^{-x^2} \cos(2x)\, dx \\ &= 2\int_{0}^{R} e^{-x^2}\, dx - 2e \int_{0}^{R} e^{-x^2} \cos(2x)\, dx. \end{aligned}$$

Fazendo o limite $R \to \infty$ na igualdade acima, obtemos

$$2\int_0^{\infty} e^{-x^2}\, dx - 2e\int_0^{\infty} e^{-x^2}\cos(2x)\, dx = 0$$

e portanto, temos

$$\int_0^{\infty} e^{-x^2}\cos(2x)\, dx = \frac{1}{e}\int_0^{\infty} e^{-x^2}\, dx = \frac{\sqrt{\pi}}{2e}.$$

✓

Exemplo 5.4.8. *Vamos calcular a integral* $\displaystyle\int_{-\infty}^{\infty} \frac{x^2+2}{(x+1)(x^2+4)}\, dx.$

Observe que essa integral é convergente, pois

$$0 \leq \frac{x^2+2}{(x+1)(x^2+4)} \leq \frac{1}{x^2+1},$$

e $\displaystyle\int_0^{\infty} \frac{1}{x^2+1}\, dx$ *é convergente (veja o Apêndice sobre integrais impróprias). Com isso, temos que*

$$\int_{-\infty}^{\infty} \frac{x^2+2}{(x+1)(x^2+4)}\, dx = \lim_{R\to\infty} \int_{-R}^{R} \frac{x^2+2}{(x+1)(x^2+4)}\, dx.$$

Considere a função complexa $f(z) = \dfrac{z^2+2}{(z^2+1)(z^2+4)}$ *e a curva* $\gamma_R = \alpha_R \cup \beta_R$, *onde* $\alpha_R(t) = t$ *com* $t \in [-R, R]$, *e* $\beta_R(t) = Re^{it}$ *com* $t \in [0, \pi]$ *(a semicircunferência centrada na origem com raio R e com $y \geq 0$).*

As singularidades função $f(z) = \dfrac{z^2+2}{(z^2+1)(z^2+4)}$ *que estão na região limitada pela curva* γ_R *(com* $R > 2$*) são* $z_1 = i$ *e* $z_2 = 2i$. *Aplicando o Teorema dos Resíduos, obtemos*

$$\begin{aligned}\oint_{\gamma_R} f(z)\,dz &= \oint_{\gamma_R} \frac{z^2+2}{(z^2+1)(z^2+4)} \\ &= 2\pi\, i\Big(\operatorname{Res}[f,i] + \operatorname{Res}[f,2i]\Big) \\ &= 2\pi i\left(\frac{1}{6i} + \frac{1}{6i}\right) \\ &= \frac{4\pi}{3}.\end{aligned}$$

Por outro lado, também temos

$$\begin{aligned}\oint_{\gamma_R} f(z)\,dz &= \int_{\alpha_R} f(z)\,dz + \int_{\beta_R} f(z)\,dz \\ &= \int_{-R}^{R} \frac{x^2+2}{(x^2+1)(x^2+4)}\,dx + \int_{\beta_R} \frac{z^2+2}{(z^2+1)(z^2+4)}\,dz.\end{aligned}$$

Se $|z| = R$, *temos que*

$$\begin{aligned}|z^2+2| &\leq ||^2 + 2 = R^2 + 2, \\ |z^2+1 &\geq |z|^2 - 1 = R^2 - 1, \\ |z^2+4| &\geq |z|^2 = R^2 - 4.\end{aligned}$$

Portanto, sobre β_R *temos*

$$\begin{aligned}\left|\int_{\beta_R} \frac{z^2+2}{(z^2+1)(z^2+4)}\,dz\right| &\leq \int_{\beta_R} \frac{|z^2+2|}{|z^2+1||z^2+4|}\,|dz| \\ &\leq \int_{\beta_R} \frac{R^2+2}{(R^2-1)(R^2-4)}\,|dz| \\ &= \frac{R^2+2}{(R^2-1)(R^2-4)}\,\pi R.\end{aligned}$$

Como $\lim_{R\to\infty} \dfrac{R^2+2}{(R^2-1)(R^2-4)}\pi R = 0$, *então* $\lim_{R\to\infty}\displaystyle\int_{\beta_R} f(z)\,dz = 0$. *Fazendo o limite* $R \to \infty$ *na igualdade*

$$\frac{4\pi}{3} = \int_{-R}^{R} \frac{x^2+2}{(x^2+1)(x^2+4)}\,dx + \int_{\beta_R} \frac{z^2+2}{(z^2+1)(z^2+4)}\,dz,$$

obtemos $\displaystyle\int_{-\infty}^{\infty} \frac{x^2+2}{(x+2+1)(x^2+4)}\,dx = \frac{4\pi}{3}$. ✓

Exemplo 5.4.9. *seja* $a \in \mathbb{R}$, $0 < a < 1$ *ou* $a > 1$. *Vamos calcular a integral* $\displaystyle\int_0^{2\pi} \frac{t\text{sen}(t)}{a-2a\cos(t)+1}\,dt$.

Considere a função de variável complexa $f(z) = \dfrac{z}{a-\mathrm{e}^{-iz}}$ *e a curva* Γ *que é o retângulo de vértices* $(-\pi, 0)$, $(\pi, 0)$, (π, R) *e* $(-\pi, R)$ *(orientada no sentido anti-horário, veja figura 5.6). A função* f *possui singularidade no ponto onde* $a - \mathrm{e}^{-iz} = 0$, *ou seja, em*
$z_0 = i\ln(a)$. *Temos dois casos para analisar.*
CASO 1: Se $a > 1$, *então o ponto* $z_0 = i\ln(a)$ *está no interior da região limitada pela curva* Γ *(vamos fazer* $R \to \infty$*). Neste caso,* $z_0 = i\ln(a)$ *é polo simples e* $\text{Res}[f; z_0] = \dfrac{\ln(a)}{a}$

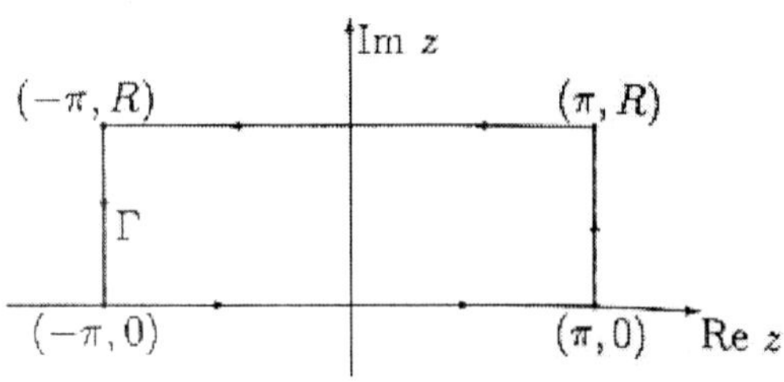

Figura 5.6: Exemplo 5.4.9

Portanto, $\displaystyle\oint_{\Gamma} \frac{z}{a-\mathrm{e}^{-iz}}\,dz = \frac{2\pi i\ln(a)}{a}$.
Por outro lado, como $\Gamma = \gamma_1 \cup \gamma_2 \cup \gamma_3 \cup \gamma_4$, *onde*

$$\gamma_1(t) = t,\ t \in [-\pi, \pi],$$
$$\gamma_2(t) = \pi + it,\ t \in [0, R],$$

$$\gamma_3(t) = -t + iR, \ t \in [-\pi, \pi],$$
$$\gamma_4(t) = -\pi - it, \ t \in [-R, 0],$$

então

$$\oint_\Gamma f(z)\,dz = \int_{\gamma_1} f(z)\,dz + \int_{\gamma_2} f(z)\,dz + \int_{\gamma_3} f(z)\,dz + \int_{\gamma_4} f(z)\,dz.$$

Vamos analisar as quatro integrais.

(a) $\displaystyle\int_{\gamma_1} \frac{z}{a - e^{-iz}}\,dz = \int_{-\pi}^{\pi} \frac{t}{a - e^{-it}}\,dt.$

(b) $\displaystyle\int_{\gamma_3} \frac{z}{a - e^{-iz}}\,dz = \int_{-\pi}^{\pi} \frac{-t + iR}{a - e^{-i(-t+iR)}}(-1)dt = \int_{-\pi}^{\pi} \frac{t - iR}{a - e^{-it}e^{R}}\,dt.$

Como $t \in [-\pi, \pi]$, *obtemos*

$$\left|\frac{t - iR}{a - e^{it}e^{R}}\right| = \frac{|t - iR|}{|a - e^{it}e^{R}|} \leq \frac{\sqrt{t^2 + R^2}}{|a - e^{R}|} \leq \frac{\sqrt{\pi^2 + R^2}}{|a - e^{R}|},$$

e portanto

$$\left|\int_{\gamma_3} \frac{z}{a - e^{-iz}} dz\right| \leq 2\pi\left(\frac{\sqrt{\pi^2 + R^2}}{|a - e^{R}|}\right) \to 0$$

quando $R \to \infty$, *e então* $\displaystyle\lim_{R\to\infty} \int_{\gamma_3} \frac{z}{a - e^{-iz}}\,dz = 0.$

(c) Em γ_2 *e* γ_4 *temos*

$$\begin{aligned}\int_{\gamma_2} \frac{z}{a - e^{-iz}}\,dz &= \int_0^R \frac{\pi + it}{a - e^{-i(\pi+it)}}\,idt \\ &= \int_0^R \frac{\pi i - t}{a + e^{t}}\,dt,\end{aligned}$$

e usando o teorema de mudança de variável na integral, obtemos

$$\begin{aligned}\int_{\gamma_4} \frac{z}{a - e^{-iz}}\,dz &= \int_{-R}^{0} \frac{-\pi - it}{a - e^{-i(-\pi-it)}}(-i)dt \\ &= \int_{-R}^{0} \frac{\pi i - t}{a + e^{-t}}dt \\ &= \int_0^R \frac{\pi i + t}{a + e^{t}}\,dt.\end{aligned}$$

Portanto, $\displaystyle\int_{\gamma_2} \frac{z}{a - e^{-iz}}\, dz + \int_{\gamma_4} \frac{z}{a - e^{-iz}}\, dz = 2\pi i \int_0^R \frac{1}{a + e^t}\, dt$. *Temos, com* $R \to \infty$,

$$\int_0^\infty \frac{1}{a + e^t} dt = \frac{\ln(1 + a)}{a}.$$

Agora, usando (a), (b) e (c), fazendo o limite $r \to \infty$ *na igualdade*

$$\begin{aligned}\frac{2\pi i \ln(a)}{a} &= \oint_\Gamma \frac{z}{a - e^{-iz}} dz \\ &= \int_{\gamma_1} \frac{z}{a - e^{-iz}} dz + \int_{\gamma_2} \frac{z}{a - e^{-iz}} dz + \int_{\gamma_3} \frac{z}{a - e^{-iz}} dz \\ &+ \int_{\gamma_4} \frac{z}{a - e^{-iz}} dz,\end{aligned}$$

obtemos

$$\frac{2\pi i \ln(a)}{a} = \int_{-\pi}^{\pi} \frac{t}{a - e^{-t}} dt + \frac{2\pi i \ln(1 + a)}{a},$$

e portanto $\displaystyle\int_{-\pi}^{\pi} \frac{t}{a - e^{-t}} dt = \frac{2\pi i}{a}(\ln(a) - \ln(1 + a))$.
Agora, escrevendo

$$\begin{aligned}\frac{t}{a - e^{-t}} &= \frac{t}{(a - \cos(t)) + i\text{sen}(t)} \\ &= \frac{t((a - \cos(t)) - i\text{sen}(t))}{a^2 - 2a\cos(t) + 1},\end{aligned}$$

obtemos

$$\begin{aligned}\frac{2\pi i}{a}(\ln(a) - \ln(1 + a)) &= \int_{-\pi}^{\pi} \frac{t}{a - e^{-t}} dt \\ &= \int_{-\pi}^{\pi} \frac{t(a - \cos(t))}{a^2 - 2a\cos(t) + 1}\, dt \\ &- i \int_{-\pi}^{\pi} \frac{t\text{sen}(t)}{a^2 - 2a\cos(t) + 1} dt,\end{aligned}$$

e usando a igualdade entre números complexos, temos

$$\int_{-\pi}^{\pi} \frac{t\text{sen}(t)}{a^2 - 2a\cos(t) + 1} dt = \frac{2\pi}{a}(\ln(1 + a) - \ln(a)) = \frac{2\pi}{a} \ln\left(1 + \frac{1}{a}\right).$$

Como a função na integral é par, então

$$\int_0^{\pi} \frac{t\text{sen}(t)}{a^2 - 2a\cos(t) + 1} dt = \frac{\pi}{a}\ln\left(1 + \frac{1}{a}\right).$$

CASO 2: Se $0 < a < 1$, *então o ponto* $z_0 = i\ln(a)$ *está fora da região limitada pela curva* Γ, *e como a função é analítica nesta região então*

$$\oint_{\Gamma} \frac{z}{a - e^{-iz}}\, dz = 0.$$

Fazendo de modo análogo ao caso 1, obtemos

$$\int_0^{\pi} \frac{t\text{sen}(t)}{a^2 - 2a\cos(t) + 1} dt = \frac{\pi}{a}\ln(1 + a).$$

✓

Exemplo 5.4.10. *Vamos calcular a integral* $\displaystyle\int_0^{\infty} \frac{t^{\alpha}}{(1+t)^2}\, dt$, *com* $0 < \alpha < 1$. *Considere a função de variável complexa* $f(z) = \dfrac{z^{\alpha}}{(1+z)^2}$.

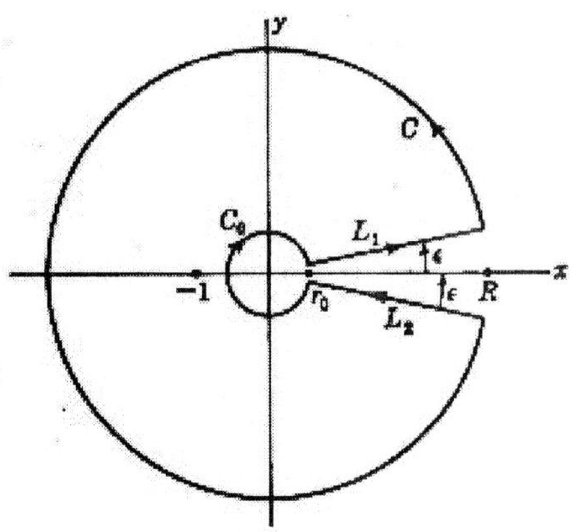

Figura 5.7: Exemplo 5.4.10

Como a função $g(z) = z^{\alpha} = e^{\alpha\log(z)}$ *é multivalente, vamos considerar o ramo do logaritmo* $\log(z) = \ln(|z|) + i\theta$ *com* $0 < \theta \leq 2\pi$. *Assim* $z^{\alpha} = e^{\alpha(\ln(|z|)+i\theta)}$, *com* $0 < \theta \leq 2\pi$. *Observe que* g *não é contínua sobre o semieixo real não negativo.*

Considere a curva $\gamma = C_0 \cup L_1 \cup C \cup L_2$ orientada no sentido positivo (veja figura 5.7), onde as curvas são parametrizadas por

$$\begin{aligned}
C_0 &: \ \gamma_1(t) = r_0 \mathrm{e}^{-it}, \quad t \in [\varepsilon, 2\pi - \varepsilon], \\
L_1 &: \ \gamma_2(t) = t\mathrm{e}^{i\varepsilon}, \quad t \in [r_0, R], \\
C &: \ \gamma_3(t) = R\mathrm{e}^{it}, \quad t \in [\varepsilon, 2\pi - \varepsilon], \\
L_2 &: \ \gamma_4(t) = -t\mathrm{e}^{i(2\pi - \varepsilon)}, \quad t \in [-R, -r_0].
\end{aligned}$$

O ponto $z = 0$ (ponto de ramificação) está no exterior da região limita pela curva γ, e o ponto $z = -1$ está no interior da região limitada pela curva γ.

O ponto $z = -1$ é polo de ordem dois e seu resíduo é

$$\begin{aligned}
\mathrm{Res}[f; -1] &= \lim_{z \to -1} \frac{d}{dz}\left[(1 + z^2)\frac{z^\alpha}{(1+z)^2}\right] \\
&= \alpha(-1)^{\alpha - 1} \\
&= \alpha \mathrm{e}^{(\alpha-1)\log(-1)} \\
&= \alpha \mathrm{e}^{(\alpha-1)(\ln(|-1|)+i\pi)} \\
&= -\alpha \mathrm{e}^{\alpha\pi i}.
\end{aligned}$$

Portanto, aplicando o Teorema dos Resíduos,

$$\oint_\gamma \frac{z^\alpha}{(1+z)^2}dz = 2\pi i \mathrm{Res}[f; -1] = -2\pi\alpha i \mathrm{e}^{\alpha\pi i}.$$

Por outro lado,

$$\begin{aligned}
&\oint_\gamma \frac{z^\alpha}{(1+z)^2}dz \\
&= \int_{C_0} \frac{z^\alpha}{(1+z)^2}dz + \int_{L_1} \frac{z^\alpha}{(1+z)^2}dz \\
&+ \int_{C} \frac{z^\alpha}{(1+z)^2}dz + \oint_{L_2} \frac{z^\alpha}{(1+z)^2}dz. \qquad (5.9)
\end{aligned}$$

(a) Sobre L_1, temos

$$\int_{\gamma_2} \frac{z^\alpha}{(1+z)^2}\, dz = \int_{r_0}^{R} \frac{t^\alpha \mathrm{e}^{\alpha i\varepsilon}}{(1+t\mathrm{e}^{i\varepsilon})^2}\, \mathrm{e}^{i\varepsilon}\, dt$$

$$= e^{i\varepsilon} e^{\alpha i\varepsilon} \int_{r_0}^{R} \frac{t^\alpha e^{\alpha i\varepsilon}}{(1 + te^{i\varepsilon})^2}\, dt.$$

(b) Sobre L_2, usando o teorema de mudança de variável na integral, temos

$$\int_{\gamma_4} \frac{z^\alpha}{(1+z)^2}\, dz = \int_{-R}^{-r_0} \frac{(-te^{i(2\pi-\varepsilon)})^\alpha}{(1 - te^{i(2\pi-\varepsilon)})^2} (-e^{i(2\pi-\varepsilon)})\, dt$$
$$= -e^{i\alpha(2\pi-\varepsilon)} e^{-i\varepsilon} \int_{r_0}^{R} \frac{t^\alpha}{(1 + te^{i(2\pi-\varepsilon)})^2}\, dt.$$

Portanto, usando (a) e (b), obtemos

$$\lim_{\varepsilon \to 0} \left(\int_{\gamma_2} \frac{z^\alpha}{(1+z)^2}\, dz + \int_{\gamma_4} \frac{z^\alpha}{(1+z)^2}\, dz \right)$$
$$= (1 - e^{2\pi\alpha i}) \int_{r_0}^{R} \frac{t^\alpha}{(1+t)^2}\, dt$$
$$= -2ie^{\alpha\pi i}\mathrm{sen}(\alpha\pi) \int_{r_0}^{R} \frac{t^\alpha}{(1+t)^2}\, dt. \qquad (5.10)$$

(c) Sobre a curva C_0 obtemos,

$$\int_{\gamma_1} \frac{z^\alpha}{(1+z)^2}\, dz = \int_{\varepsilon}^{2\pi-\varepsilon} \frac{r_0^\alpha e^{-i\alpha t}}{(1 + r_0 e^{-it})^2} (-ir_0 e^{-it})\, dt$$
$$= -i\, r_0^{\alpha+1} \int_{\varepsilon}^{2\pi-\varepsilon} \frac{e^{-i\alpha t} e^{-it}}{(1 + r_0 e^{-it})^2}\, dt.$$

(d) Sobre a curva C, temos

$$\int_{\gamma_3} \frac{z^\alpha}{(1+z)^2}\, dz = \int_{\varepsilon}^{2\pi-\varepsilon} \frac{R^\alpha e^{i\alpha t}}{(1 + Re^{it})^2} Rie^{it}\, dt$$
$$= iR^{\alpha+1} \int_{\varepsilon}^{2\pi-\varepsilon} \frac{e^{i\alpha t} e^{it}}{(1 + Re^{it})^2}\, dt.$$

Portanto,

$$\lim_{\varepsilon \to 0} \left(\int_{\gamma_1} \frac{z^\alpha}{(1+z)^2}\, dz + \int_{\gamma_3} \frac{z^\alpha}{(1+z)^2}\, dz \right)$$

$$= -i\, r_0^{\alpha+1} \int_0^{2\pi} \frac{\mathrm{e}^{-i\alpha t}\mathrm{e}^{-it}}{(1+r_0\mathrm{e}^{-it})^2}\, dt + iR^{\alpha+1} \int_0^{2\pi} \frac{\mathrm{e}^{i\alpha t}\mathrm{e}^{it}}{(1+R\mathrm{e}^{it})^2}\, dt. \qquad (5.11)$$

Logo, quando $\varepsilon \to 0$ *na igualdade*

$$\begin{aligned} -2\pi\alpha i\mathrm{e}^{\alpha\pi i} &= \oint_\gamma \frac{z^\alpha}{(1+z)^2} dz \\ &= \int_{C_0} \frac{z^\alpha}{(1+z)^2} dz + \int_{L_1} \frac{z^\alpha}{(1+z)^2} dz \\ &\quad + \int_C \frac{z^\alpha}{(1+z)^2} dz + \oint_{L_2} \frac{z^\alpha}{(1+z)^2} dz, \end{aligned} \qquad (5.12)$$

obtemos

$$\begin{aligned} -2\pi\alpha i\mathrm{e}^{\alpha\pi i} &= -2i\mathrm{e}^{\alpha\pi i}\mathrm{sen}(\alpha\pi) \int_{r_0}^R \frac{t^\alpha}{(1+t)^2}\, dt \\ &\quad - ir_0^{\alpha+1} \int_0^{2\pi} \frac{\mathrm{e}^{-i\alpha t}\mathrm{e}^{-it}}{(1+r_0\mathrm{e}^{-it})^2}\, dt \\ &\quad + iR^{\alpha+1} \int_0^{2\pi} \frac{\mathrm{e}^{i\alpha t}\mathrm{e}^{it}}{(1+R\mathrm{e}^{it})^2}\, dt. \end{aligned} \qquad (5.13)$$

(e) Agora temos

$$\left| \frac{\mathrm{e}^{-i\alpha t}\mathrm{e}^{-it}}{(1+r_0\mathrm{e}^{-it})^2} \right| = \frac{|\mathrm{e}^{-i\alpha t}|\,|\mathrm{e}^{-it}|}{|1+r_0\mathrm{e}^{-it}|^2} \leq \frac{1}{(1-r_0)^2}.$$

e então

$$\left| -ir_0^{\alpha+1} \int_0^{2\pi} \frac{\mathrm{e}^{-i\alpha t}\mathrm{e}^{-it}}{(1+r_0\mathrm{e}^{-it})^2}\, dt \right| \leq 2\pi \frac{r_0^{\alpha+1}}{(1-r_0)^2},$$

que implica que $\lim_{r_0\to 0} ir_0^{\alpha+1} \int_0^{2\pi} \frac{\mathrm{e}^{-i\alpha t}\mathrm{e}^{-it}}{(1+r_0\mathrm{e}^{-it})^2}\, dt = 0.$
Também temos

$$\left| \frac{\mathrm{e}^{i\alpha t}\mathrm{e}^{it}}{(1+R\mathrm{e}^{it})^2} \right| = \frac{1}{|1+R\mathrm{e}^{it}|^2} \leq \frac{1}{(R-1)^2},$$

e então

$$\left| iR^{\alpha+1} \int_0^{2\pi} \frac{\mathrm{e}^{i\alpha t}\mathrm{e}^{it}}{(1+R\mathrm{e}^{it})^2}\, dt \right| \leq 2\pi \frac{R^{\alpha+1}}{(R-1)^2},$$

e como $1 < \alpha + 1 < 2$ *e* $\lim_{R\to\infty} \frac{R^{\alpha+1}}{(R-1)^2} = 0$, *obtemos que*

$$\lim_{R\to\infty} iR^{\alpha+1} \int_0^{2\pi} \frac{e^{i\alpha t} e^{it}}{(1+Re^{it})^2}\, dt = 0.$$

Portanto, em (5.13), fazendo $r_0 \to 0$ *e* $R \to \infty$ *obtemos*

$$-2\pi\alpha i e^{\alpha\pi i} = -2ie^{\alpha\pi i}\text{sen}(\alpha\pi) \int_0^{\infty} \frac{t^\alpha}{(1+t)^2}\, dt$$

e concluimos que

$$\int_0^{\infty} \frac{t^\alpha}{(1+t)^2}\, dt = \frac{\pi\alpha}{\text{sen}(\pi\alpha)},$$

para $0 < \alpha < 1$. ✓

Exercícios

Use o Teorema dos Resíduos para provar as igualdades.

(1) $\int_{-\infty}^{\infty} \frac{x^2}{1+x^4}\, dx = \frac{\pi}{\sqrt{2}}$ (sugestão: use a função de variável complexa $f(z) = z^2/(1+z^4)$ e γ_r a justaposição do segmento de reta $[-r, r]$ com a seimicircunferência $^2 + y^2 = r^2$ com $y \geq 0$.

(2) $\int_{-\infty}^{\infty} \frac{\cos(x)}{x^2+1}\, dx = \frac{\pi}{e}$ (sugestão: use a função $f(z) = e^{iz}/(z^2+1)$ e a mesma curva γ_r do item (a)).

(3) $\int_0^{\infty} \frac{x^2}{(x^2+1)(x^2+4)}\, dx = \frac{\pi}{6}$.

(4) $\int_0^{\infty} \frac{\cos(ax)}{x^2+1}\, dx = \frac{\pi}{2}e^{-a}, \quad (a \geq 0)$.

(5) $\int_{-\infty}^{\infty} \frac{x\text{sen}(ax)}{x^4+4}\, dx = \frac{\pi}{2}e^{-a}\text{sen}(a), \quad (a > 0)$.

5.5 Zeros e Resíduos

Definição 5.5.1. *Seja $f = f(z)$ uma função arbitrária. Um número z_1 é chamado um* **zero** *de f se $f(z_1) = 0$.*

Suponha que a função $f = f(z)$ seja analítica em z_0. Então f possui expansão em série de Taylor,

$$\begin{aligned} f(z) &= \sum_{n=0}^{\infty} a_n (z - z_0)^n \\ &= a_0 + a_1(z - z_0) + a_2(z - z_0)^2 + ... \end{aligned}$$

convergindo para f em uma região $|z - z_0| < r$ $(0 < r \leq \infty)$. Suponha que $a_0 = a_1 = ... = a_{N-1} = 0$ (ou seja, $f^{(k)}(z_0) = 0$, com $k = 0, 1, ..., N - 1$) e com $a_N \neq 0$, isto é

$$f(z) = \sum_{n=N}^{\infty} a_n (z - z_0)^n = a_N (z - z_0)^N + a_{N+1}(z - z_0)^{N+1} + ...$$

Neste caso, dizemos que f possui zero de ordem N (ou multiplicidade N) em z_0. Podemos escrever,

$$\begin{aligned} f(z) &= a_N (z - z_0)^N + a_{N+1}(z - z_0)^{N+1} + a_{N+2}(z - z_0)^{N+2} + ... \\ &= (z - z_0)^N \left(a_N + a_{N+1}(z - z_0) + a_{N+2}(z - z_0)^2 + ... \right) \\ &= (z - z_0)^N \, h(z), \end{aligned}$$

onde $h = h(z)$ é analítica e $h(z_0) = a_N \neq 0$.

Observação 5.5.1. *Seja $g = g(z)$ uma função analítica em z_0. Podemos escrever*

$$g(z) = a_0 + a_1(z - z_0) + a_2(z - z-_0)^2 + ...$$

Suponha que $g(z_0) = a_0 \neq 0$. Podemos definir a função f, $f(z) = (z - z_0)^N g(z)$. Como $g(z_0) \neq 0$, então f possui zero de ordem N em z_0.

Portanto, temos o seguinte critério: uma função $f = f(z)$ possui zero de ordem N se (e somente se), f pode ser escrita da forma $f(z) = (z - z_0)^N g(z)$, onde g é uma função analítica em z_0 e $g(z_0) \neq 0$.

Exemplo 5.5.1. *Seja* $f(z) = 4z^3 - 15z^4 + 7z^7$. *Temos que* $f(0) = 0$. *Podemos escrever*

$$f(z) = z^3(4 - 15z + 7z^4) = z^3 g(z),$$

onde $g(z) = 4 - 15z + 7z^4$ *é analítica e* $g(0) = 4 \neq 0$. *Logo,* $z = 0$ *é zero de ordem* 3 *de* f. ✓

Exemplo 5.5.2. *Seja* $f(z) = 1 - \cos(z)$. *Temos que* $f(0) = 0$. *Podemos escrever*

$$\begin{aligned} f(z) &= 1 - \cos(z) \\ &= 1 - \sum_{n=0}^{\infty} \frac{(-1)^n}{(2n)!} z^{2n} \\ &= 1 - \left(1 - \frac{z^2}{2} + \frac{z^4}{4!} - \dots\right) \\ &= \frac{z^2}{2} - \frac{z^4}{4!} + \dots \\ &= z^2 \left(\frac{1}{2} - \frac{z^2}{4!} + \dots\right) \\ &= z^2\, g(z), \end{aligned}$$

com $g(0) = \dfrac{1}{2} \neq 0$. *Logo,* $z = 0$ *é zero de ordem* 2 *da função* $f(z) = 1 - \cos(z)$. ✓

Proposição 5.5.1. *Suponha que*

(a) f *e* g *sejam funções analíticas no ponto* z_0;

(b) $f(z_0) \neq 0$;

(c) g *possui zero de ordem 1 em* z_0.

Então, $\text{Res}\left[\dfrac{f}{g}, z_0\right] = \dfrac{f(z_0)}{g'(z_0)}$.

Demonstração. Como z_0 é zero de ordem 1 de g então podemos escrever $g(z) = (z - z_0)h(z)$, onde $h = h(z)$ é uma função analítica e $h(z_0) \neq 0$. Logo,

$$\lim_{z \to z_0} (z - z_0) \frac{f(z)}{g(z)} = \lim_{z \to z_0} (z - z_0) \frac{f(z)}{(z - z_0)h(z)}$$
$$= \lim_{z \to z_0} \frac{f(z)}{h(z)} = \frac{f(z_0)}{h(z_0)}.$$

Logo, z_0 é polo simples de f/g. Observe que, como $h(z) = g(z)/(z - z_0)$, então $h(z_0) = g'(z_0)$. Portanto, $\text{Res}\left[\frac{f}{g}; z_0\right] = \frac{f(z_0)}{g'(z_0)}$. □

Exemplo 5.5.3. *Seja* $F(z) = \dfrac{e^{iz}}{\text{sen}(z)} = \dfrac{f(z)}{g(z)}$ *e considere o ponto* $z = 0$. *Temos:*

(a) f *e* g *são analíticas em* $z = 0$;

(b) $f(0) = 1$;

(c) $g(0) = 0$ *e* $z = 0$ *é zero de ordem 1 de* g, *pois*

$$g(z) = \text{sen}(z) = z - \frac{z^3}{3!} + \frac{z^5}{5!} - \dots.$$
$$= z\left(1 - \frac{z^2}{3!} + \frac{z^4}{5!} - \dots\right)$$
$$= z\, h(z),$$

com h *analítica e* $h(0) = 1$.

Portanto, $\text{Res}[F; 0] = \dfrac{f(0)}{g'(0)} = 1.$ ✓

Teorema 5.5.1. *Seja* f *uma função que, à exeção de polos, é analítica numa região simplesmente conexa* $\Omega \subset \mathbb{C}$. *Seja* γ *contida em* Ω *uma curva fechada simples, orientada positivamente, e cujo interior contenha um número finito de zeros e polos de* f. *Então,*

$$\frac{1}{2\pi i} \oint_\gamma \frac{f'(z)}{f(z)}\, dz = Z - P$$

onde Z *e* P *denotam, respectivamente, os números de zeros e polos de* f *no interior da região limitada por* γ, *contadas as multiplicidades.*

Demonstração. (a) Se z_0 é zero de ordem m (z_0 no interior da região limitada pela curva γ), então $f(z) = (z - z_0)^m g(z)$, com $g(z_0) \neq 0$. Com isso temos, $f'(z) = m(z - z_0)^{m-1} g(z) + (z - z_0)^m g'(z)$. Logo,

$$\begin{aligned} \frac{f'(z)}{f(z)} &= \frac{m(z - z_0)^{m-1} g(z) + (z - z_0)^m g'(z)}{(z - z_0)^m g(z)} \\ &= \frac{m}{z - z_0} + \frac{g'(z)}{g(z)}, \end{aligned}$$

onde $g'(z)/g(z)$ é analítica em z_0. Logo,

$$\lim_{z \to z_0} (z - z_0) \frac{f'(z)}{f(z)} = \lim_{z \to z_0} \left(m + \frac{(z - z_0)\, g'(z)}{g(z)} \right) = m,$$

ou seja, z_0 é polo simples de f'/f e $\text{Res}[f'/f; z_0] = m$.
(b) Agora, se z_1 é polo de ordem n de f, então $\lim\limits_{z \to z_1} (z - z_1)^n f(z) \neq 0$, e com isso a função $h(z) = (z - z_1)^n f(z)$ possui singularidade removível em z_1. Logo, $f(z) = \dfrac{h(z)}{(z - z_1)^n}$ e

$$f'(z) = \frac{h'(z)\,(z - z_1)^n - n(z - z_1)^{n-1} h(z)}{(z - z_1)^{2n}}.$$

Com isso,

$$\frac{f'(z)}{f(z)} = \frac{h'(z)}{h(z)} - \frac{n}{z - z_1},$$

e então obtemos

$$\lim_{z \to z_1} (z - z_1) \frac{f'(z)}{f(z)} = -n$$

e $\text{Res}[f'/f; z_1] = -n$.

Portanto, repetindo o processo para cada polo e cada zero de f, e aplicando o Teorema dos Resíduos, obtemos

$$\oint_\gamma \frac{f'(z)}{f(z)}\, dz = 2\pi i (Z - P).$$

□

Exemplo 5.5.4. *Considere a integral* $\displaystyle\oint_{|z|=1} \frac{2z\cos(z^2)}{\operatorname{sen}(z^2)}\,dz$.

Seja $f(z) = \operatorname{sen}(z^2)$. *Temos* $f'(z) = 2z\cos(z^2)$.

Na região $|z| = 1$, *a função* $f(z) = \operatorname{sen}(z^2)$ *possui zero em* $z = 0$ *e não possui singularidades. Temos*

$$\begin{aligned}\operatorname{sen}(z^2) &= z^2 - \frac{(z^2)^3}{3!} + \frac{(z^2)^5}{5!} + \ldots.\\ &= z^2\left(1 - \frac{z^4}{3!} + \frac{z^8}{5!} + \ldots\right)\\ &= z^2\,h(z),\end{aligned}$$

onde h *é analítica e* $h(0) = 1$. *Portanto,* $z = 0$ *é zero de ordem 2 de* f *(com isso,* $Z = 2$ *e* $P = 0$*). Logo,*

$$\oint_{|z|=1} \frac{2z\cos(z^2)}{\operatorname{sen}(z^2)}\,dz = 2\pi\,i(2-0) = 4\pi\,i$$

e então

$$\oint_{|z|=1} \frac{z\cos(z^2)}{\operatorname{sen}(z^2)}\,dz = 2\pi\,i.$$

✓

Exemplo 5.5.5. *Considere a integral*

$$\oint_{|z|=2} \frac{2z\operatorname{sen}(z) + (z^2-1)\cos(z)}{(z^2-1)\operatorname{sen}(z)}\,dz.$$

Seja $f(z) = (z^2-1)\operatorname{sen}(z)$. *Temos* $f'(z) = 2z\operatorname{sen}(z) + (z^2-1)\cos(z)$.

Podemos escrever, $f(z) = (z-1)(z+1)\operatorname{sen}(z)$. *Temos que* f *possui zero de ordem 1 em* $z = 1$, $z = -1$ *e* $z = 0$ *(logo,* $Z = 3$*) e não possui singularidade (logo,* $N = 0$*). No ponto* $z = 0$, *podemos escrever,*

$$\begin{aligned}f(z) &= (z^2-1)\operatorname{sen}(z)\\ &= (z^2-1)\left(z - \frac{z^3}{3!} + \frac{z^5}{5!} + \ldots\right)\\ &= (z^2-1)\,z\left(1 - \frac{z^2}{3!} + \frac{z^4}{5!} + \ldots\right)\end{aligned}$$

$$= z\,h(z),$$

sendo $h(z) = (z^2-1)(1 - \frac{z^2}{3!} + \frac{z^4}{5!} + ...)$ *é analítica e* $h(0) = -1$. *Logo,* $z = 0$ *é zero de ordem 1 de* f.
Portanto,

$$\oint_{|z|=2} \frac{2z\text{sen}(z) + (z^2-1)\cos(z)}{(z^2-1)\,\text{sen}(z)}\,dz = 2\pi\,i(3-0) = 6\pi\,i.$$

✓

Exemplo 5.5.6. *Vamos calcular a integral* $\oint_{|z|=2} \frac{1-\frac{1}{z^2}}{z+\frac{1}{z}}dz$.

Seja $f(z) = f(z) = z + \frac{1}{z}$. *Temos* $f'(z) = 1 - \frac{1}{z^2}$.

A função $f(z) = f(z) = z + \frac{1}{z}$ *possui polo simples em* $z = 0$ *(ou seja,* $P = 1$*) e possui dois zeros simples em* $z = i$ *e* $z = -i$ *(ou seja,* $Z = 2$*). Portanto, usando o Teorema 5.5.1, obtemos*

$$\oint_{|z|=2} \frac{1-\frac{1}{z^2}}{z+\frac{1}{z}}\,dz = 2\pi i(Z-P) = 2\pi i(2-1) = 2\pi i.$$

✓

Observação 5.5.2. *Outros resultados.*
(1) Sejam f *e* g *analíticas em um disco centrado em* z_0. *Se* $f(z_0)\neq 0$ *e* g *tem um zero de ordem* m *em* z_0, *então* $h = \frac{f}{g}$ *tem um polo de ordem* m *em* z_0.
(2) Sejam f *e* g *analíticas em um disco centrado em* z_0. *Se* z_0 *é um zero de ordem* n *de* f *e um zero de ordem* m *de* g, *então a função* $h = \frac{f}{g}$ *tem*

(a) um zero de ordem $n - m$ *em* z_0 *se* $n > m$;
(b) tem uma singularidade removível em z_0 *se* $n = m$;
(c) tem um polo de ordem $m - n$ *em* z_0 *se* $m > n$. ✓

Capítulo 6

A Transformada de Fourier

6.1 Definição e Resultados Básicos

A transformada de Fourier é uma ferramenta matemática muito utilizada para tratar problemas de equações diferenciais parciais (como vibrações de cordas infinitas, problemas de condução do calor e o problema de Dirichlet para a equação de Laplace em um semiplano).

Faremos uma pequena introdução da Transformada de Fourier. O estudo mais aprofundado da Transformada de Fourier envolve espaços de funções mais gerais que o espaço das funções infinitamente deriváveis e rapidamente decrescentes no infinito (o chamado Espaço de Schwartz) e também integral de Lebesgue (veja em [4]).

Definição 6.1.1. *(a) O conjunto das funções $f : \mathbb{R} \to \mathbb{R}$ tais que as integrais impróprias $\displaystyle\int_{-\infty}^{\infty} f(x)\,dx$ e $\displaystyle\int_{-\infty}^{\infty} |f(x)|\,dx$ sejam convergentes é chamado espaço $\mathcal{L}^1(\mathbb{R})$.*
(b) Uma função $f : \mathbb{R} \to \mathbb{C}$, $f(x) = g(x) + \mathrm{i}\,h(x)$, é uma função $\mathcal{L}^1(\mathbb{R})$ se as funções $g, h, |f| : \mathbb{R} \to \mathbb{R}$ pertencem a $\mathcal{L}^1(\mathbb{R})$ (sendo $\mathrm{i}^2 = -1$).

Exemplo 6.1.1. *A função $f : \mathbb{R} \to \mathbb{R}$ dada por*

$$f(x) = \begin{cases} \dfrac{\operatorname{sen}(x)}{x} & , \text{ se } \ x \neq 0 \\ 1 & , \text{ se } \ x = 0 \end{cases}$$

não pertence a $\mathcal{L}^1(\mathbb{R})$, *pois* $\displaystyle\int_{-\infty}^{\infty} f(x)\,dx$ *é convergente e* $\displaystyle\int_{-\infty}^{\infty} |f(x)|\,dx$ *é divergente (veja o Exemplo A21 do Apêndice). A função acima também é chamada seno cardinal (notação:* $\operatorname{senc}(x)$*)*

Definição 6.1.2. *Se* $f:\mathbb{R}\to\mathbb{C}$ *é uma função em* $\mathcal{L}^1(\mathbb{R})$, *a sua transformada de Fourier*[1] $\mathcal{F}:\mathbb{R}\to\mathbb{C}$ *é definida por*

$$\hat{f}(\xi)=\mathcal{F}[f](\xi)=\frac{1}{\sqrt{2\pi}}\int_{-\infty}^{\infty} e^{-\mathrm{i}\,x\,\xi} f(x)\,dx.$$

Observação 6.1.1. *(a) A definição da Transformada de Fourier envolve uma integral imprópria, que deve ser entendido no seguinte sentido:*

$$\int_{-\infty}^{\infty} e^{-i\xi x} f(x)\,dx=\lim_{a,b\to\infty}\int_{-a}^{b} e^{-i\xi x} f(x)\,dx,$$

onde a e b tendem independentemente para o infinito (veja o Apêndice sobre integrais impróprias).
(b) Toda função $f:\mathbb{R}\to\mathbb{C}$ *pode ser escrita na forma* $f(x)=u(x)+\mathrm{i}\,v(x)$, *onde* $u,v:\mathbb{R}\to\mathbb{R}$ *são as partes real e imaginária respectivamente. Logo, se* $\displaystyle\int_{-\infty}^{\infty} u(x)\,dx$ *e* $\displaystyle\int_{-\infty}^{\infty} v(x)\,dx$ *são convergentes, escrevemos* $\displaystyle\int_{-\infty}^{\infty} f(x)\,dx=\int_{-\infty}^{\infty} u(x)\,dx+\mathrm{i}\int_{-\infty}^{\infty} v(x)\,dx$. *Portanto, na definição da transformada de Fourier, temos*

$$\int_{-\infty}^{\infty} e^{-\mathrm{i}\xi x} f(x)\,dx=\int_{-\infty}^{\infty}\cos(\xi x)\,f(x)\,dx-\mathrm{i}\int_{-\infty}^{\infty}\operatorname{sen}(\xi x)\,f(x)\,dx,$$

pois $e^{-\mathrm{i}\xi x}=\cos(\xi x)-\mathrm{i}\operatorname{sen}(\xi x)$. *Agora, dizemos que uma função* $f:\mathbb{R}\to\mathbb{C}$ *(*$f(x)=u(x)+\mathrm{i}\,v(x)$*) é uma função* $\mathcal{L}^1(\mathbb{R})$ *se suas partes real e imaginária (u e v) e* $|f|$ *são funções em* $\mathcal{L}^1(\mathbb{R})$.

[1]Jean-Baptiste Joseph Fourier (1768 - 1830)

Exemplo 6.1.2. *Considere a função*

$$f(x) = \begin{cases} 1 & , \text{ se } \; x \in [-1,1], \\ 0 & , \text{ se } \; x \notin [-1,1]. \end{cases}$$

Temos que $f \in \mathcal{L}^1(\mathbb{R})$. *Vamos calcular a sua transformada de Fourier* $\mathcal{F}[f]$.
Usando $\operatorname{sen}(x) = \dfrac{e^{ix} - e^{-ix}}{2i}$, *obtemos*
(a) Para $\xi \neq 0$,

$$\begin{aligned} \mathcal{F}[f](\xi) &= \frac{1}{\sqrt{2\pi}} \int_{-\infty}^{\infty} e^{-i\xi x} f(x)\, dx \\ &= \frac{1}{\sqrt{2\pi}} \int_{-1}^{1} e^{-i\xi x}\, dx \\ & \frac{1}{\sqrt{2\pi}} \left(\frac{e^{-i\xi x}}{-i\xi} \bigg|_{-1}^{1} \right) \\ &= \frac{2}{\sqrt{2\pi}} \frac{\operatorname{sen}(\xi)}{\xi}. \end{aligned}$$

(b) Para $\xi = 0$, *temos*

$$\begin{aligned} \mathcal{F}[f](0) &= \frac{1}{\sqrt{2\pi}} \int_{-\infty}^{\infty} e^{-i0} f(x)\, dx \\ &= \frac{1}{\sqrt{2\pi}} \int_{-1}^{1} 1\, dx \\ &= \frac{2}{\sqrt{2\pi}}. \end{aligned}$$

Portanto,

$$\mathcal{F}[f](\xi) = \begin{cases} \dfrac{2}{\sqrt{2\pi}} \dfrac{\operatorname{sen}(\xi)}{\xi}, & \text{se } \xi \neq 0 \\ \dfrac{2}{\sqrt{2\pi}}, & \text{se } \; \xi \neq 0. \end{cases}$$

Observe que neste caso $\mathcal{F}[f] \notin \mathcal{L}^1(\mathbb{R})$ *(veja o Exemplo 6.1.1).* ✓

Exemplo 6.1.3. *Vamos calcular a transformada de Fourier da função*

$f(x) = \mathrm{e}^{-|x|}$. *Temos,*

$$\begin{aligned}
\mathcal{F}[f](\xi) &= \frac{1}{\sqrt{2\pi}} \int_{-\infty}^{\infty} f(x)\mathrm{e}^{-\mathrm{i}\xi x}\, dx \\
&= \frac{1}{\sqrt{2\pi}} \int_{-\infty}^{\infty} \mathrm{e}^{-|x|}\mathrm{e}^{-\mathrm{i}\xi x}\, dx \\
&= \frac{1}{\sqrt{2\pi}} \left(\int_{-\infty}^{0} \mathrm{e}^{x}\mathrm{e}^{-\mathrm{i}\xi x}\, dx + \int_{0}^{\infty} \mathrm{e}^{-x}\mathrm{e}^{-\mathrm{i}\xi x}\, dx \right) \\
&= \frac{1}{\sqrt{2\pi}} \left(\int_{-\infty}^{0} \mathrm{e}^{(1-\mathrm{i}\xi)x}\, dx + \int_{0}^{\infty} \mathrm{e}^{-(1+\mathrm{i}\xi)x}\, dx \right) \\
&= \frac{1}{\sqrt{2\pi}} \left(\frac{1}{1-\mathrm{i}\xi} + \frac{1}{1+\mathrm{i}\xi} \right) \\
&= \frac{1}{\sqrt{2\pi}} \, \frac{2}{1+\xi^2} \\
&= \sqrt{\frac{2}{\pi}} \, \frac{1}{1+\xi^2}.
\end{aligned}$$

✓

Exemplo 6.1.4. *Vamos agora calcular a transformada de Fourier da função* $f(x) = \mathrm{e}^{-x^2/2}$. *Vamos primeiro verificar que*

$$(i) \quad \int_{-\infty}^{\infty} \mathrm{e}^{-x^2}\, dx = \sqrt{\pi};$$

$$(ii) \quad \int_{-\infty}^{\infty} \mathrm{e}^{-x^2}\, \mathrm{e}^{\mathrm{i}\,\xi\, x}\, dx = \sqrt{\pi}\, \mathrm{e}^{-\xi^2/4}.$$

(i) Usando que $\displaystyle\int_{0}^{\infty} \mathrm{e}^{-x^2}\, dx = \frac{\sqrt{\pi}}{2}$, *temos*

$$\int_{-\infty}^{\infty} \mathrm{e}^{-x^2}\, dx = 2 \int_{0}^{\infty} \mathrm{e}^{-x^2}\, dx = \sqrt{\pi},$$

pois a função $f(x) = \mathrm{e}^{-x^2}$ *é par* $(f(-x) = f(x))$.
(ii) Definindo a função $\displaystyle\varphi(\xi) = \int_{-\infty}^{\infty} \mathrm{e}^{-x^2}\, \mathrm{e}^{\mathrm{i}\,\xi\, x}\, dx.$

Como a função $F(x,\xi) = \mathrm{e}^{-x^2}\,\mathrm{e}^{\mathrm{i}\,\xi\,x}$ *é de classe* C^∞ *em* $\mathbb{R}^2$, *a sua derivada parcial na variável* ξ *é* $\dfrac{\partial F}{\partial \xi}(x,\xi) = \mathrm{i}\,x\,\mathrm{e}^{-x^2}\,\mathrm{e}^{\mathrm{i}\,\xi\,x}$, *com* $|F(x,\xi)| \leq \mathrm{e}^{-x^2}$, *e também* $\left|\dfrac{\partial F}{\partial \xi}(x,\xi)\right| \leq |x|\,\mathrm{e}^{-x^2}$, *e as integrais impróprias* $\displaystyle\int_{-\infty}^{\infty} \mathrm{e}^{-x^2}\,dx$ *e* $\displaystyle\int_{-\infty}^{\infty} |x|\,\mathrm{e}^{-x^2}\,dx$ *são convergentes, pelo Teorema A29 (do Apêndice) temos que a função* φ *é derivável e usando integração por partes obtemos*

$$\begin{aligned}
\varphi'(\xi) &= \int_{-\infty}^{\infty} \frac{\partial F}{\partial \xi}(x,\xi)\,dx \\
&= \int_{-\infty}^{\infty} \mathrm{i}\,x\,\mathrm{e}^{-x^2}\,\mathrm{e}^{\mathrm{i}\,\xi\,x}\,dx \\
&= -\frac{\mathrm{i}}{2}\int_{-\infty}^{\infty} \mathrm{e}^{\mathrm{i}\,\xi\,x}\,(-2x\,\mathrm{e}^{-x^2})\,dx \\
&= -\frac{\mathrm{i}}{2}\left(\mathrm{e}^{-x^2}\,\mathrm{e}^{\mathrm{i}\,\xi\,x}\Big|_{x=-\infty}^{x=\infty} - \int_{-\infty}^{\infty} \mathrm{i}\,\xi\,\mathrm{e}^{-x^2}\,\mathrm{e}^{\mathrm{i}\,\xi\,x}\,dx\right) \\
&= -\frac{\xi}{2}\int_{-\infty}^{\infty} \mathrm{e}^{-x^2}\,\mathrm{e}^{\mathrm{i}\,\xi\,x}\,dx \\
&= -\frac{\xi}{2}\,\varphi(\xi).
\end{aligned}$$

Logo, a função φ *é solução para o problema* $\varphi'(\xi) = -\dfrac{\xi}{2}\,\varphi(\xi)$ *e com* $\varphi(0) = \sqrt{\pi}$, *ou seja,* $\varphi(\xi) = \sqrt{\pi}\,\mathrm{e}^{-\xi^2/4}$.

Portanto, $\displaystyle\int_{-\infty}^{\infty} \mathrm{e}^{-x^2}\,\mathrm{e}^{\mathrm{i}\,\xi\,x}\,dx = \sqrt{\pi}\,\mathrm{e}^{-\xi^2/4}$ *para todo* $\xi \in \mathbb{R}$. *Com isso, temos*

$$\begin{aligned}
\mathcal{F}[f](\xi) &= \frac{1}{\sqrt{2\pi}}\int_{-\infty}^{\infty} \mathrm{e}^{-x^2/2}\,\mathrm{e}^{-\mathrm{i}\,\xi\,x}\,dx \\
&= \frac{1}{\sqrt{2\pi}}\int_{-\infty}^{\infty} \mathrm{e}^{-(x/\sqrt{2})^2}\,\mathrm{e}^{-\mathrm{i}\,\xi\,x}\,dx \\
&= \frac{1}{\sqrt{2\pi}}\int_{-\infty}^{\infty} \mathrm{e}^{-y^2}\,\mathrm{e}^{-\mathrm{i}\,\sqrt{2}\,\xi\,y}\,\sqrt{2}\,dy \\
&= \frac{1}{\sqrt{\pi}}\int_{-\infty}^{\infty} \mathrm{e}^{-y^2}\,\mathrm{e}^{\mathrm{i}\,(-\sqrt{2}\,\xi)\,y}\,dy
\end{aligned}$$

$$
\begin{aligned}
&= \frac{1}{\sqrt{\pi}}\sqrt{\pi}\,\mathrm{e}^{-(-\sqrt{2}\,\xi)^2/4}\\
&= \mathrm{e}^{-\xi^2/2}\\
&= f(\xi).
\end{aligned}
$$

(iii) Usando (ii) vamos determinar a transformada de Fourier da função $g(x) = a\mathrm{e}^{-bx^2}$, com $a > 0$ e $b > 0$. Temos, fazendo a mudança de variável $y = \sqrt{b}x$,

$$
\begin{aligned}
\mathcal{F}[g(x)](\xi) &= \frac{1}{\sqrt{2\pi}}\int_{-\infty}^{\infty} \mathrm{e}^{-ix\xi}a\mathrm{e}^{-bx^2}\,dx\\
&= \frac{a}{\sqrt{2\pi}}\int_{-\infty}^{\infty} \mathrm{e}^{-ix\xi}\mathrm{e}^{-(\sqrt{b}x)^2}\,dx\\
&= \frac{a}{\sqrt{2\pi}\sqrt{b}}\int_{-\infty}^{\infty} \mathrm{e}^{-i(y/\sqrt{b})\xi}\mathrm{e}^{-y^2}\,dy\\
&= \frac{a}{\sqrt{2\pi b}}\int_{-\infty}^{\infty} \mathrm{e}^{i(-\xi/\sqrt{b})y}\mathrm{e}^{-y^2}\,dy\\
&= \frac{a}{\sqrt{2\pi b}}\sqrt{\pi}\mathrm{e}^{-(-\xi/\sqrt{b})^2/4}\\
&= \frac{a}{\sqrt{2b}}\mathrm{e}^{-\xi^2/4b}.
\end{aligned}
$$

✓

Exemplo 6.1.5. *Vamos calcular a transformada de Fourier da função de Heaviside (ou função degrau unitário)*

$$
u(x) = \begin{cases} 1, & \text{se } x > 0,\\ 0, & \text{se } x < 0.\end{cases}
$$

Temos

$$
\begin{aligned}
\mathcal{F}[u(x)](\xi) &= \frac{1}{\sqrt{2\pi}}\int_{-\infty}^{\infty} u(x)\mathrm{e}^{-ix\xi}\,dx\\
&= \frac{1}{\sqrt{2\pi}}\int_{0}^{\infty} \mathrm{e}^{-ix\xi}\,dx\\
&= \frac{1}{\sqrt{2\pi}}\frac{i}{\xi},
\end{aligned}
$$

se $\xi \neq 0$. ✓

As propriedades operatórias básicas da Transformada de Fourier são apresentadas no próximo teorema.

Teorema 6.1.1. *Sejam $f, g \in \mathcal{L}^1(\mathbb{R})$ e $\lambda \in \mathbb{C}$.*
(a) Linearidade da transformada de Fourier.

$$\mathcal{F}[f + \lambda\, g](\xi) = \mathcal{F}[f](\xi) + \lambda\, \mathcal{F}[g](\xi).$$

(b) Simetria. $\mathcal{F}[\,\overline{f}\,](\xi) = \overline{\mathcal{F}[f](-\,\xi)}$.
(c) Se $y \in \mathbb{R}$ fixado, seja $f_y(x) = f(x-y)$ (deslocamento de y). Então $f_y \in \mathcal{L}^1(\mathbb{R})$ e $\mathcal{F}[f_y(x)](\xi) = \mathrm{e}^{-\,\mathrm{i}\,\xi\, y}\mathcal{F}[f(x)](\xi)$.
(d) Mudança de escala. Se $a \in \mathbb{R}$, $a > 0$, então

$$\mathcal{F}[f(ax)](\xi) = \frac{1}{a}\hat{f}\left(\frac{\xi}{a}\right).$$

(e) Modulação. Se $a \in \mathbb{R}$, então

$$\mathcal{F}[f(x)\mathrm{e}^{-\pi i x a}](\xi) = \hat{f}(\xi + a).$$

(f) Mudança de amplitude. Se $a \in \mathbb{R}$, então

$$\mathcal{F}[f(x)\cos(ax)](\xi) = \frac{1}{2}\hat{f}(\xi - a) + \frac{1}{2}\hat{f}(\xi + a).$$

Demonstração. (a) Basta usar a linearidade da integral.
(b) Temos,

$$\begin{aligned}
\mathcal{F}[\,\overline{f}\,](\xi) &= \frac{1}{\sqrt{2\,\pi}}\int_{-\,\infty}^{\infty} \mathrm{e}^{-\,\mathrm{i}\,\xi\, x}\,\overline{f}(x)\,dx \\
&= \overline{\frac{1}{\sqrt{2\,\pi}}\int_{-\,\infty}^{\infty} \mathrm{e}^{\mathrm{i}\,\xi\, x}\, f(x)\,dx} \\
&= \overline{\mathcal{F}[f](-\,\xi)}.
\end{aligned}$$

(c) Temos que $\displaystyle\int_{-\,\infty}^{\infty} f_y(x)\,dx$ e $\displaystyle\int_{-\,\infty}^{\infty} |f_y(x)|\,dx$ são convergentes. Além disso, usando a mudança de variável $t = x - y$, temos

$$\mathcal{F}[f_y](\xi) = \frac{1}{\sqrt{2\,\pi}}\int_{-\,\infty}^{\infty} \mathrm{e}^{-\,\mathrm{i}\,\xi\, x} f_y(x)\,dx$$

$$
\begin{aligned}
&= \frac{1}{\sqrt{2\,\pi}} \int_{-\infty}^{\infty} \mathrm{e}^{-\,\mathrm{i}\,\xi\,x} f(x-y)\,dx \\
&= \frac{1}{\sqrt{2\,\pi}} \int_{-\infty}^{\infty} \mathrm{e}^{-\,\mathrm{i}\,\xi\,(t+y)} f(t)\,dt \\
&= \frac{1}{\sqrt{2\,\pi}}\,\mathrm{e}^{-\,\mathrm{i}\,y\,\xi} \int_{-\infty}^{\infty} \mathrm{e}^{-\,\mathrm{i}\,\xi\,t} f(t)\,dt \\
&= \mathrm{e}^{-\,\mathrm{i}\,y\,\xi}\,\mathcal{F}[f](\xi).
\end{aligned}
$$

(d) Seja $\hat{f}(\xi) = \dfrac{1}{\sqrt{2\pi}} \displaystyle\int_{-\infty}^{\infty} \mathrm{e}^{-ix\xi} f(x)\,dx$. Logo,

$$
\mathcal{F}[f(ax)](\xi) = \frac{1}{\sqrt{2\pi}} \int_{-\infty}^{\infty} \mathrm{e}^{-ix\xi} f(ax)\,dx.
$$

Fazendo a mudança de variável $t = ax$, obtemos

$$
\begin{aligned}
\mathcal{F}[f(ax)](\xi) &= \frac{1}{\sqrt{2\pi}}\frac{1}{a} \int_{-\infty}^{\infty} \mathrm{e}^{-it\xi/a} f(t)dt \\
&= \frac{1}{a}\hat{f}\left(\frac{\xi}{a}\right).
\end{aligned}
$$

Observe que se $a \in \mathbb{R}$, $a \neq 0$, então

$$
\mathcal{F}[f(ax)](\xi) = \frac{1}{|a|}\hat{f}\left(\frac{\xi}{a}\right).
$$

(e) Temos

$$
\begin{aligned}
\mathcal{F}[f(x)\mathrm{e}^{-\pi\,ixa}](\xi) &= \frac{1}{\sqrt{2\pi}} \int_{-\infty}^{\infty} f(x)\mathrm{e}^{-\pi\,ixa}\mathrm{e}^{-ix\xi}\,dx \\
&= \frac{1}{\sqrt{2\pi}} \int_{-\infty}^{\infty} f(x)\mathrm{e}^{-ix(a+\xi)}\,dx \\
&= \hat{f}(\xi + a).
\end{aligned}
$$

(f) Usando que $\cos(x) = \dfrac{\mathrm{e}^{ix} + \mathrm{e}^{-ix}}{2}$ e o item (e), obtemos

$$
\mathcal{F}[f(x)\cos(ax)](\xi) = \frac{1}{\sqrt{2\pi}} \int_{-\infty}^{\infty} f(x)\cos(ax)\mathrm{e}^{-ix\xi}\,dx
$$

$$
\begin{aligned}
&= \frac{1}{\sqrt{2\pi}} \int_{-\infty}^{\infty} f(x) \frac{e^{iax} + e^{-iax}}{2} e^{-ix\xi}\, dx \\
&= \frac{1}{2} \frac{1}{\sqrt{2\pi}} \int_{-\infty}^{\infty} f(x)\, e^{-i(\xi - a)x}\, dx \\
&+ \frac{1}{2} \frac{1}{\sqrt{2\pi}} \int_{-\infty}^{\infty} f(x)\, e^{-i(\xi + a)x}\, dx \\
&= \frac{1}{2} \hat{f}(\xi - a) + \frac{1}{2} \hat{f}(\xi + a).
\end{aligned}
$$

□

Exemplo 6.1.6. *Considere a função*

$$
f(x) = \begin{cases} 1, & \text{se } \; x \in [-1, 1], \\ 0, & \text{se } \; x \notin [-1, 1]. \end{cases}
$$

Vamos calcular a Transformada de Fourier da função $g(x) = f\left(\frac{x-3}{2}\right)$. *Pelo Exemplo 6.1.2 temos que*

$$
\mathcal{F}[f](\xi) = \begin{cases} \dfrac{2}{\sqrt{2\pi}} \dfrac{\operatorname{sen}(\xi)}{\xi}, & \text{sem } \xi \neq 0 \\ \dfrac{2}{\sqrt{2\pi}}, & \text{se } \; \xi \neq 0. \end{cases}
$$

Usando o Teorema 6.1.1(c), (d) (com $a = 1/2$ *e* $y = 3$*), obtemos*

$$
\begin{aligned}
\hat{g}(\xi) &= \mathcal{F}\left[f\left(\frac{x-3}{2}\right)\right](\xi) \\
&= 2\mathcal{F}[f(x-3)](2\xi) \\
&= 2e^{-3i(2\xi)} \hat{f}(2\xi) \\
&= 2e^{-6i\xi} \hat{f}(2\xi),
\end{aligned}
$$

onde

$$
\hat{f}(2\xi) = \begin{cases} \dfrac{1}{\sqrt{2\pi}} \dfrac{\operatorname{sen}(2\xi)}{\xi}, & \text{se } \xi \neq 0 \\ \dfrac{2}{\sqrt{2\pi}}, & \text{se } \; \xi \neq 0. \end{cases}
$$

✓

Teorema 6.1.2. *Seja $f:\mathbb{R}\to\mathbb{C}$, $f\in\mathcal{L}^1(\mathbb{R})$. Então a sua transformada de Fourier $\mathcal{F}(f):\mathbb{R}\to\mathbb{C}$ é uniformemente contínua.*

Demonstração. Como $\displaystyle\int_{-\infty}^{\infty}|f(x)|\,dx<\infty$, então dado $\varepsilon>0$ existe uma constante $C>0$ tal que

$$\int_{\{|x|>C\}}|f(x)|\,dx<\frac{\sqrt{2\,\pi}}{4}\,\varepsilon.$$

Seja $M>0$ tal que $M\geq\displaystyle\int_{-\infty}^{\infty}|f(x)|\,dx$. Como a função $y\mapsto e^{iy}$ é contínua em particular no ponto $y=0$, existe $\delta_1>0$ tal que se $|y|<\delta_1$ então

$$|e^{iy}-1|<\frac{\sqrt{2\,\pi}}{2\,M}\,\varepsilon.$$

Considerando $\delta=\delta_1/C$, se $|\eta|<\delta$ então $|x\,\eta|<\delta_1$ para $x\in[-C,C]$. Portanto, se $|\eta|<\delta$ e para qualquer $\xi\in\mathbb{R}$, temos

$$\begin{aligned}
|\mathcal{F}[f](\xi)-\mathcal{F}[f](\eta)|&\leq\frac{1}{\sqrt{2\,\pi}}\int_{-\infty}^{\infty}|e^{-i(\xi+\eta)x}-e^{-\xi x}|\,|f(x)|\,dx\\
&=\frac{1}{\sqrt{2\,\pi}}\int_{\{|x|\leq C\}}|e^{-i(\xi+\eta)x}-1|\,|f(x)|\,dx\\
&+\frac{1}{\sqrt{2\,\pi}}\int_{\{|x|>C\}}|e^{-i(\xi+\eta)x}-1|\,|f(x)|\,dx\\
&<\frac{\varepsilon}{2\,M}\int_{\{|x|\leq C\}}|f(x)|\,dx+\frac{2}{\sqrt{2\,\pi}}\int_{\{|x|>C\}}|f(x)|\,dx\\
&<\frac{\varepsilon}{2M}\int_{-\infty}^{\infty}|f(x)|\,dx+\frac{\varepsilon}{2}\\
&<\frac{\varepsilon}{2}+\frac{\varepsilon}{2}=\varepsilon.
\end{aligned}$$

Portanto, $\mathcal{F}[f]$ é uniformemente contínua em $\mathbb{R}$. □

Lema 6.1.1. *(Lema de Riemann-Lebesgue) Seja $f:[a,b]\to\mathbb{R}$ tal que f e $|f|$ são integráveis em $[a,b]$(ou seja, $f\in\mathcal{L}^1([a,b])$). Então*

$$\lim_{t\to\infty}\int_a^b f(x)\,\mathrm{sen}(t\,x)\,dx=0, \tag{6.1}$$

$$\lim_{t\to\infty}\int_a^b f(x)\cos(t\,x)\,dx=0. \tag{6.2}$$

Demonstração. Vamos demonstrar (6.1). A demonstração de (6.2) é feita de modo análogo.
Vamos dividir a demonstração de (6.1) em dois casos.
Caso 1. Vamos supor que f seja uma função limitada, ou seja, existe $M>0$ tal que $|f(x)|\leq M$ para todo $x\in[a,b]$. Logo, se f é limitada e integrável, então dado $\varepsilon>0$, existe uma partição P do intervalo $[a,b]$

$$P: a=x_0<x_1<x_2<...<x_{n-1}<x_n=b,$$

tal que $S(f,P)-s(f,P)<\varepsilon$, onde

$$S(f,P)=\sum_{j=1}^{n}M_j(x_j-x_{j-1}),\quad M_j=sup\{f(x):\ x\in[x_{j-1},x_j],$$

$$s(f,P)=\sum_{j=1}^{n}m_j(x_j-x_{j-1}),\quad m_j=inf\{f(x):\ x\in[x_{j-1},x_j],$$

($S(f,P)$ é a soma superior de f associada à partição P, e $s(f,P)$ é a soma inferior de f associada à partição P). Considere a partição do intervalo $[a,b]$ determinada pelos pontos $x_j = a+\dfrac{j(b-a)}{n}$ $(j=0,1,2,...n)$. Temos,

$$\begin{aligned}\int_a^b f(x)\mathrm{sen}(t\,x)\,dx &= \sum_{j=1}^{n}f(x_j)\int_{x_{j-1}}^{x_j}\mathrm{sen}(t\,x)\,dx\\ &+ \sum_{j=1}^{n}\int_{x_{j-1}}^{x_j}(f(x)-f(x_j))\mathrm{sen}(t\,x)\,dx.\end{aligned} \tag{6.3}$$

Temos

$$\left|\int_{x_{j-1}}^{x_j}\mathrm{sen}(t\,x)\,dx\right|=\left|\left(-\frac{\cos(t\,x)}{t}\Bigg|_{x_{j-1}}^{x_j}\right)\right|\leq\frac{2}{t}, \tag{6.4}$$

e

$$|f(x)-f(x_j)| \leq M_j - m_j, \text{ para } x \in [x_{j-1}, x_j]. \tag{6.5}$$

Usando (6.4) e (6.5) em (6.3), obtemos

$$\begin{aligned} \left| \int_a^b f(x) \operatorname{sen}(t\,x)\, dx \right| &\leq \frac{2nM}{t} + \sum_{j=1}^{n} (M_j - m_j)(x_j - x_{j-1}) \\ &= \frac{2nM}{t} + (S(f,P) - s(f,P)). \end{aligned} \tag{6.6}$$

Portanto, dado $\varepsilon > 0$, considere n tal que $S(f,P) - s(f,P) < \varepsilon/2$. Com esse n fixado, tome t_0 tal que $\dfrac{2nM}{t_0} < \varepsilon/2$. Logo, em (6.6), dado $\varepsilon > 0$ temos que para todo $t \geq t_0$

$$\left| \int_a^b f(x) \operatorname{sen}(t\,x)\, dx \right| \leq \varepsilon.$$

Portanto, $\displaystyle\lim_{t\to\infty} \int_a^b f(x) \operatorname{sen}(t\,x)\, dx = 0$.

Caso 2. Suponha que $f \in \mathcal{L}^1([a,b])$. Como o conjunto das funções contínuas é denso em $\mathcal{L}^1([a,b])$, dado $\varepsilon > 0$ existe uma função contínua $g : [a,b] \to \mathbb{R}$ tal que

$$\int_a^b |f(x) - g(x)|\, dx < \varepsilon/2. \tag{6.7}$$

Como toda função contínua em um compacto é limitada e integrável, podemos aplicar o Caso 1 e concluir que existe t_0 tal que, se $t > t_0$ temos

$$\left| \int_a^b g(x) \operatorname{sen}(t\,x)\, dx \right| < \varepsilon/2. \tag{6.8}$$

Podemos escrever

$$\int_a^b f(x) \operatorname{sen}(t\,x)\, dx = \int_a^b g(x) \operatorname{sen}(t\,x)\, dx + \int_a^b (f(x) - g(x)) \operatorname{sen}(t\,x)\, dx,$$

e com isso obtemos de (6.7) e (6.8)

$$\left| \int_a^b f(x) \operatorname{sen}(t\,x)\, dx \right| \leq \left| \int_a^b g(x) \operatorname{sen}(t\,x)\, dx \right|$$

$$\begin{aligned} &+ \left| \int_a^b (f(x) - g(x)) \operatorname{sen}(t\,x)\, dx \right| \\ &< \varepsilon/2 + \varepsilon/2 = \varepsilon, \end{aligned}$$

e portanto, concluimos que $\lim_{t \to \infty} \int_a^b f(x) \operatorname{sen}(t\,x)\, dx = 0$. □

Teorema 6.1.3. *Se $f \in \mathcal{L}^1(\mathbb{R})$, então $\lim_{|\xi| \to \infty} \mathcal{F}[f](\xi) = 0$.*

Demonstração. Como $\int_{-\infty}^{\infty} |f(x)|\, dx < \infty$, dado $\varepsilon > 0$, existe $a > 0$ tal que

$$\int_{\{|x|>a\}} |f(x)|\, dx < \frac{\sqrt{2\,\pi}}{2}\,\varepsilon.$$

Usando que $\mathrm{e}^{y\,\mathrm{i}} = \cos(y) + \mathrm{i} \operatorname{sen}(y)$ e aplicando o Lema 6.1.1, temos que

$$\lim_{|\xi| \to \infty} \int_{-a}^{a} \mathrm{e}^{-\mathrm{i}\,x\,\xi} f(x)\, dx = 0,$$

ou seja, existe ξ_0 tal que se $|\xi| > \xi_0$, então

$$\left| \int_{-a}^{a} \mathrm{e}^{-\mathrm{i}\,x\,\xi} f(x)\, dx \right| < \frac{\sqrt{2\,\pi}}{2}\,\varepsilon.$$

Logo,

$$\begin{aligned} |\mathcal{F}[f](\xi)| &= \frac{1}{\sqrt{2\,\pi}} \left| \int_{-\infty}^{\infty} \mathrm{e}^{-\mathrm{i}\,x\,\xi} f(x)\, dx \right| \\ &\leq \frac{1}{\sqrt{2\,\pi}} \left| \int_{-a}^{a} \mathrm{e}^{-\mathrm{i}\,x\,\xi} f(x)\, dx \right| \\ &+ \frac{1}{\sqrt{2\,\pi}} \int_{\{|x|>a\}} |\mathrm{e}^{-\mathrm{i}\,x\,\xi}|\, |f(x)|\, dx \\ &= \frac{1}{\sqrt{2\,\pi}} \left| \int_{-a}^{a} \mathrm{e}^{-\mathrm{i}\,x\,\xi} f(x)\, dx \right| \\ &+ \frac{1}{\sqrt{2\,\pi}} \int_{\{|x|>a\}} |f(x)|\, dx \end{aligned}$$

$$< \frac{\varepsilon}{2} + \frac{\varepsilon}{2} = \varepsilon.$$

□

Teorema 6.1.4. *Seja $f : \mathbb{R} \to \mathbb{C}$ uma função absolutamente integrável (ou seja, $\int_{-\infty}^{\infty} |f(x)|\, dx < \infty$) e seja $f_n : \mathbb{R} \to \mathbb{C}$, sequência de funções definida por $f_n(\xi) = \frac{1}{\sqrt{2\pi}} \int_{-n}^{n} f(x) \mathrm{e}^{-ix\xi}\, dx$. Então cada f_n é uniformemente contínua e $f_n \to \mathcal{F}[f]$ uniformemente.*

Demonstração. (a) Cada f_n é uniformemente contínua. Temos

$$\begin{aligned} |f_n(\xi_1) - f_n(\xi_2)| &= \left| \frac{1}{\sqrt{2\pi}} \int_{-n}^{n} f(x)(\mathrm{e}^{-ix\xi_1} - \mathrm{e}^{-ix\xi_2})\, dx \right| \\ &\leq \frac{1}{\sqrt{2\pi}} \int_{-n}^{n} |f(x)|\, |\mathrm{e}^{-ix\xi_1} - \mathrm{e}^{-ix\xi_2}|\, dx. \end{aligned}$$

Podemos escrever

$$\mathrm{e}^{-ix\xi_1} - \mathrm{e}^{-ix\xi_2} = \mathrm{e}^{-i\xi_2}(\mathrm{e}^{-ix(\xi_2 - \xi_1)} - 1),$$

e como

$$\begin{aligned} \mathrm{e}^{it} - 1 &= \mathrm{e}^{it/2}(\mathrm{e}^{it/2} - \mathrm{e}^{-it/2}) \\ &= \mathrm{e}^{it/2} 2i \operatorname{sen}(t/2), \end{aligned}$$

então, usando que $|\operatorname{sen}(\alpha)| \leq |\alpha|$, obtemos

$$|\mathrm{e}^{it} - 1| = 2|\operatorname{sen}(t/2)| \leq 2|t/2| = |t|.$$

Com isso, temos

$$\begin{aligned} |\mathrm{e}^{-ix\xi_1} - \mathrm{e}^{-ix\xi_2}| &= |\mathrm{e}^{-ix\xi_2}(\mathrm{e}^{ix(\xi_2 - \xi_1)} - 1)| \\ &= |\mathrm{e}^{ix(\xi_2 - \xi_1)} - 1| \\ &\leq |x||\xi_1 - \xi_2|. \end{aligned}$$

Agora voltando na integral,

$$|f_n(\xi_1) - f_n(\xi_2)| \leq \frac{1}{\sqrt{2\pi}} \int_{-n}^{n} |f(x)|\, |\mathrm{e}^{-ix\xi_1} - \mathrm{e}^{-ix\xi_2}|\, dx$$

$$
\begin{aligned}
&\leq \frac{1}{\sqrt{2\pi}}|\xi_1 - \xi_2| \int_{-n}^{n} |xf(x)|\, dx \\
&= \left(\frac{1}{\sqrt{2\pi}} \int_{-n}^{n} |xf(x)|\, dx\right)|\xi_1 - \xi_2| \\
&= C|\xi_1 - \xi_2|.
\end{aligned}
$$

Logo, cada f_n é uniformemente contínua.

(b) Como $\displaystyle\int_{-\infty}^{\infty} |f(x)|\, dx < \infty$, então para todo $\varepsilon > 0$ existe $n_0 \in \mathbb{N}$ tal que

$$\int_{\{x:|x| \geq n_0\}} |f(x)|\, dx < \varepsilon.$$

Para $m > n > n_0$, e para todo $\xi \in \mathbb{R}$, temos

$$
\begin{aligned}
|f_m(\xi) - f_n(\xi)| &= \frac{1}{\sqrt{2\pi}}\left| \int_{-m}^{m} f(x)\mathrm{e}^{-ix\xi}\, dx - \int_{-n}^{n} f(x)\mathrm{e}^{-ix\xi}\, dx \right| \\
&= \frac{1}{\sqrt{2\pi}}\left| \int_{\{n \leq |x| \leq m\}} f(x)\mathrm{e}^{-ix\xi}\, dx \right| \\
&\leq \frac{1}{\sqrt{2\pi}} \int_{\{x \in \mathbb{R}:|x| \geq n_0\}} |f(x)|\, dx \\
&< \frac{\varepsilon}{\sqrt{2\pi}}.
\end{aligned}
$$

(c) Para todo $\xi \in \mathbb{R}$, temos

$$\mathcal{F}[f](\xi) - f_n(\xi) = \frac{1}{\sqrt{2\pi}}\left(\int_{-\infty}^{-n} f(x)\mathrm{e}^{-ix\xi} dx + \int_{n}^{\infty} f(x)\mathrm{e}^{-ix\xi}\, dx \right),$$

e portanto,

$$
\begin{aligned}
|\mathcal{F}[f](\xi) - f_n(\xi)| &\leq \frac{1}{\sqrt{2\pi}}\left(\int_{-\infty}^{-n} |f(x)| dx + \int_{n}^{\infty} |f(x)|\, dx \right) \\
&= \frac{1}{\sqrt{2\pi}}\left(\int_{-\infty}^{\infty} |f(x)| dx - \int_{-n}^{n} |f(x)|\, dx \right).
\end{aligned}
$$

Como f é absolutamente integrável, então podemos escrever (veja Apêndice sobre integrais impróprias) $\displaystyle\int_{-\infty}^{\infty} |f(x)|\, dx = \lim_{n\to\infty} \int_{-n}^{n} |f(x)|\, dx$. Logo, para todo $\varepsilon > 0$ existe n_0 tal que se $n > n_0$

$$|\mathcal{F}[f](\xi) - f_n(\xi)| < \frac{\varepsilon}{\sqrt{2\pi}}$$

para todo $\xi \in \mathbb{R}$, ou seja, $f_n \to \mathcal{F}[f]$ uniformemente. □

Exercícios

(1) Para $a \in \mathbb{R}$, verifique que

$$(i) \quad \int_0^\infty e^{-a\,x}\cos(\xi\,x)\,dx = \frac{a}{a^2+\xi^2};$$

$$(ii) \quad \int_0^\infty e^{-a\,x}\operatorname{sen}(\xi\,x)\,dx = \frac{\xi}{a^2+\xi^2}.$$

(2) Verifique que para qualquer $x \in \mathbb{R}$ e $y > 0$,

$$\int_{-\infty}^{\infty} e^{-|\xi|\,y}\,e^{i\,x\,\xi}\,d\xi = \frac{2y}{x^2+y^2}.$$

(3) Calcule a transformada de Fourier de cada função.

(a) $u_a(x) = \begin{cases} 1, & \text{se } |x| \le a, \\ 0, & \text{se } |x| > 0. \end{cases}$ onde $a > 0$.

(b) $f(x) = \begin{cases} 1 - \dfrac{|x|}{2}, & \text{se } |x| \le 2, \\ 0, & \text{se } |x| > 2. \end{cases}$

(c) $f(x) = e^{-a\,x^2}$ (onde $a > 0$).

(d) $f(x) = e^{-x^2/2}$.

(e) $f(x) = e^{-a\,|x|}\cos(b\,x)$, $a > 0$ e $b \in \mathbb{R}$.

(4) Se $\mathcal{F}[f(x)](\xi)$ é a transformada de Fourier da função $f(x)$, prove as seguintes propriedades.

(a) $\mathcal{F}[f(-x)](\xi) = \mathcal{F}[f(x)](-\xi)$.

(b) $\mathcal{F}[f(x/a)](\xi) = a\,\mathcal{F}[f(x)](a\xi)$ (com $a > 0$).

(c) $\mathcal{F}[f(x-a)](\xi) = e^{-ia\xi}\mathcal{F}[f(x)](\xi)$.

(d) $\mathcal{F}[f(x)e^{-iax}](\xi) = \mathcal{F}[f(x)](\xi + a)$.

(5) Seja $f : \mathbb{R} \to \mathbb{R}$ uma função de classe C^1 (ou seja, sua derivada f' é contínua). Suponha que $f, f' \in \mathcal{L}^1(\mathbb{R})$ e que $\lim_{|x|\to\infty} f(x) = 0$. Prove que

$$\mathcal{F}[f'(x)](\xi) = i\,\xi\,\mathcal{F}[f(x)](\xi).$$

(6) Seja $f : \mathbb{R} \to \mathbb{R}$, $f \in \mathcal{L}^1(\mathbb{R})$ tal que $\displaystyle\int_{-\infty}^{\infty} f(x)\,dx = 0$. Prove que

$$\mathcal{F}\left[\int_{-\infty}^{x} f(t)\,dt\right](\xi) = \frac{1}{\mathrm{i}\xi}\,\mathcal{F}[f(x)](\xi).$$

(Sugestão: Defina $g(x) = \displaystyle\int_{-\infty}^{x} f(t)\,dt$ e verifique que g e g' satisfazem as condições do exercício (5)).

(7) Verifique que

$$(i)\ \mathcal{F}[f(x)\cos(b\,x)](\xi) = \frac{1}{2}\Big(\mathcal{F}[f(x)](\xi - b) + \mathcal{F}[f(x)](\xi + b)\Big),$$

$$(ii)\ \mathcal{F}[f(x)\,\mathrm{sen}(b\,x)](\xi) = \frac{1}{2\mathrm{i}}\Big(\mathcal{F}[f(x)](\xi - b) - \mathcal{F}[f(x)](\xi + b)\Big).$$

(8) Calcule a transformada de Fourier da função

$$f(x) = \begin{cases} x, & \text{se } |x| < 1, \\ 0, & \text{se } |x| \geq 1 \end{cases}$$

e verifique que

$$\int_{-\infty}^{\infty} \frac{(x\cos(x) - \mathrm{sen}(x))^2}{x^4}\,dx = \frac{\pi}{3}.$$

Respostas

(3) (a) $\dfrac{2\mathrm{sen}(a\xi)}{\xi\sqrt{2\pi}}$; (b) $\dfrac{(1 - \cos(2\xi))}{\xi^2\sqrt{2\pi}}$;

(c) $\dfrac{\mathrm{e}^{-\xi^2/4a}}{\sqrt{2a}}$; (d) $\mathrm{e}^{-\xi^2/2}$.

(e) $\dfrac{a}{\sqrt{2\pi}}\left(\dfrac{1}{a^2 + (b+\xi)^2} + \dfrac{1}{a^2 + (b-\xi)^2}\right)$.

6.2 O Espaço de Schwartz

Definição 6.2.1. *O espaço de Schwartz*[2] $\mathcal{S}(\mathbb{R})$ *é o conjunto das funções* $f : \mathbb{R} \to \mathbb{C}$ *infinitamente diferenciáveis tais que, para quaisquer* m, n *inteiros não negativos, existe uma constante* $C_{m,n} > 0$ *tal que*

$$|x^n\, D^m f(x)| \le C_{m,n}, \tag{6.9}$$

para todo $x \in \mathbb{R}$, *onde* $D^m f$ *denota a derivada de ordem* m *da função* f.

As funções $f \in \mathcal{S}(\mathbb{R})$ são chamadas funções de decrescimento rápido.

Observação 6.2.1. *(a) A condição (6.9) é equivalente a*

$$\lim_{|x| \to \infty} |D^m f(x)| = 0.$$

(b) Se $f \in \mathcal{S}(\mathbb{R})$, *então* $|f(x)| \le \dfrac{C}{|x|^n}$ *(para todo* $n \in \mathbb{N}$*). Logo,* $\lim\limits_{|x| \to \infty} |f(x)| = 0$. *Com isso,* $\mathcal{S}(\mathbb{R}) \subset \mathcal{L}^1(\mathbb{R})$. *De fato, em cada intervalo* $[-a, b]$ *a função* f *é contínua, e então limitada e integrável (e também* $|f|$*). Logo, para* $n = 2$ *e* $m = 0$, *temos* $|f(x)| \le \dfrac{C}{|x|^2}$ *e*

$$\begin{aligned} \int_{|x| \ge 1} |f(x)|\, dx &\le C \int_{|x| \ge 1} \frac{1}{|x|^2}\, dx \\ &= 2C \int_1^{\infty} \frac{1}{x^2}\, dx = 2C. \end{aligned}$$

Com isso, obtemos

$$\begin{aligned} \int_{-\infty}^{\infty} |f(x)|\, dx &= \int_{|x| \le 1} |f(x)|\, dx + \int_{|x| > 1} |f(x)|\, dx \\ &\le \int_{-1}^{1} |f(x)|\, dx + 2C < \infty. \end{aligned}$$

[2] Laurent-Moïse Schwartz (1915-2002)

Portanto, $f \in \mathcal{L}^1(\mathbb{R})$.
(c) Se $f, g \in \mathcal{S}(\mathbb{R})$, *então* $f + \lambda g \in \mathcal{S}(\mathbb{R})$, *para qualquer* $\lambda \in \mathbb{C}$ *(ou seja,* $\mathcal{S}(\mathbb{R})$ *é um espaço vetorial sobre* $\mathbb{C}$*).*
(d) Se $f : \mathbb{R} \to \mathbb{C}$ *com* $f \in \mathcal{S}(\mathbb{R})$, *então* $D^n f$ *(derivada de ordem* n*) e* $x^m f(x)$ *também são funções em* $\mathcal{S}(\mathbb{R})$.
(e) Se $f \in \mathcal{S}(\mathbb{R})$, *então* $x^m D^n f(x) \in \mathcal{S}(\mathbb{R})$.

Exemplo 6.2.1. *Considere a função* $f(x) = \mathrm{e}^{-x^2/2}$. *Temos,*

$$f'(x) = -x\mathrm{e}^{-x^2/2},$$
$$f''(x) = (-1 + x^2)\mathrm{e}^{-x^2/2},$$

e em geral temos que $D^m f(x) = p(x)\mathrm{e}^{-x^2/2}$, *onde* $p(x)$ *é um polinômio. Logo,* $\lim\limits_{|x|\to\infty} x^n D^m f(x) = 0$, *ou seja,* $f \in \mathcal{S}(\mathbb{R})$. ✓

Teorema 6.2.1. *Seja* $f : \mathbb{R} \to \mathbb{C}$, $f \in \mathcal{S}(\mathbb{R})$. *Então a sua transformada de Fourier* $\mathcal{F}[f](\xi)$ *é infinitamente derivável e*

$$D_\xi^n \mathcal{F}[f](\xi) = \mathcal{F}[(-\mathrm{i}x)^n f(x)](\xi).$$

Demonstração. Basta aplicar o Teorema A29 do Apêndice que permite derivar dentro do sinal de integração. □

Teorema 6.2.2. *Seja* $f : \mathbb{R} \to \mathbb{C}$, $f \in \mathcal{S}(\mathbb{R})$. *Então, para todo* $n \in \mathbb{N}$ *temos*

$$\mathcal{F}[D^n f(x)](\xi) = (\mathrm{i}\xi)^n \mathcal{F}[f](\xi).$$

Demonstração. Para $n = 1$, usando integração por partes, temos

$$\int_{-\infty}^{\infty} \mathrm{e}^{-\mathrm{i}x\xi} f'(x)\,dx = \mathrm{e}^{-\mathrm{i}x\xi} f(x)\Big|_{-\infty}^{\infty} + \mathrm{i}\xi \int_{-\infty}^{\infty} \mathrm{e}^{-\mathrm{i}x\xi} f(x)\,dx,$$

e como $f \in \mathcal{S}(\mathbb{R})$, temos $\lim\limits_{|x|\to\infty} \mathrm{e}^{-\mathrm{i}x\xi} f(x) = 0$. Portanto,

$$\mathcal{F}[f'](\xi) = \mathrm{i}\xi \mathcal{F}[f](\xi).$$

Para o caso geral basta usar a indução. □

Teorema 6.2.3. *Seja $f:\mathbb{R}\to\mathbb{C}$, $f\in\mathcal{S}(\mathbb{R})$. Então a sua transformada de Fourier $\mathcal{F}[f]\in\mathcal{S}(\mathbb{R})$.*

Demonstração. Usando os Teoremas 6.2.1 e 6.2.2, temos para $m,n\geq 0$ inteiros

$$\begin{aligned}\xi^m D_\xi^n \mathcal{F}[f(x)](\xi) &= \xi^m \mathcal{F}[(-\mathrm{i}x)^n f(x)](\xi) \\ &= \mathcal{F}[(-\mathrm{i}\, D_x)^m (\mathrm{i}x)^n f(x)](\xi). \end{aligned} \tag{6.10}$$

Pela Observação 6.2.1(e), em (6.10) temos que $\xi^m D_\xi^n \mathcal{F}[f(x)](\xi)$ é limitada. Portanto, $\mathcal{F}[f]\in\mathcal{S}(\mathbb{R})$. □

Com o Teorema 6.2.3, obtemos que a transformada de Fourier é um operador linear $\mathcal{F}:\mathcal{S}(\mathbb{R})\to\mathcal{S}(\mathbb{R})$, ou seja, se $f\in\mathcal{S}(\mathbb{R})$ então temos $\mathcal{F}[f]\in\mathcal{S}(\mathbb{R})$. Vamos provar que $\mathcal{F}$ é uma bijeção de $\mathcal{S}(\mathbb{R})$ em $\mathcal{S}(\mathbb{R})$, ou seja, $\mathcal{F}$ é injetiva (se $\mathcal{F}[f_1]=\mathcal{F}[f_2]$, então $f_1=f_2$) e $\mathcal{F}$ é sobrejetiva (ou seja, dada $g\in\mathcal{S}(\mathbb{R})$ existe $f\in\mathcal{S}(\mathbb{R})$ tal que $\mathcal{F}[f]=g$). Com isso podemos definir a transformada inversa de Fourier $\mathcal{F}^{-1}:\mathcal{S}(\mathbb{R})\to\mathcal{S}(\mathbb{R})$ e vamos demonstrar que

$$\mathcal{F}^{-1}[f](s)=\frac{1}{\sqrt{2\pi}}\int_{-\infty}^{\infty} \mathrm{e}^{\mathrm{i}s\,t} f(t)\,dt.$$

Para isso, vamos precisar dos próximos 03 lemas. Para simplificar a notação vamos escrever

$$\mathcal{F}[f(x)](\xi)=\hat{f}(\xi)$$

para denotar a transformada de Fourier de uma função f.

Lema 6.2.1. *Seja $f\in\mathcal{S}(\mathbb{R})$ e com $f(0)=0$. Então*

$$f(0)=\frac{1}{\sqrt{2\pi}}\int_{-\infty}^{\infty}\hat{f}(\xi)\,d\xi.$$

Demonstração. Podemos escrever

$$\begin{aligned} f(x) &= \int_0^1 \frac{d}{dt}[f(tx)]\,dt \\ &= \int_0^1 x\,f'(tx)\,dt \\ &= x\int_0^1 f'(tx)\,dt = x\,g(x), \end{aligned}$$

onde $g(x) = \displaystyle\int_0^1 f'(tx)\,dt$. Temos que $g \in \mathcal{S}(\mathbb{R})$. De fato,
(a) Usando o Teorema A29 do Apêndice, temos que $g \in C^\infty$ (ou seja, g é infinitamente derivável).
(b) Sejam $m, n \geq 0$ inteiros positivios. Como $x^n g^{(m)}(x)$ é contínua (onde $g^{(m)}$ denota a derivada de ordem m de g), então $x^n g^{(m)}(x)$ é limitada em $[-1, 1]$. Para $|x| > 1$, podemos escrever $g(x) = x^{-1} f(x)$. Como isso,

$$\begin{aligned} g'(x) &= x^{-2}[-f(x) + xf'(x)], \\ g''(x) &= x^{-3}[2f(x) - 2xf'(x) + x^2 f''(x)], \end{aligned}$$

e usando indução obtemos

$$g^{(\beta)}(x) = \frac{1}{x^{\beta+1}} \sum_{k=0}^{\beta} (-1)^k \frac{\beta!}{(\beta-k)!}\, x^{\beta-k} f^{(\beta-k)}(x).$$

Como $f \in \mathcal{S}(\mathbb{R})$, para $|x| > 1$ obtemos

$$|x^\alpha g^{(\beta)}(x)| \leq \sum_{k=0}^{\beta} \frac{\beta!}{(\beta-k)!} |x|^{\alpha+\beta-k} |f^{(\beta-k)}(x)| \leq C_{\alpha,\beta}.$$

Portanto, usando (a) e (b), obtemos $g \in \mathcal{S}(\mathbb{R})$.
Agora, usando o Teorema 6.2.1, temos $D^\beta \mathcal{F}[f] = (-\mathrm{i})^\beta \mathcal{F}[x^\beta f]$. O que implica que $\hat{f}(\xi) = \mathcal{F}[f](\xi) = \mathcal{F}[xg(x)](\xi) = \mathrm{i}\, D\mathcal{F}[g](\xi) = \mathrm{i}\hat{g}'(\xi)$. Portanto, aplicando o Teorema 6.1.3 , obtemos

$$\int_{-\infty}^{\infty} \hat{f}(\xi)\,d\xi = \mathrm{i}\int_{-\infty}^{\infty} \frac{d}{d\xi}[\hat{g}(\xi)]\,d\xi$$

$$= \mathrm{i} \lim_{a,b\to\infty} \hat{g}(\xi)\Big|_{-a}^{b}$$
$$= \mathrm{i} \lim_{a,b\to\infty} (\hat{g}(b) - \hat{g}(-a)) = 0,$$

pois $\lim_{|\xi|\to\infty} \hat{g}(\xi) = 0$. □

Lema 6.2.2. *Se* $f \in \mathcal{S}(\mathbb{R})$, *então*

$$f(0) = \frac{1}{\sqrt{2\pi}} \int_{-\infty}^{\infty} \hat{f}(\xi)\, d\xi.$$

Demonstração. Considere a função $h(x) = \mathrm{e}^{-x^2/2}$, e defina a função $g(x) = f(x) - f(0)h(x)$. Temos que $g(0) = 0$ e $\mathcal{F}[h](\xi) = h(\xi)$ (pelo Exemplo 6.1.4). Como $f, h \in \mathcal{S}(\mathbb{R})$, então $g \in \mathcal{S}(\mathbb{R})$. Logo, usando o Lema 6.2.1 , obtemos

$$0 = g(0) = \frac{1}{\sqrt{2\pi}} \int_{-\infty}^{\infty} \hat{g}(\xi)\, d\xi.$$

Mas também temos (pela linearidade da transformação de Fourier e pelo Exemplo 6.1.4)

$$\hat{g}(\xi) = \hat{f}(\xi) - f(0)\,\hat{h}(\xi) = \hat{f}(\xi) - f(0)\,h(\xi).$$

Portanto,

$$\begin{aligned} 0 &= \frac{1}{\sqrt{2\pi}} \int_{-\infty}^{\infty} \hat{f}(\xi)\, d\xi - \frac{f(0)}{\sqrt{2\pi}} \int_{-\infty}^{\infty} \hat{h}(\xi)\, d\xi \\ &= \frac{1}{\sqrt{2\pi}} \int_{-\infty}^{\infty} \hat{f}(\xi)\, d\xi - \frac{f(0)}{\sqrt{2\pi}} \int_{-\infty}^{\infty} \mathrm{e}^{-\xi^2/2}\, d\xi \\ &= \frac{1}{\sqrt{2\pi}} \int_{-\infty}^{\infty} \hat{f}(\xi)\, d\xi - f(0), \end{aligned}$$

(usando que $\int_{-\infty}^{\infty} \mathrm{e}^{-\xi^2/2}\, d\xi = \sqrt{2\pi}$) ou seja, $f(0) = \frac{1}{\sqrt{2\pi}} \int_{-\infty}^{\infty} \hat{f}(\xi)\, d\xi$.

□

Lema 6.2.3. *(Fórmula da inversão) Se* $f \in \mathcal{S}(\mathbb{R})$*, então*

$$f(x) = \frac{1}{\sqrt{2\pi}} \int_{-\infty}^{\infty} \hat{f}(\xi) \mathrm{e}^{\mathrm{i}\xi x}\, d\xi.$$

Demonstração. Sejam $x\,, \xi \in \mathbb{R}$. Temos que

$$\mathcal{F}[f_y(x)](\xi) = \mathrm{e}^{-\mathrm{i}\,\xi\, y} \mathcal{F}[f(x)](\xi),$$

(pelo Teorema 6.1.1.1(c)). Logo, se $f_{-x}(t) = f(t+x)$, então obtemos que $\mathcal{F}[f_{-x}](\xi) = \mathrm{e}^{\mathrm{i}\,\xi\, x} \mathcal{F}[f(x)](\xi)$. Como $f_{-x} \in \mathcal{S}(\mathbb{R})$, aplicando o Lema 6.2.1, obtemos

$$\begin{aligned} f(x) &= f_{-x}(0) = \frac{1}{\sqrt{2\pi}} \int_{-\infty}^{\infty} \mathcal{F}[f_x](\xi)\, d\xi \\ &= \frac{1}{\sqrt{2\pi}} \int_{-\infty}^{\infty} \mathrm{e}^{\mathrm{i}\,\xi\, x} \hat{f}(\xi)\, d\xi. \end{aligned}$$

□

Teorema 6.2.4. *A transformada de Fourier* $\mathcal{F}$ *define uma bijeção linear* $\mathcal{F} : \mathcal{S}(\mathbb{R}) \to \mathcal{S}(\mathbb{R})$ *com inversa*

$$f(x) = \mathcal{F}^{-1}[f](x) = \frac{1}{\sqrt{2\pi}} \int_{-\infty}^{\infty} \mathrm{e}^{\mathrm{i}\,\xi\, x}\, \hat{f}(\xi)\, d\xi.$$

Demonstração. (a) A linearidade decorre da Observação 6.2.1(c).
(b) Injetividade: usando o Lema 6.2.1, se $\hat{f}(\xi) = \mathcal{F}[f](\xi) = 0$, então

$$f(x) = \frac{1}{\sqrt{2\pi}} \int_{-\infty}^{\infty} \mathrm{e}^{\mathrm{i}\,\xi\, x}\, \hat{f}(\xi) x\, d\xi = 0.$$

(c) Sobrejetividade: dada $f \in \mathcal{S}(\mathbb{R})$, vamos determinar uma função $g \in \mathcal{S}(\mathbb{R})$ tal que $\mathcal{F}[g](\xi) = f(\xi)$. Observe que

$$g(x) = \frac{1}{\sqrt{2\pi}} \int_{-\infty}^{\infty} f(\xi)\, \mathrm{e}^{\mathrm{i}\,\xi\, x}\, d\xi = \mathcal{F}[f](-x),$$

e que $g \in \mathcal{S}(\mathbb{R})$ (pois se $f \in \mathcal{S}(\mathbb{R})$, então $h(x) = f(-x) \in \mathcal{S}(\mathbb{R})$). Agora, usando a fórmula da inversão (Lema 6.2.3), obtemos

$$f(\xi) = \frac{1}{\sqrt{2\pi}} \int_{-\infty}^{\infty} \hat{f}(\xi)\, \mathrm{e}^{\mathrm{i}\,\xi\, x}\, dx$$

$$\begin{aligned} &= \frac{1}{\sqrt{2\pi}} \int_{-\infty}^{\infty} g(-x) e^{i\xi x}\, dx \\ &= \frac{1}{\sqrt{2\pi}} \int_{-\infty}^{\infty} g(y)\, e^{-i\xi y}\, dy \\ &= \mathcal{F}[g](\xi), \end{aligned}$$

ou seja, $f = \mathcal{F}[g]$. □

Com o Teorema 6.2.4 podemos definir o operador (transformada inversa de Fourier)

$$\begin{aligned} &\mathcal{F}^{-1} : \mathcal{S}(\mathbb{R}) \to \mathcal{S}(\mathbb{R}) \\ &\mathcal{F}^{-1}[g](\xi) = \frac{1}{\sqrt{2\pi}} \int_{-\infty}^{\infty} e^{i t \xi}\, g(t)\, dt. \end{aligned}$$

Definição 6.2.2. *Sejam $f, g : \mathbb{R} \to \mathbb{C}$ duas funções. A convolução (ou produto de convolução) de f e g (denotada por $f * g$) é definida por*

$$(f * g)(x) = \int_{-\infty}^{\infty} f(t)\, g(x - t)\, dt.$$

A função $f * g$ não existe se as funções f e g não satisfazem certas condições que assegurem a convergência absoluta da integral imprópria do lado direito. Por exemplo, se $f \in \mathcal{L}^1(\mathbb{R})$ e g é limitada ($|g(x)| \leq M$), então

$$\begin{aligned} |(f * g)(x)| &\leq \int_{-\infty}^{\infty} |f(t)||g(x - t)|\, dt \\ &\leq M \int_{-\infty}^{\infty} |f(t|\, dt < \infty. \end{aligned}$$

Observe que se $f * g$ existe, então $f * g = g * f$.

Exemplo 6.2.2. *Seja $g(x) = \operatorname{sen}(x)$ e $f(x) = \begin{cases} e^{-x}, & \text{se } x \geq 0, \\ 0, & \text{se } x < 0. \end{cases}$ Então*

$$(f * g)(x) = \int_{-\infty}^{\infty} f(t)\, g(x - t)\, dt = \int_{0}^{\infty} e^{-t} \operatorname{sen}(x - t)\, dt$$

$$= \operatorname{sen}(x)\int_0^\infty \mathrm{e}^{-t}\cos(t)dt - \cos(x)\int_0^\infty \mathrm{e}^{-t}\operatorname{sen}(t)\,dt.$$

Agora, usando integração por partes, obtemos

$$\begin{aligned}\int_0^\infty \mathrm{e}^{-t}\cos(t)\,dt &= \lim_{y\to\infty}\int_0^y \mathrm{e}^{-t}\cos(t)\,dt\\ &= \lim_{y\to\infty}\frac{\mathrm{e}^{-y}(\operatorname{sen}(y)-\cos(y))+1}{2} = \frac{1}{2},\end{aligned}$$

e analogamente $\displaystyle\int_0^\infty \mathrm{e}^{-t}\operatorname{sen}(t)\,dt = \frac{1}{2}$. *Portanto,*

$$\begin{aligned}(f*g)(x) &= \operatorname{sen}(x)\int_0^\infty \mathrm{e}^{-t}\cos(t)dt - \cos(x)\int_0^\infty \mathrm{e}^{-t}\operatorname{sen}(t)\,dt\\ &= \frac{\operatorname{sen}(x)-\cos(x)}{2}.\end{aligned}$$

✓

Teorema 6.2.5. *Se $f, g \in \mathcal{S}(\mathbb{R})$, então $f*g \in \mathcal{S}(\mathbb{R})$ (produto de convolução).*

Demonstração. Temos que $(f*g)(x) = \displaystyle\int_{-\infty}^{\infty} f(x-y)\,g(y)\,dy$. Como $f, g \in \mathcal{S}(\mathbb{R})$, então $f*g$ é uma função C^∞ e temos

$$\begin{aligned}\frac{d^n}{dx^n}(f*g)(x) &= \left[\left(\frac{d^n f}{dx^n}\right)*g\right](x)\\ &= \left[f*\left(\frac{d^n g}{dx^n}\right)\right](x).\end{aligned}$$

De fato, pelo Teorema A29 do Apêndice, temos

$$\frac{d^n}{dx^n}(f*g)(x) = \int_{-\infty}^{\infty} f^{(n)}(x-y)\,g(y)\,dy, \tag{6.11}$$

pois a integral em (6.11) converge uniformemente em $-\infty < x < \infty$, $|f^{(n)}(x-y)\,g(y)| \le M\,|g(y)|$, sendo $M = \displaystyle\sup_{-\infty<x<\infty} |f^{(n)}(x)|$.

Agora, para todo inteiro não negativo m temos

$$x^m\,(f*g)(x) = \int_{-\infty}^{\infty} x^m\, f(x-y)\, g(y)\, dy,$$

e escrevendo $x^m = ((x-y)+y)^m = \displaystyle\sum_{k=0}^{m} \binom{m}{k} (x-y)^k\, y^{m-k}$, obtemos

$$\begin{aligned} x^m\,(f*g)(x) &= \int_{-\infty}^{\infty} x^m\, f(x-y)\, g(y)\, dy \\ &= \int_{-\infty}^{\infty} \sum_{k=0}^{m} \binom{m}{k} (x-y)^k\, f(x-y)\, y^{m-k}\, g(y)\, dy \\ &= \sum_{k=0}^{m} \binom{m}{k} [(x^k\, f) * (x^{m-k}\, g)](x). \end{aligned} \tag{6.12}$$

Usando (6.11) e (6.12) obtemos que

$$x^m\, \frac{d^n}{dx^n}(f*g)(x) = \sum_{k=0}^{m} \binom{m}{k} \left(x^k\, \frac{d^n f}{dx^n}\right) * (x^{m-k}\, g)$$

e como todas as funções neste último somatório estão em $\mathcal{S}(\mathbb{R})$, então $x^m\, \dfrac{d^n}{dx^n}(f*g)(x)$ também pertence ao espaço $\mathcal{S}(\mathbb{R})$. □

Teorema 6.2.6. *Sejam $f, g \in \mathcal{S}(\mathbb{R})$. Então $\mathcal{F}[f*g] = \sqrt{2\pi}\, \mathcal{F}[f]\, \mathcal{F}[g]$.*

Demonstração. Temos que

$$\int_{-\infty}^{\infty} \left[\int_{-\infty}^{\infty} |\mathrm{e}^{-\mathrm{i}\,x\,\xi}\, f(x-y)\, g(y)|\, dy \right] dx < \infty,$$
$$\int_{-\infty}^{\infty} \left[\int_{-\infty}^{\infty} |\mathrm{e}^{-\mathrm{i}\,x\,\xi}\, f(x-y)\, g(y)|\, dx \right] dy < \infty,$$

e portanto, usando o Teorema de Fubini (veja Teorema A35 do Apêndice), obtemos

$$\int_{-\infty}^{\infty} \mathrm{e}^{-\mathrm{i}\,x\,\xi} \left[\int_{-\infty}^{\infty} f(x-y)\, g(y)\, dy \right] dx$$

$$= \int_{-\infty}^{\infty} \mathrm{e}^{-\mathrm{i}\, y\, \xi}\, g(y) \left[\int_{-\infty}^{\infty} \mathrm{e}^{-\mathrm{i}\,(x-y)\,\xi}\, f(x-y)\, dx \right] dy. \qquad (6.13)$$

Portanto, de (6.13), obtemos

$$\mathcal{F}[f * g](\xi) = \sqrt{2\pi}\, \mathcal{F}[f](\xi)\, \mathcal{F}[g](\xi).$$

□

De forma análoga ao Teorema 6.2.6, também temos

$$\mathcal{F}^{-1}[f * g] = \sqrt{2\pi}\, \mathcal{F}^{-1}[f]\, \mathcal{F}^{-1}[g]. \qquad (6.14)$$

Teorema 6.2.7. *Sejam $f, g \in \mathcal{S}(\mathbb{R})$. Então $f\, g \in \mathcal{S}(\mathbb{R})$ e*

$$\mathcal{F}[f\, g](\xi) = \frac{1}{\sqrt{2\pi}}\, \mathcal{F}[f](\xi) * \mathcal{F}[g](\xi).$$

Demonstração. Sejam $F(\xi) = \mathcal{F}[f](\xi)$ e $G(\xi) = \mathcal{F}[g](\xi)$. Temos que $f = \mathcal{F}^{-1}[F]$ e $g = \mathcal{F}^{-1}[G]$. Usando (6.14), obtemos

$$f\, g = \frac{1}{\sqrt{2\pi}} \mathcal{F}^{-1}[F * G].$$

Logo, $\mathcal{F}[f\, g] = \dfrac{1}{\sqrt{2\pi}}\, F * G.$ □

Exercícios

(1) Seja $f \in \mathcal{S}(\mathbb{R})$. Prove que a fórmula da inversão pode ser escrita na forma

$$f(x) = \int_0^{\infty} [A(\xi) \cos(\xi\, x) + B(\xi) \operatorname{sen}(\xi\, x)] d\xi$$

onde, para $\xi \geq 0$,

$$A(\xi) = \frac{1}{\sqrt{2\pi}} \Big(\mathcal{F}[f(x)](\xi) + \mathcal{F}[f(x)](-\xi) \Big) = \frac{1}{\pi} \int_{-\infty}^{\infty} f(x) \cos(\xi\, x)\, dx,$$

$$B(\xi) = \frac{\mathrm{i}}{\sqrt{2\pi}}\Big(\mathcal{F}[f(x)](\xi) - \mathcal{F}[f(x)](-\xi)\Big) = \frac{1}{\pi}\int_{-\infty}^{\infty} f(x)\,\mathrm{sen}(\xi\, x)\,dx.$$

(2) Vamos determinar que

$$\int_0^{\infty} \mathrm{e}^{-a\,\xi}\,\frac{\mathrm{sen}(b\,\xi)}{\xi}\,d\xi = \frac{1}{a}\,\mathrm{arc\,tg}\left(\frac{b}{a}\right),$$

para $a > 0$ e $b > 0$. Para isso, faça os seguintes passos:

(i) Considere a função $f(x) = u_b(x) = \begin{cases} 1, & \text{se } |x| \le b \\ 0, & \text{se } |x| > b. \end{cases}$ Mostre que a sua transformada de Fourier é

$$\mathcal{F}[f(x)](\xi) = \frac{2\,\mathrm{sen}(b\,\xi)}{\sqrt{2\pi}\,\xi}.$$

Com isso, temos $\mathcal{F}\left[\frac{\sqrt{2\pi}}{2}\,u_b(x)\right](\xi) = \frac{\mathrm{sen}(b\,\xi)}{\xi}$.

(ii) Verifique que $\mathcal{F}[\mathrm{e}^{-a|x|}](\xi) = \dfrac{2\,a}{\sqrt{2\pi}(a^2+\xi^2)}$.

(iii) Use o Teorema 6.2.5 para verificar que

$$\mathcal{F}\left[\frac{1}{\sqrt{2\pi}}\left(\frac{\sqrt{2\pi}}{2}\,u_b(x)\right) * \left(\frac{2\,a}{\sqrt{2\pi}}\,\frac{1}{a^2+x^2}\right)\right](\xi) = \frac{\mathrm{sen}(b\,\xi)}{\xi}\,\mathrm{e}^{-a\,|\xi|}.$$

Com isso, a função cuja transformada de Fourier é

$$\mathcal{F}[g(x)](\xi) = \frac{\mathrm{sen}(b\,\xi)}{\xi}\,\mathrm{e}^{-a\,|\xi|}$$

será $g(x) = \dfrac{a}{\sqrt{2\pi}}\displaystyle\int_{-b}^{b}\frac{1}{a^2+(y-x)^2}\,dy = \dfrac{2}{a\sqrt{2\pi}}\,\mathrm{arc\,tg}\left(\dfrac{b-x}{a}\right)$. Agora, pela fórmula inversa de Fourier obtemos

$$\frac{2}{a\sqrt{2\pi}}\,\mathrm{arc\,tg}\left(\frac{b-x}{a}\right) = \frac{1}{\sqrt{2\pi}}\int_{-\infty}^{\infty}\mathrm{e}^{\mathrm{i}x\,\xi}\,\mathcal{F}[g(x)](\xi)\,d\xi,$$

que, calculada no ponto $x = 0$ fornece

$$\int_0^{\infty} \mathrm{e}^{-a\,\xi}\,\frac{\mathrm{sen}(b\,\xi)}{\xi}\,d\xi = \frac{1}{a}\,\mathrm{arc\,tg}\left(\frac{b}{a}\right).$$

Apêndice

A - Integrais Impróprias

Uma condição necessária para que uma função $f : [a, b] \to \mathbb{R}$ seja integrável (segundo Riemann) é que f deve ser limitada. Observe que temos duas condições básicas: a função f é limitada e o domínio de integração $[a, b]$ é compacto. Vamos estudar funções quando uma dessas hipóteses é omitida, ou seja, as integrais impróprias, mas principalmente o caso em que o intervalo de integração é não limitado (ou seja, em $[a, \infty]$, $(-\infty, a]$ ou $(-\infty, \infty)$).

Definição A1. *Dizemos que uma função f é localmente integrável em um intervalo I se f é integrável em qualquer intervalo $[a, b] \subset I$.*

Exemplo A2. A função $f(x) = \operatorname{sen}(x)$ é localmente integrável no intervalo $(-\infty, \infty)$. A função $h(x) = \sqrt{x}$ é localmente integrável em $[0, \infty)$. ✓

Definição A3. *Seja f uma função localmente integrável em $[a, \infty)$. Definimos a integral imprória*

$$\int_a^{\infty} f(x)\,dx = \lim_{t \to \infty} \int_a^t f(x)\,dx,$$

se o limite existir e for finito. Tal limite denomina-se integral imprópria de f estendida ao intervalo $[a, \infty)$. Neste caso, dizemos que a integral imprópria é convergente. Se $\lim\limits_{t \to \infty} \int_a^t f(x)\,dx$ for ∞, -∞ ou não existir, dizemos que a integral imprópria é divergente.

Exemplo A4. A função $f(x) = \dfrac{1}{x^2}$ é localmente integrável no intervalo $[1, \infty)$. Temos,

$$\begin{aligned}\int_1^{\infty} \frac{1}{x^2}\,dx &= \lim_{t\to\infty} \int_1^t \frac{1}{x^2}\,dx = \lim_{t\to\infty} \left(-\frac{1}{x}\bigg|_1^t \right) \\ &= \lim_{t\to\infty} \left(-\frac{1}{t} + 1 \right) = 1,\end{aligned}$$

ou seja, a integral imprópria $\displaystyle\int_1^{\infty} \frac{1}{x^2}\,dx$ é convergente. ✓

Exemplo A5. A função $f(x) = \mathrm{e}^x$ é localmente integrável em $[0, \infty)$. Temos,

$$\begin{aligned}\int_0^{\infty} \mathrm{e}^x\,dx &= \lim_{t\to\infty} \int_0^t \mathrm{e}^x\,dx = \lim_{t\to\infty} \left(\mathrm{e}^x\bigg|_0^t \right) \\ &= \lim_{t\to\infty} (\mathrm{e}^t - 1) = \infty,\end{aligned}$$

ou seja, a integral imprópria $\displaystyle\int_0^{\infty} \mathrm{e}^x\,dx$ é divergente. ✓

Exemplo A6. A função $f(x) = \cos(x)$ é localmente integrável em $[0, \infty)$. Temos que

$$\int_0^{\infty} \cos(x)\,dx = \lim_{t\to\infty} \int_0^t \cos(x)\,dx = \lim_{t\to\infty} \operatorname{sen}(t)$$

não existe, ou seja, a integral imprória $\displaystyle\int_0^{\infty} \cos(x)\,dx$ é divergente.

✓

Definição A7. *Seja f uma função localmente integrável em $(-\infty, a]$. Definimos*

$$\int_{-\infty}^{a} f(x)\,dx = \lim_{t\to-\infty} \int_t^a f(x)\,dx.$$

Se o limite existir e for finito, dizemos que a integral imprópria é convergente. Caso contrário, a integral imprópria $\displaystyle\int_{-\infty}^{a} f(x)\,dx$ é divergente.

Definição A8. *Seja f localmente integrável em $\mathbb{R}$. Definimos*

$$\int_{-\infty}^{\infty} f(x)\,dx = \int_{-\infty}^{0} f(x)\,dx + \int_{0}^{\infty} f(x)\,dx,$$

desde que ambas as integrais impróprias $\int_{0}^{\infty} f(x)\,dx$ *e* $\int_{-\infty}^{0} f(x)\,dx$ *sejam convergentes. Caso contrário, a integral imprópria* $\int_{-\infty}^{\infty} f(x)\,dx$ *é divergente.*

Exemplo A9. A função $f(x) = \mathrm{e}^x$ é localmente integrável em $(-\infty, 0]$. Temos

$$\begin{aligned}\int_{-\infty}^{0} \mathrm{e}^x\,dx &= \lim_{t\to-\infty} \int_{t}^{0} \mathrm{e}^x\,dx = \lim_{t\to-\infty} \left(\mathrm{e}^x \Big|_{t}^{0} \right) \\ &= \lim_{t\to-\infty} (1 - \mathrm{e}^t) = 1,\end{aligned}$$

ou seja, a integral imprópria $\int_{-\infty}^{0} \mathrm{e}^x\,dx$ é convergente. ✓

Exemplo A10. Usando o Eexemplo A5 e o Exemplo A7, temos que a integral imprópria $\int_{-\infty}^{\infty} \mathrm{e}^x\,dx$ é divergente. ✓

Exemplo A11. A função $f(x) = \dfrac{1}{1+x^2}$ é localmente integrável em $(-\infty, \infty)$. Temos,

$$\begin{aligned}\int_{0}^{\infty} \frac{1}{1+x^2}\,dx &= \lim_{t\to\infty} \int_{0}^{t} \frac{1}{1+x^2}\,dx = \lim_{t\to\infty} \operatorname{arctg}(x)\Big|_{0}^{t} \\ &= \lim_{t\to\infty} \operatorname{arctg}(t) = \frac{\pi}{2}.\end{aligned}$$

De modo análogo, também obtemos que $\int_{-\infty}^{0} \frac{1}{1+x^2}\,dx = \frac{\pi}{2}$. Portanto,

$$\int_{-\infty}^{\infty} \frac{1}{1+x^2}\,dx = \int_{-\infty}^{0} \frac{1}{1+x^2}\,dx + \int_{0}^{\infty} \frac{1}{1+x^2}\,dx = \frac{\pi}{2} + \frac{\pi}{2} = \pi.$$

✓

Exemplo A12. (a) A função $f(x)=\dfrac{1}{x^p}$ é localmente integrável em $[1,\infty)$. Usando que

$$\int \frac{1}{x^p}\,dx = \frac{x^{1-p}}{1-p},\ \text{se } p\neq 1,$$
$$\int \frac{1}{x}\,dx = \ln(x),\ \text{se } p=1,$$

obtemos

(i) $\displaystyle\int_1^\infty \frac{1}{x^p}\,dx = \frac{1}{p-1}$, se $p>1$, ou seja, convergente;

(ii) $\displaystyle\int_1^\infty \frac{1}{x^p}\,dx = \infty$, se $p\leq 1$, ou seja, divergente.

(b) A função $f(x)=\dfrac{1}{x^p}$ também é localmente integrável em $[0,1]$. Temos que $\displaystyle\int_0^1 \frac{1}{x^p}\,dx = \frac{1}{1-p}$, se $p<1$ (ou seja, convergente) e $\displaystyle\int_0^1 \frac{1}{x^p}\,dx$ é divergente se $p\geq 1$. ✓

Exemplo A13. Vamos determinar o valor de $\displaystyle\int_0^\infty \mathrm{e}^{-x}x^n\,dx$, para $n\in\mathbb{N}$, usando indução, integração por partes e que $\displaystyle\lim_{t\to\infty} t^n\,\mathrm{e}^{-t}=0$ (para todo $n\in\mathbb{N}$).

(i) Temos para $n=1$,

$$\begin{aligned}\int_0^\infty x\,\mathrm{e}^{-x}\,dx &= \lim_{t\to\infty}\int_0^t x\,\mathrm{e}^{-x}\,dx\\ &= \lim_{t\to\infty}\left(-x\mathrm{e}^{-x}-\mathrm{e}^{-x}\Big|_0^t\right)\\ &= \lim_{t\to\infty}[(-t\,\mathrm{e}^{-t}-\mathrm{e}^{-t})+1]\\ &= 1=1!.\end{aligned}$$

(ii) Para $n=2$, temos

$$\int_0^\infty x^2\,\mathrm{e}^{-x}\,dx = \lim_{t\to\infty}\int_0^t x^2\,\mathrm{e}^{-x}\,dx$$

$$\begin{aligned}
&= \lim_{t\to\infty}\left(x^2 e^{-x}\Big|_0^t + 2\int_0^t x\,e^{-x}\,dx\right.\\
&= \lim_{t\to\infty}\left(t^2 e^{-t} + 2\int_0^t x\,e^{-x}\,dx\right)\\
&= 2\int_0^\infty x\,e^{-x}\,dx\\
&= 2 = 2!.
\end{aligned}$$

(iii) De forma análoga, obtemos $\displaystyle\int_0^\infty x^3 e^{-x}\,dx = 6 = 3!$.

(iv) Suponha que $\displaystyle\int_0^\infty x^n\,e^{-x}\,dx = n!$. Temos,

$$\begin{aligned}
\int_0^\infty x^{n+1}\,e^{-x}\,dx &= \lim_{t\to\infty}\int_0^t x^{n+1}\,e^{-x}\,dx\\
&= \lim_{t\to\infty}\left(-\,x^{n+1}e^{-x}\Big|_0^t + (n+1)\int_0^t x^n\,e^{-x}\,dx\right)\\
&= \lim_{t\to\infty}\left(-\,t^{n+1}e^{-t} + (n+1)\int_0^t x^n e^{-x}\,dx\right.\\
&= (n+1)\int_0^\infty x^n\,e^{-x}\,dx\\
&= (n+1)n! = (n+1)!
\end{aligned}$$

Portanto, $\displaystyle\int_0^\infty x^n\,e^{-x}\,dx = n!$ (para todo $n\in\mathbb{N}$). ✓

Teorema A14. *Suponha que $f_1, ..., f_n$ sejam localmente integráveis em $[a,\infty)$ e que $\displaystyle\int_a^\infty f_j(x)\,dx$ sejam convergentes, $j = 1, 2, ..., n$. Se $c_1, ..., c_n$ são constantes, então $\displaystyle\int_a^\infty (c_1f_1+...+c_nf_n)(x)\,dx$ é convergente e*

$$\int_a^\infty (c_1f_1 + ... + c_nf_n)(x)\,dx = c_1\int_a^\infty f_1(x)\,dx + ... + c_n\int_a^\infty f_n(x)\,dx.$$

Demonstração. Se $a < t < \infty$ temos

$$\int_a^t (c_1f_1 + ... + c_nf_n)(x)\,dx = c_1\int_a^t f_1(x)\,dx + ... + c_n\int_a^t f_n(x)\,dx.$$

Logo, passando o limite quando $t \to \infty$, obtemos o resultado. □

Observação A15. Considere a integral imprópria sobre $(-\infty, \infty)$,

$$\int_{-\infty}^{\infty} f(x)\,dx = \lim_{b \to -\infty} \int_{b}^{0} f(x)\,dx + \lim_{c \to \infty} \int_{0}^{c} f(x)\,dx. \qquad (A.1)$$

A existência do limite

$$\lim_{r \to \infty} \int_{-r}^{r} f(x)\,dx \qquad (A.2)$$

não implica que $\int_{-\infty}^{\infty} f(x)\,dx$ seja convergente. Por exemplo, temos que $\lim_{r \to \infty} \int_{-r}^{r} x\,dx = 0$, mas $\int_{0}^{\infty} x\,dx$ e $\int_{-\infty}^{0} x\,dx$ são divergentes. O limite (A.2), quando existe, é chamado valor principal de Cauchy da integral imprópria sobre $\mathbb{R}$ e denotado por $v.p.c. \int_{-\infty}^{\infty} f(x)\,dx$.

Teorema A16. (Critério da Comparação) *Sejam f e g duas funções localmente integráveis em $[a, \infty)$ e satisfazendo $0 \leq f(x) \leq g(x)$.*

(i) Se $\int_{a}^{\infty} g(x)\,dx$ é convergente, então $\int_{a}^{\infty} f(x)\,dx$ é convergente.

(ii) Se $\int_{a}^{\infty} f(x)\,dx$ é divergente, então $\int_{a}^{\infty} g(x)\,dx$ é divergente.

Demonstração. Ver Teorema 1.25 em [2]. □

Exemplo A17. Considere as funções $f(x) = \mathrm{e}^{-x}\cos^2(x)$ e $g(x) = \mathrm{e}^{-x}$ em $[0, \infty)$. Temos que

$$0 \leq \mathrm{e}^{-x}\cos^2(x) \leq \mathrm{e}^{-x},$$

e que $\int_{0}^{\infty} \mathrm{e}^{-x}\,dx = 1$, ou seja, convergente. Portanto, pelo Critério da Comparação (Teorema A16) a integral $\int_{0}^{\infty} \mathrm{e}^{-x}\cos^2(x)\,dx$ é convergente. ✓

Exemplo A18. Vamos analisar a integral imprópria $\displaystyle\int_0^1 \frac{2+\cos(\pi x)}{(1-x)^p}\,dx$.
(i) Para $p<1$ e $0 \leq x < 1$, temos

$$0 < \frac{2+\cos(\pi x)}{(1-x)^p} \leq \frac{3}{(1-x)^p}.$$

Pelo Exemplo A12, temos que $\displaystyle\int_0^1 \frac{1}{(1-x)^p}\,dx$ é convergente se $p<1$.
Portanto, aplicando o Teorema A16, obtemos que $\displaystyle\int_0^1 \frac{2+\cos(\pi x)}{(1-x)^p}\,dx$ é convergente (se $p<1$).
(ii) Para $p \geq 1$, temos

$$0 < \frac{1}{(1-x)^p} \leq \frac{2+\cos(\pi x)}{(1-x)^p},$$

e como $\displaystyle\int_0^1 \frac{1}{(1-x)^p}\,dx$ é divergente (se $p \geq 1$), então $\displaystyle\int_0^1 \frac{2+\cos(\pi x)}{(1-x)^p}\,dx$ é divergente se $p \geq 1$ (pelo Critério da Comparação). ✓

Definição A19. Dizemos que uma função $f:[a,\infty) \to \mathbb{R}$ é absolutamente integrável em $[a,\infty)$ se f é localmente integrável em $[a,\infty)$ e $\displaystyle\int_a^\infty |f(x)|\,dx$ é convergente. Neste caso, também dizemos que a integral imprópria $\displaystyle\int_a^\infty f(x)\,dx$ é absolutamente convergente.

Teorema A20. *Se f é uma função absolutamente integrável em $[a,\infty)$, então $\displaystyle\int_a^\infty f(x)\,dx$ é convergente.*

Demonstração. Veja Teorema 1.38 em [2]. □

Exemplo A21. A recíproca do Teorema A20 não é verdadeira. Vamos verificar que a integral imprópria $\displaystyle\int_1^\infty \frac{\operatorname{sen}(x)}{x}\,dx$ é convergente e que a integral imprópria $\displaystyle\int_1^\infty \left|\frac{\operatorname{sen}(x)}{x}\right|\,dx$ é divergente.

(i) Usando integração por partes, obtemos

$$\int_1^t \frac{1}{x}\,\text{sen}(x)\,dx = -\frac{\cos(t)}{t} + \cos(1) - \int_1^t \frac{\cos(x)}{x^2}\,dx.$$

Para $x \geq 1$, temos $0 \leq \left|\dfrac{\cos x}{x^2}\right| \leq \dfrac{1}{x^2}$ e $\displaystyle\int_1^{\infty} \frac{1}{x^2}\,dx$ é convergente. Logo, a integral imprópria $\displaystyle\int_1^{\infty} \frac{\cos x}{x^2}\,dx$ é (absolutamente) convergente. Além disso, também temos

$$\lim_{t\to\infty} \frac{\cos(t)}{t} = 0.$$

Portanto,

$$\int_1^{\infty} \frac{\text{sen} x}{x}\,dx = \lim_{t\to\infty} \int_1^t \frac{\text{sen} x}{x}\,dx = \cos(1) - \int_1^{\infty} \frac{\cos(x)}{x^2}\,dx < \infty.$$

(ii) Para todo $x \in \mathbb{R}$ temos que $|\text{sen}(x)| \leq 1$. Logo, $\text{sen}^2(x) \leq |\text{sen}(x)|$. Para $x \geq 1$, obtemos

$$\left|\frac{\text{sen}(x)}{x}\right| \geq \frac{\text{sen}^2(x)}{x} \geq 0.$$

Usando integração por partes, obtemos

$$\int_1^t \frac{\text{sen}^2(x)}{x}\,dx = -\frac{\text{sen}(2t)}{4t} + \frac{\text{sen}(2)}{4} + \int_1^t \left(\frac{1}{2x} - \frac{\text{sen}(2x)}{4x^2}\right)dx.$$

Usando que a integral imprópria $\displaystyle\int_1^{\infty} \frac{\text{sen}(2x)}{4x^2}\,dx$ é (absolutamente) convergente, $\displaystyle\int_1^{\infty} \frac{1}{2x}\,dx = \infty$ e $\displaystyle\lim_{t\to\infty} \frac{\text{sen}(2t)}{4t} = 0$, obtemos que

$$\lim_{t\to\infty} \int_1^t \frac{\text{sen}^2(x)}{x}\,dx = \infty.$$

Logo, pelo Critério da Comparação, $\displaystyle\int_1^{\infty} \left|\frac{\text{sen}(x)}{x}\right| dx$ é divergente. ✓

Exemplo A22. Considere a integral imprópria $\displaystyle\int_1^{\infty} \frac{e^{-x}\text{sen}^3(x)}{x^2}\,dx$. Temos que, para $x \geq 1$,

$$0 \leq \left|\frac{e^{-x}\text{sen}^3(x)}{x^2}\right| \leq \frac{1}{x^2}.$$

Como $\displaystyle\int_1^{\infty} \frac{1}{x^2}\,dx = 1$ (ou seja, convergente) então $\displaystyle\int_1^{\infty} \left|\frac{e^{-x}\text{sen}^3(x)}{x^2}\right| dx$ é convergente. Portanto, $\displaystyle\int_1^{\infty} \frac{e^{-x}\text{sen}^3(x)}{x^2}\,dx$ é absolutamente convergente. ✓

Teorema A23. (Teste de Dirichlet) *Seja $h(x) = f(x)g(x)$ e suponha que*
(i) a função f é contínua e $F(x) = \displaystyle\int_a^x f(t)\,dt$ é limitada em $[a, b)$ (com $b < \infty$ ou $b = \infty$);
(ii) a função $g : [a, b) \to \mathbb{R}$ derivável com g' absolutamente integrável (ou seja, $\displaystyle\int_a^b |g'(x)|\,dx < \infty$) e $\displaystyle\lim_{x\to b^-} g(x) = 0$ (ou $\displaystyle\lim_{x\to\infty} g(x) = 0$ se $b = \infty$).
Então, a integral imprópria $\displaystyle\int_a^b f(x)\,g(x)\,dx$ é convergente.

Demonstração. Veja Teorema 1.42 em [2]. □

Exemplo A24. Considere a integral imprópria $\displaystyle\int_1^{\infty} \frac{\text{sen}(x)}{x^p}\,dx$, com $0 < p \leq 1$. Usando o Teste de Dirichlet com $f(x) = \text{sen}(x)$ e $g(x) = \dfrac{1}{x^p}$, temos que $\displaystyle\int_1^{\infty} \frac{\text{sen}(x)}{x^p}\,dx$ é convergente. ✓

Exemplo A25. Considere a integral imprópria $\displaystyle\int_0^{\infty} \text{sen}(x^2)\,dx$ (que é chamada de integral de Fresnel). Observe que $\displaystyle\int_0^{1} \text{sen}(x^2)\,dx$ é finita (pois a função $f(x) = \text{sen}(x^2)$ é contínua). Para $c > 1$, aplicando o Teorema de Mudança de Variável (com $t = x^2$), obtemos

$$\int_1^c \text{sen}(x^2)\,dx = \frac{1}{2}\int_1^{c^2} \frac{\text{sen}(t)}{\sqrt{t}}\,dt.$$

Pelo Exemplo A24 (com $p = 1/2$) temos que $\displaystyle\int_1^\infty \frac{\text{sen}(t)}{\sqrt{t}}\,dt$ é convergente. Com isso, $\displaystyle\int_1^\infty \text{sen}(x^2)\,dx = \int_1^\infty \frac{\text{sen}(t)}{\sqrt{t}}\,dt$ é convergente. Portanto,

$$\int_0^\infty \text{sen}(x^2)\,dx = \int_0^1 \text{sen}(x^2)\,dx + \int_1^\infty \text{sen}(x^2)\,dx < \infty,$$

ou seja, convergente. ✓

Definição A26. *Seja $f : [a,\infty)\times[c,d]\to\mathbb{R}$ (com $c < d \leq \infty$) uma função tal que para cada $y \in J = [c,d]$ a integral imprópria*

$$F(y) = \int_a^\infty f(x,y)\,dx, \tag{A.3}$$

seja convergente. Dizemos que esta convergência é uniforme em J se, para todo $\varepsilon > 0$ existir $N = N(\varepsilon)$ tal que se $r \geq N$ e $y \in J$, temos

$$\left| F(y) - \int_a^r f(x,y)\,dx \right| < \varepsilon.$$

Teorema A27. (Teste M de Weierstrass) *Suponha que a função $f = f(x,y)$ seja integrável em $[a,t]$ para todo $t \geq a$ e todo $y \in [c,d] = J$. Se existir uma função positiva $M = M(x)$ definida em $[a,\infty)$ tal que $|f(x,y)| \leq M(x)$ para $x \geq a$ e $y \in J$ e que $\displaystyle\int_a^\infty M(x)\,dx$ seja convergente, então para cada $y \in J$ temos que $F(y) = \displaystyle\int_a^\infty f(x,y)\,dx$ é (absolutamente) convergente e a convergência é uniforme em J.*

Demonstração. Veja Teorema 3.13 em [2]. □

Exemplo A28. Seja $F(y) = \displaystyle\int_0^\infty \frac{\cos(xy)}{1+x^2}\,dx$. Considerando as funções $f(x,y) = \dfrac{\cos(xy)}{1+x^2}$ e $M(x) = \dfrac{1}{1+x^2}$, temos que $|f(x,y)| \leq M(x)$. Como $\displaystyle\int_0^\infty M(x)\,dx$ é convergente, então pelo Teste M de Weierstrass a integral

$$F(y) = \int_0^\infty \frac{\cos(xy)}{1+x^2}\,dx$$

converge uniformemente para $y \in \mathbb{R}$. ✓

Teorema A29. *Seja $f : [a,\infty) \times [c,d] \to \mathbb{R}$ uma função contínua e com derivada parcial $\dfrac{\partial f}{\partial y}$ contínua. Suponha que $F(y) = \displaystyle\int_a^\infty f(x,y)\,dx$ exista para todo $y \in [c,d]$ e que $G(y) = \displaystyle\int_a^\infty \frac{\partial f}{\partial y}(x,y)\,dx$ seja uniformemente convergente em $J = [c,d]$. Então F é diferenciável e*

$$F'(y) = \int_a^\infty \frac{\partial f}{\partial y}(x,y)\,dx.$$

Demonstração. Veja Teorema 3.21 em [2]. □

Observação A30. Se $g : [a,b] \times [c,d] \to \mathbb{R}$ é uma função contínua, então aplicando o Teorema de Fubini, temos

$$\int_a^b \left[\int_c^d g(x,y)\,dy\right] dx = \int_c^d \left[\int_a^b g(x,y)\,dx\right] dy.$$

Queremos determinar em que condições uma função

$$f : [a,\infty) \times [c,\infty) \to \mathbb{R}$$

satisfaz a igualdade

$$\int_a^\infty \left[\int_c^\infty f(x,y)\,dy\right] dx = \int_c^\infty \left[\int_a^\infty f(x,y)\,dx\right] dy. \qquad (A.4)$$

Teorema A31. *Seja $f : [a, \infty) \times [c, \infty) \to \mathbb{R}$ uma função positiva. Suponha que*

$$\int_a^b \left[\int_c^\infty f(x,y)dy \right] dx = \int_c^\infty \left[\int_a^b f(x,y)dx \right] dy \tag{A.5}$$

para todo $b \geq a$, e que

$$\int_c^d \left[\int_a^\infty f(x,y)dx \right] dy = \int_a^\infty \left[\int_c^d f(x,y)dy \right] dx, \tag{A.6}$$

para todo $d \geq c$. Então, se uma das integrais iteradas de (A.4) existe, a outra também existe e as duas são iguais.

Demonstração. Veja Teorema 4.1 em [2]. □

Teorema A32. *Seja $f : [a, \infty) \times [c, \infty) \to \mathbb{R}$ uma função contínua satisfazendo*

$$|f(x,y)| \leq g(x)\, h(y), \quad x \geq a \text{ e } y \geq c; \tag{A.7}$$

onde as integrais $\displaystyle\int_a^\infty g(x)\, dx$ e $\displaystyle\int_c^\infty h(y)\, dy$ são convergentes.
Então, as integrais iteradas em (A.4) ambas existem e são iguais.

Demonstração. Veja Teorema 4.2 em [2]. □

Exemplo A33. Seja $f(x,y) = \mathrm{e}^{-(x+y)}\cos(xy)$ e considere $(x,y) \in [0,\infty) \times [0,\infty)$. Usando as funções $g(x) = \mathrm{e}^{-x}$ e $h(y) = \mathrm{e}^{-y}$, podemos aplicar o Teorema A32 para obtermos que

$$\int_0^\infty \left[\int_0^\infty \mathrm{e}^{-(x+y)}\cos(xy)\, dx \right] dy = \int_0^\infty \left[\int_0^\infty \mathrm{e}^{-(x+y)}\cos(xy)\, dy \right] dx.$$

✓

Exemplo A34. Defina $F : \mathbb{R} \to \mathbb{R}$ por $F(t) = \displaystyle\int_0^\infty \mathrm{e}^{-x^2}\cos(t\,x)\, dx$. Aplicando o Teorema A27 e o Teorema A29, temos que F é derivável e que

$$F'(t) = \int_0^\infty -x\, \mathrm{e}^{-x^2}\, \mathrm{sen}(t\,x)\, dx.$$

Usando integração por partes, obtemos

$$F'(t) = -\frac{t}{2}\int_0^{\infty} e^{-x^2}\cos(t\,x)\,dx = -\frac{t}{2}\,F(t).$$

Logo, $F(t) = C\,e^{-t^2/4}$ para alguma constante C. Temos,

$$C = F(0) = \int_0^{\infty} e^{-x^2}\,dx = \frac{\sqrt{\pi}}{2}.$$

Portanto,

$$F(t) = \int_0^{\infty} e^{-x^2}\cos(t\,x)\,dx = \frac{\sqrt{\pi}}{2}e^{-t^2/4}.$$

Agora, usando o Teorema de Mudança de Variável, obtemos, para $c > 0$,

$$\int_0^{\infty} e^{-cx^2}\cos(t\,x)\,dx = \frac{1}{2}\sqrt{\frac{\pi}{c}}\,e^{-t^2/4c}.$$

✓

Teorema A35. *Seja $f : \mathbb{R}\times\mathbb{R}\to\mathbb{R}$ uma função contínua, tal que as integrais iteradas*

$$\int_{-\infty}^{\infty}\left[\int_{-\infty}^{\infty}|f(x,y)|dx\right]dy \quad \text{e} \quad \int_{-\infty}^{\infty}\left[\int_{-\infty}^{\infty}|f(x,y)|dy\right]dx$$

sejam convergentes. Então, as integrais iteradas de f convergem e

$$\int_{-\infty}^{\infty}\left[\int_{-\infty}^{\infty}f(x,y)\,dx\right]dy = \int_{-\infty}^{\infty}\left[\int_{-\infty}^{\infty}f(x,y)\,dy\right]dx.$$

Demonstração. Definindo a parte positiva de f

$$f^+(x,y) = \begin{cases} f(x,y), & \text{se } f(x,y) \geq 0 \\ 0, & \text{se } f(x,y) < 0, \end{cases}$$

e a parte negativa de f

$$f^-(x,y) = \begin{cases} 0, & \text{se } f(x,y) \geq 0 \\ -f(x,y), & \text{se } f(x,y) < 0, \end{cases}$$

temos que $f = f^+ - f^-$ e $|f| = f^+ + f^-$. Como $f^+(x,y) \geq 0$ e $f^-(x,y) \geq 0$, vamos demonstrar apenas o caso em que $f(x,y) \geq 0$.

Defina a função $g(x) = \int_{-\infty}^{\infty} f(x,y)\,dy = \lim_{a,b\to\infty} \int_{-a}^{b} f(x,y)\,dy$. Como estamos assumindo que $f(x,y) \geq 0$, então $g(x) \geq \int_{-a}^{b} f(x,y)\,dy$ para quaisquer $a, b > 0$. Logo, se $c, d > 0$, obtemos

$$\int_{-c}^{d} g(x)\,dx \geq \int_{-c}^{d} \left[\int_{-a}^{b} f(x,y)\,dy \right] dx = \int_{-a}^{b} \left[\int_{-c}^{d} f(x,y)\,dx \right] dy.$$

Logo, $\int_{-\infty}^{\infty} g(x)\,dx \geq \int_{-a}^{b} \left[\int_{-c}^{d} f(x,y)\,dx \right] dy$. Como

$$\int_{-\infty}^{\infty} f(x,y)\,dx = \lim_{c,d\to\infty} \int_{-c}^{d} f(x,y)\,dx \quad \text{e} \quad f(x,y) \geq 0,$$

obtemos, $\int_{-\infty}^{\infty} g(x)\,dx \geq \int_{-a}^{b} \left[\int_{-\infty}^{\infty} f(x,y)\,dx \right] dy$. Fazendo $a, b \to \infty$, temos a estimativa

$$\int_{-\infty}^{\infty} g(x)\,dx \geq \int_{-\infty}^{\infty} \left[\int_{-\infty}^{\infty} f(x,y)\,dx \right] dy,$$

ou seja, $\int_{-\infty}^{\infty} \left[\int_{-\infty}^{\infty} f(x,y)\,dy \right] dx \geq \int_{-\infty}^{\infty} \left[\int_{-\infty}^{\infty} f(x,y)\,dx \right] dy$.

De forma análoga, definindo $h(y) = \int_{-\infty}^{\infty} f(x,y)\,dx$, obtemos

$$\int_{-\infty}^{\infty} \left[\int_{-\infty}^{\infty} f(x,y)\,dx \right] dy \geq \int_{-\infty}^{\infty} \left[\int_{-\infty}^{\infty} f(x,y)\,dy \right] dx.$$

Portanto, concluímos

$$\int_{-\infty}^{\infty} \left[\int_{-\infty}^{\infty} f(x,y)\,dy \right] dx = \int_{-\infty}^{\infty} \left[\int_{-\infty}^{\infty} f(x,y)\,dx \right] dy.$$

□

Referências Bibliográficas

[1] Ahlfors, L. V., *Complex Analysis*, New York: McGraw-Hill, 1966.

[2] Cavalheiro, A. C., *Tópicos de Análise Real*, Rio de Janeiro: Editora Ciência Moderna, 2018.

[3] Cavalheiro, A. C., *Introdução à Análise Matemática*, Rio de Janeiro: Editora Ciência Moderna, 2014.

[4] Churchill, R. V. and J. W. Brown, *Complex Variables and Applications*. New York: McGraw-Hill, 1984.

[5] Conway, J. B., *Functions of One Complex Variable*, New York: Random House, 1987.

[6] Rudin, W., *Real and Complex Analysis*, McGraw-Hill, 1970.

Índice Remissivo

ANOTAÇÕES

Impressão e acabamento
Gráfica da Editora Ciência Moderna Ltda.
Tel: (21) 2201-6662